한반도에 사드THAAD를 끌어들인 북한 미사일

한반도에 사드 THAAD 를 끌어들인

북한 미사일

A Study on World's Missiles

최현수 · 최진환 · 이경행 지음

경당

차례

미사일은 우리에게 공통의 관심사이자 숙제였다.

미사일 전문가 이경행에게는 북한의 미사일을 비롯한 다양한 유형의 미사일들이 끝없는 연구와 분석 대상이었다. 최진환 해군 준위에게는 북한 미사일들의 발사 시점이나 궤적이 절대로 놓칠 수 없는 '1호 감시 대상'이었다. 최현수 기자에게는 복잡한 제원을 이해해야 하는 쉽지 않은 상대였고, 발사의 함의와 한반도와 동북아에 미치는 군사 전략적·정치적 영향 분석 등 고(高)난이도의 방정식을 풀어내야 하는 과제였다. 서로의 고민을 함께 풀어 가보자는 의도에서 미사일 해부작업을 해보기로 했다.

미사일에 대한 책들은 이미 적지 않게 출간됐다. 그래서 고민이었다. 이 작업이 어떤 의미를 지닐 것인가. 하지만 우리에게 직접적인 위협이 되는 북한 미사일을 제대로 정리한 책이 별로 없다는 데 생각이 미쳤다.

북한의 미사일 도발 역사는 꽤 길다. 단거리 스커드미사일과 노동미사일로 무장한 북한은 1998년 첫 다단계 로켓을 장착한 장거리 미사일 '대포동 1호'를 발사했다. 대포동 1호의 발사는 한반도뿐 아니라 일본과 미국, 세계를 긴장시켰다.

2016년 2월 7일 북한의 장거리 미사일 발사로 전격적으로 결정된 고고도미사일방어체계 사드(THAAD)의 한반도 배치는 국내외적으로 상당한 파장을 몰고 왔고, 그 진통은 여전히 지속되고 있다. 북한은 2017년 5월 14일 중장거리미사일(IRBM) 화성-12호를 발사해 또 한 번 한반도의 긴장 수위를 높였다. 화성-12호는 고각도(over-lofted)로 발사돼 2천111.5km까지 치솟았다. 1단 추진체만으로 4천500km 이상을 비행할 수 있는 추진력을 과시했다.

수차례 장거리 미사일 발사시험으로 축적된 단분리(staging) 기술을 적용하여 추진체를 2단 이상으로 확장하고, 대기권 재진입 기술만 확보한다면 북한은 미국 본토를 위협할 수 있는 대륙간탄도미사일(ICBM)을 만들 수 있을 것으로 추정된다. 북한은 국제사회의 강력한 제재에도 핵탄두 소형화와 미사일 능력 고도화를 향한 질주를 중단하지 않겠다는 강경한 의지를 드러낸 것이다.

북한은 혹독한 경제적인 어려움에도 지속적으로 다양한 사거리의 탄도미사일을 개발했다. 종심이 짧은 한반도 전장 환경을 고려할 때, 탄도미사일의 사거리 조절을 통해 북한은 남한 전역을 대상으로 원하는 곳을 탄도미사일로 타격할 수 있다.

게다가 2016년 8월, 북한은 발사 징후 포착과 사전탐지가 사실상 불가능한 잠수함 발사 탄도미사일(SLBM) 발사에 성공함으로써, 우리 군이 구축하고 있는 킬체인(Kill Chain)의 원점 타격이 제한되고 한국형 미사일 방어체계(KAMD)와 사드로 요격이 어렵다. 그로 인해 핵추진 잠수함과 SM-3 도입 등 한국형 미사일 방어체계를 보강하기 위한 다양한 논의를 불러일으켰다.

북한 미사일을 이해하자는 데서 출발한 우리의 문제의식은 세계 각국의 미사일 역사에 대한 호기심으로 이어졌다. 제2차 세계대전 후반부에 등장한 미사일은 현대 전쟁의 막을 열었다고 해도 과언이 아니다. 미사일은 제2차 세계대전 이후의 여러 전장에서 핵심적인 역할을 해왔다. 1962년에는 쿠바 미사일 배치 시도로 미국과 소련이 핵전쟁의 문턱까지 근접하기도 했다.

미사일이 세계적인 주목을 받은 것은 1999년 걸프전이다. 순항미사일의 대명사로 명성을 떨친 토마호크 미사일은 이후 전쟁의 시작을 알리는 역할을 해왔다. 도널드 트럼프 미국 신(新)행정부는 2017년 4월, 민간인을 대상으로 화학가스를 사용한 시리아에 토마호크 미사일을 발사해 알 샤이라트 기지를 초토화시키기도 했다.

한국은 세계에서 손꼽히는 미사일 강국인 북한의 위협에 일상적으로 노출돼있다. 특히 김정은 노동당위원장이 집권한 뒤 북한은 핵과 미사일 개발에 총력을 기울이고 있다. 미사일 개발에 대한 북한의 집착은 더 집요해졌다.

무기 개발의 역사는 '창과 방패'의 역사이기도 하다. 위력적인 공격무기가 개발되면 이 무기를 무력화할 수 있는 새로운 형태의 무기들이 뒤를 이었다. 미사일 기술이 빠른 속도로 발전되자 미사일을 잡기 위한 기술이 필요해졌다. 그래서 나온 것이 미사일 방어체계(MD)이다. 이 책에서 미사일 방어체계에 관해 한 부분을 할애한 이유이다.

미사일에 대한 이해를 보다 깊이 하기 위해서는 작동 원리와 관계된 부분이 빠져서는 안 된다고 판단했다. 이 부분은 복잡한 물리적·기계적 분야가 대부분이어서 다소 어렵게 서술됐다. 좀 더 알기 쉽게 정리하지 못한 것이 아쉽다.

이 책에는 다른 미사일 관련 서적에서는 찾아볼 수 없는 내용이 꽤 있다. 북한 미사일을 실제적으로 추적하고 시뮬레이션해 분석한 자료들은 처음 공개되는 것들이다. 북한 미사일을 연구하는 이들에게

도움이 되기를 소망한다.

이 책이 나오기까지 많은 분들의 도움이 컸다. 특히 무기체계에 관한 책들이 잘 팔리지 않는다는 사실을 알면서도 출판에 응해주신 도서출판 경당의 박세경 사장께 감사드린다. 여러 출판사의 정중한 거절을 맛본 뒤 맺어진 인연이라 더 소중하고 고맙다.

특히 다소 전문적이고 딱딱한 글의 흐름을 잡아주고 독자들이 보다 수월하게 다가갈 수 있도록 꼼꼼히 다듬어주신 조양욱 선배의 기꺼운 도움이 없었다면 이 책은 아마도 세상에 얼굴을 내밀지 못했을 것이다. 깔끔하게 디자인을 해주신 황은경 북디자이너에게도 감사드린다.

많이 모자란 책이다. 하지만 사드로 심한 몸살을 앓은 덕분에 동아시아에서 거센 다툼을 벌이는 미국과 중국 관계에서, 한국이 어떤 입장을 취해야 하는 지에 대해 분명한 준비가 필요하다는 것을 절감케 한 '미사일'이라는 요술상자를 이해하는 데 이 책이 조금이라도 도움이 된다면 더 없이 좋겠다.

끝으로 이 책의 내용은 순수하게 저자들의 개인적인 연구작업의 산물이다. 저자들이 소속된 기관의 의견과는 전혀 무관함을 밝힌다.

2017년 초여름

최현수, 최진환, 이경행

도움이 되기를 소망한다.

이 책이 나오기까지 많은 분들의 도움이 컸다. 특히 무기체계에 관한 책들이 잘 팔리지 않는다는 사실을 알면서도 출판에 응해주신 도서출판 경당의 박세경 사장께 감사드린다. 여러 출판사의 정중한 거절을 맛본 뒤 맺어진 인연이라 더 소중하고 고맙다.

특히 다소 전문적이고 딱딱한 글의 흐름을 잡아주고 독자들이 보다 수월하게 다가갈 수 있도록 꼼꼼히 다듬어주신 조양옥 선배의 기꺼운 도움이 없었다면 이 책은 아마도 세상에 얼굴을 내밀지 못했을 것이다. 깔끔하게 디자인을 해주신 황은경 북디자이너에게도 감사드린다.

많이 모자란 책이다. 하지만 사드로 심한 몸살을 앓은 덕분에 동아시아에서 거센 다툼을 벌이는 미국과 중국 관계에서, 한국이 어떤 입장을 취해야 하는 지에 대해 분명한 준비가 필요하다는 것을 절감케 한 '미사일'이라는 요술상자를 이해하는 데 이 책이 조금이라도 도움이 된다면 더 없이 좋겠다.

끝으로 이 책의 내용은 순수하게 저자들의 개인적인 연구작업의 산물이다. 저자들이 소속된 기관의 의견과는 전혀 무관함을 밝힌다.

2017년 초여름

최현수, 최진환, 이경행

Chapter 1

치명적인 비수(匕首), 북한 미사일

●●● 북한이 국제사회의 고강도 경제제재와 압박에도 집요하게 미사일 개발에 집착하는 이유는 크게 4가지로 볼 수 있다.
첫 번째는 정권유지를 위해서다.
두 번째는 미국과의 협상에 필요하다고 보는 것이다.
세 번째는 국제사회의 인정을 받기 위해서다.
네 번째는 미사일의 경제적 가치가 적지 않기 때문이다. ●●●

북한이 미사일에 집착하는 이유

5차례 결행한 핵실험

북한의 핵실험과 탄도미사일 능력이 한반도는 물론 동북아 안보에 심각한 위협이 된 지는 오래다. 김정은 북한 노동당 위원장이 집권한 뒤 북한 핵 및 미사일 능력은 이전보다 훨씬 더 빠른 속도로 위협이 고조되고 있다.

북한은 경제적인 어려움에도 지속적으로 다양한 사거리(射距離)의 탄도미사일을 개발해왔다. 2017년 4월 15일, 김일성 주석 105주년 생일인 태양절 열병식에서 북한은 신형 대륙간탄도미사일(ICBM: Inter-Continental Ballistic Missile)을 공개했다. 이 신형 미사일을 모형(mock-up)으로 보는 시각도 있지만, 대부분의 군사 전문가들은 북한 미사일 기술이 미국을 위협할 수준에 근접했다는 데는 의견을 같이 한다.

북한은 5차례 핵실험을 통해 노동 미사일급 탄도미사일에 장착이 가능할 만큼 핵탄두 소형화를 이룬 것으로 평가된다. 2020년까지 재진입체(reentry vehicle) 기술과 함께 ICBM에 탑재할 수 있는 소형화 능력을 갖출 것으로 예측된다. 북한이 최근 시험발사에 성공한 잠수함 발사 탄도미사일(SLBM: Submarine Launched Ballistic Missile)이 전력화된다면 북한은 사전 징후 없이 은밀하게 우리나라 영해에 침투해 후방에서 위협적인 탄도미사일을 발사할 수 있다.

경북 성주군에 일부 배치된 주한미군의 고고도미사일방어체계 사드 (THAAD: Terminal High Altitude Air Defense)를 포함해 우리 군이 구축하고 있는 한국형 미사일 방어체계(KAMD: Korean Air Missile Defense)로는 탐지능력과 대응시간이 부족해 방어에 제한이 있다. 북한의 전략적 중심(center of gravity)은 소형화된 핵탄두를 탑재한 SLBM과 ICBM 개발이라고 볼 수 있다.

북한이 국제사회의 고강도 경제제재와 압박에도 집요하게 미사일 개발에 집착하는 이유는 크게 4가지로 볼 수 있다.

첫째는 정권유지를 위해서다. 체제 붕괴 위험을 우려하는 북한 정권으로서는 생존 문제와 직결된 '대외 안보 이슈'가 주민 결속을 위한 확실한 수단이 될 수 있다. 김정일 국방위원장도 사망하기 전 김정은에게 '핵·미사일만이 정권 유지를 위한 유일한 해답'으로 제시한 것으로 알려졌다.

둘째는 미국과의 협상에 필요하다고 보는 것이다. 미국은 그간 이란 핵문제에 집중하면서 북한 문제에 있어서는 '전략적 인내(strategic patience) 정책'을 고수했다. 일각에서는 '인내'가 아니라 '방기(放棄)'였다는 비판도 나온다. 하지만 도널드 트럼프 행정부는 전략적 인내는 끝났다고 선언하고, 일부 강경파들은 북한의 핵탄두 소형화 및 ICBM 기술의 완성이 임박한 상황에서 선제타격(preemption)의 필요성까지 제기한다. 미국이 실질적인 위협으로 느낀다는 의미이다.

셋째는 국제사회의 인정을 받기 위해서다. 북한은 핵확산 방지조약(NPT: Nuclear non-Proliferation Treaty)[1]을 탈퇴하면서 핵무기 개발 의지를 가시화했다. 핵실험을 5차례나 실시하면서 핵무기 보유국이라는 점을 기정 사실화하려 한다.

핵을 운송할 수 있는 가장 확실한 수단은 미사일이다. 특히 SLBM은 잠수함의 특성상 탐지가 어렵고, 방어체계 대응시간이 짧다. 현존하는 가장 강력한 공격무기로 꼽히는 이유이다. 북한은 핵탄두 소형화와 함께 다양한 미사일 기술개발을 통해 핵무기 위협을 현실화 시킬 수 있는 능력을 보유했다는 국제적인 인정을 받고 싶은 것이다.

네 번째는 미사일의 경제적 가치가 적지 않기 때문이다. 북한에 미사일은 외화 획득이 가능한 자산이다. 현재 탄도미사일은 세계 약 39개국 이상이 비대칭 전략의 일환으로 운용하고 있다. 이들 미사일의 상당 부분이 중국, 러시아 및 북한을 통해 공급되었다. 특히 북한은 1980년대 중반부터 탄도미사일 확산에 주도적인 역할을 해왔다. 1987년부터 2009년까지 중국, 러시아 및 북한을 통해 수출된 약 1천 190기의 탄도미사일 중 40% 이상은 북한이 수출한 것이다. 북한은

1 NPT는 1960년 프랑스, 1964년에 중국이 핵실험에 성공하자 구서독·일본 등 제2차 세계대전 패전국의 핵무장을 우려한 미국의 의견에 따라 1968년 7월 미·소·영 등 총 56개국이 핵무기 보유국의 증가 방지를 목적으로 체결되었다. 2009년 12월 현재 가맹국은 미국·러시아·중국·영국·프랑스 등 핵보유국을 비롯한 189개국이며, 한국은 1975년 4월 23일 정식 비준국이 되었다. 북한은 1985년 12월 12일 가입하였다. 1993년 3월 12일 탈퇴를 선언하였으나 탈퇴 요건을 충족시키기 못해 보류되었으며, 2003년 다시 탈퇴를 선언하였다.

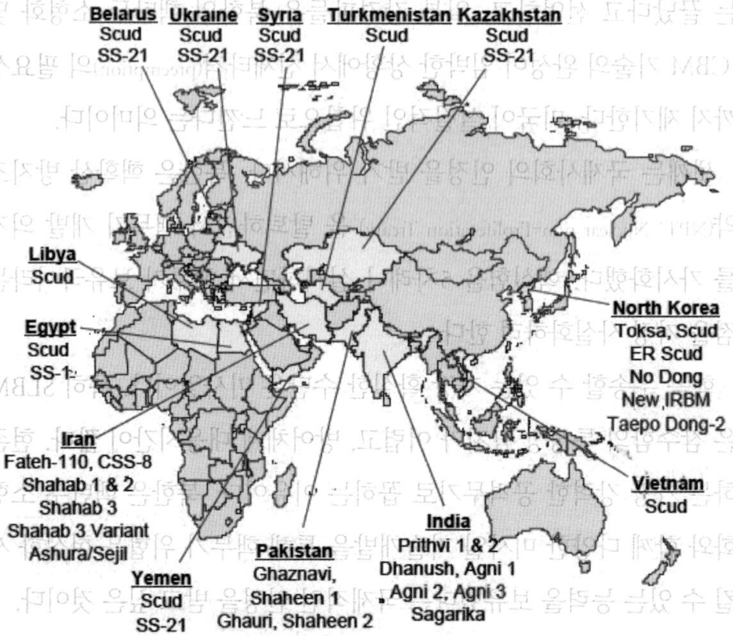

◉ 탄도미사일 확산

LTG Patrick J. O'Reilly, "Ballistic Missile Defense Overview Phased Adaptive Approach", Missile Defense Agency, 2011.

미사일 수출을 통해 축적한 경제적인 이익을 토대로 2009년 이후에도 미국 주도의 강력한 UN 대북제제 국면에 흔들림 없이 미사일 개발을 지속하고 있다. 북한은 이란, 파키스탄, 시리아, 이라크 등 다양한 나라에 탄도미사일을 수백 기 이상 판매했다. 30여 년 동안 세계 탄도미사일 시장을 주도해왔다고 해도 지나친 말이 아니다.

서방에서 '스커드'라고 부르는 계열의 북한 화성 6호(Scud-C)는 세계에서 가장 많이 팔린 미사일계의 베스트셀러이다. 1990년대 중반 중동전쟁이 중단되고 주요 고객들이 미국의 압력으로 북한산 미사일을 수입하지 않게 돼 미사일 판매량이 하락세를 보이자 북한은 전략

북한, 중국, 러시아의 탄도미사일 수출현황

연도	러시아	수출국	중국	수출국	북한	수출국	총계
1987	230	중동	–	–	20	중동	250
1988	120	중동	30	중동	150	중동	300
1989	–	–	70	중동	40	중동	110
1990	–	–	60	중동	40	중동	100
1991	–	–	80	중동	60	중동	140
1992	–	–	30	북한	80	중동	110
1993	–	–	–	–	30	중동	30
1996	–	–	–	–	10	동남아	10
1999	–	–	–	–	20	중동	20
2000	40	아프리카	–	–	–	–	40
2001	–	–	–	–	10	중동	10
2002	–	–	–	–	20	중동	20
2003	–	–	–	–	10	중동	10
2004	–	–	–	–	–	–	–
2005	–	–	–	–	20	중동	20
2006	–	–	–	–	10	중동	10
2009	10	중동	–	–	–	–	10
총계	400	–	270	–	520	–	1,190

Joshua Pollack, "Ballistic Trajectory The Evolution of North Korea's Ballistic Missile Market, Nonproliferation Review", 2011.

을 수정한다. 2000년대 들어서서 북한은 미사일 공동개발에 나선다. 이란과 시리아, 파키스탄, 미얀마 등 북한의 탄도미사일을 구입했던 나라들과 꾸준히 탄도미사일 기술을 공유하면서 기술력 수출을 추진했다.

김정일 사망 이전인 2011년 당시 3천억 원 규모였던 미사일 관련 매출은 2012년 김정은이 실권을 장악한 이후 4천억 원 규모로 늘어났다. 여전히 탄도미사일 판매는 북한의 주요 외화 수입원의 자리를 지키고 있는 셈이다.

북한의 핵에 대한 열망과 미사일 확보 노력은 북한의 남침이 수포로 돌아가고 휴전이 됨과 동시에 시작되었다. 1953년 북한은 전후 복구사업에 주력하면서 1955년 핵물리학 연구소를 설립했으며, 핵을 투발하는 수단으로서의 탄도미사일을 보유하기 위한 노력을 시작했다. 1952년에 북한 최초의 국방과학 연구기관인 '정밀연구소'가 설립됐고, 이후에도 신무기 개발을 위한 다양한 연구소들이 세워졌다.

'국방에서의 자위' 천명한 김일성

북한이 1950년대부터 신무기 개발에 노력한 것은 구(舊)소련의 엄격한 무기 기술통제 때문이었다. 구소련은 북한 예속화를 목적으로 무기 생산기술을 엄격히 통제했다. 6·25전쟁 중에도 무기 조달이 제대로 이뤄지지 않았다. 김일성은 독자적인 무기개발 필요성을 절감해 '국방에서의 자위' 우선 원칙을 천명하고, 신무기 개발에 박차를 가하였다.

1960년대 초 북한은 중국의 107mm 다연장 로켓발사대를 생산하기 시작했으며, 1962년 미국의 U-2 정찰기를 격추해 유명해진 SA-

◉ 북한의 순항미사일 'Silkworm'(KN-1)
https://missilethreat.csis.org/missile/kn-01/

2[2] 지대공 미사일을 구소련으로부터 도입했다. 1967년에는 구소련의 스틱스(Styx·SS-N-2) 함대함(艦對艦) 미사일과 샘릿(Samlet·SSC-2) 미사일을 도입했다. 1970년대 초 북한은 중국이 구소련의 스틱스를 도입해 역설계한 실크웜(Silkworm·KN-01)을 중국으로부터 도입하였다.

1975년 중국을 방문한 김일성은 탄도미사일 제작 기술 전수를 요청했다. 1976년 북한은 중국의 DF(Dong-Feng, 東風)-61 미사일 개발에 참여하게 됐다. DF-61 개발 계획이 '문화대혁명' 등 중국 내부 문제로 1978년 중단되자 중동국가로 눈을 돌렸다. 하지만 일부 북한 기술진은 중국에 남아 미사일 유도장치 기술 등 탄도미사일 기술을 지속적으로 습득했다.

2 SA-2(NATO명) 지대공 미사일: S-75 지대공미사일로 소련이 1957년 개발하였다. 초기형은 사거리 29km, 최대 요격고도 23km였으나, 개량을 통해 1970년대에는 사거리 43km, 최대 요격고도 30km에 달했으며, 최고 속도는 마하 3이다.

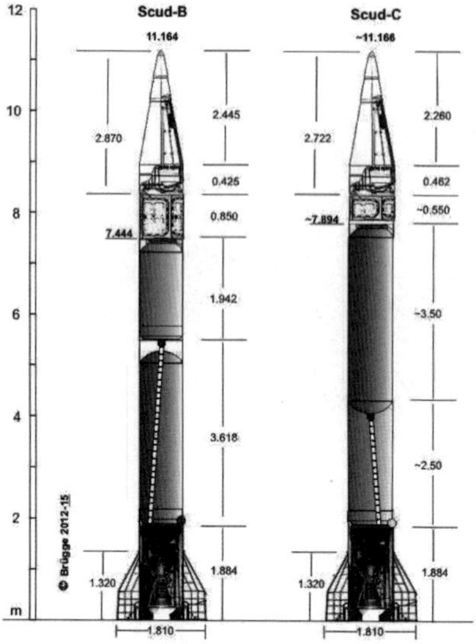

◉ 북한의 단거리 탄도미사일 'Scud-B/C'
http://www.b14643.de/Spacerockets/Specials/Scud/index.htm

북한은 1963년부터 우호적인 외교관계를 맺고 유지해오던 이집트로부터 1981년 Scud-B[3]형 미사일 2기와 발사대(TEL)를 도입했다. 제4차 중동전쟁에서 이집트에 조종사를 파견하는 등 김일성과 이집트 무바라크 대통령의 긴밀한 정치·외교적 협력관계가 있어 가능했다.

북한은 도입한 Scud-B의 역(逆)설계를 통해 기술력을 습득하여 1984년 복제형인 사거리 300km의 단거리 탄도미사일을 제작했다. '화성 5호'로 명명된 이 미사일은 이듬해 초도 생산을 시작해 1987년에는 양산체제에 돌입했다.

1985년 이란과 탄도미사일 개발협정을 맺은 것이 북한으로서는 '신의 한 수'였다. 이란으로부터 엄청난 금전적 지원이 들어왔으며, 화성 6호(Scud-C) 의 개발로 이어졌다. Scud-C는 Scud-B의 탄두(Payload) 중량을 985kg에서 700kg으로 줄여 사거리를 300km에서 500km로 늘린 단거리 탄도미사일이다.

북한이 탄도미사일에 대한 자신감을 갖게 된 계기가 Scud-B/C의

3 나토명 Scud-B, 소련명 R-17 Elbrus. 단거리 전술 탄도미사일, 탄두중량 985kg, 최대사거리 300km, 공산오차(CEP) 450m의 액체 추진 탄도미사일이다.

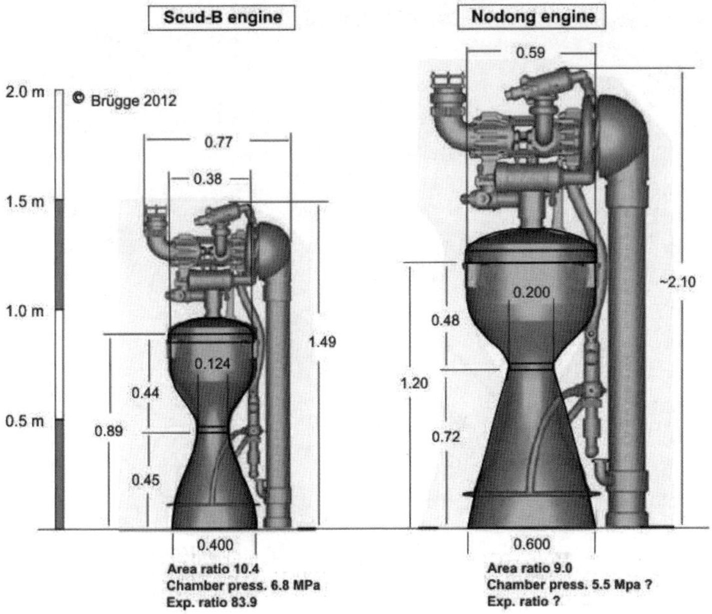

◉ Scud-B와 노동 1호의 로켓 비교
Norbert Brugge, "Ein Vergleich der Triebwerke der russischen Scud und einem Triebwerk der Unha-3", 2012.

개발이었다. 북한은 Scud-B/C를 이란과 시리아, 리비아, 이집트 등으로 수출하였다. Scud-B/C의 성공에 고무된 북한은 이란의 경제적인 지원과 탄도미사일의 수출을 통해 확보한 외화를 바탕으로 2단 추진 미사일 개발에 착수했다. 때마침 구소련의 붕괴는 북한 탄도미사일 기술을 급속도로 진전시키는 계기가 됐다.

1991년 북한은 소련 붕괴로 졸지에 실업자가 된 구소련의 탄도미사일 로켓 기술자와 핵 관련 기술자들을 대거 북한으로 이주시켰다. 이로써 북한은 핵과 탄도미사일에 관련한 방대한 자료와 기술력을 확보할 수 있었다. 이들의 도움으로 1단 액체 추진 미사일 개발

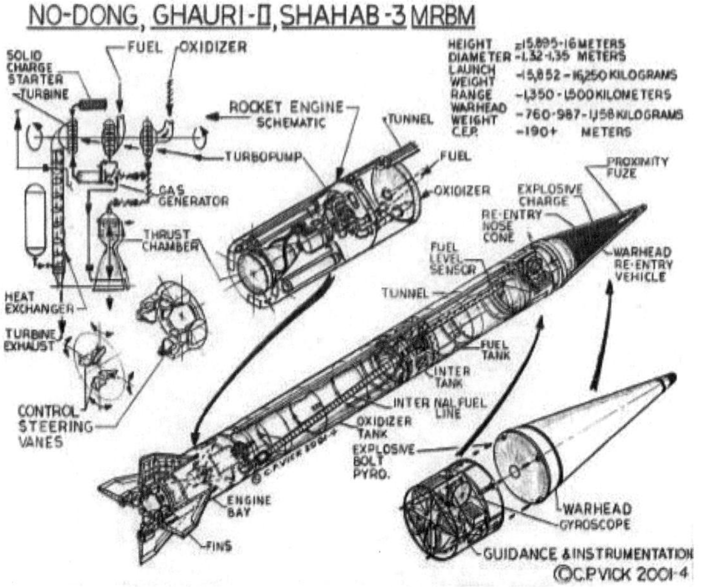

◉ 노동 1호 VS Ghauri VS Shahab III
http://www.pakistanaffairs.pk/threads

에 성공한 북한은 1993년 5월 31일, 동해상으로 노동 1호 1단 추진제 발사시험을 실시했다. 노동 1호는 길이 16m, 직경 1.35m, 탄두중량 1천kg, 사거리 1천300km의 준(準)중거리 탄도미사일(MRBM)이다. Scud-B/C의 3배에 이르는 사거리를 갖게 된 것이다.

그러나 노동 1호의 로켓은 Scud-B 로켓과 전혀 다른 기술을 적용해 사거리를 늘린 것이 아니라, Scud-B 엔진의 크기만을 키워 추력을 높인 것에 불과하다. 후에 노동 1호는 성능이 개량돼 이란의 사하브-3(Shahab-III)와 파키스탄의 가우리-1(Ghauri-I)으로 생산됐다. 북한은 노동 1호의 기술을 이전하는 대가로 파키스탄으로부터 핵융합 기술과 원심분리기 설계 기술을 확보했다.

1998년 8월, 북한은 '광명성 1호' 위성을 발사했다고 주장했다. 사실상 장거리 미사일 '대포동 1호'의 발사였다. 대포동 1호는 전체 길이 25m, 직경 1.8m, 탄두중량 1천kg, 사거리 1천800~2천500km로 추정되는 3단 추진 발사체로, 중국이 DF-3[4] 중거리 탄도미사일(IRBM) 기술을 북한에 전수해 제작됐다.

2009년 4월에 북한은 대포동 2호(광명성 2호) 발사를 감행하였다. 대포동 2호는 액체 추진제를 사용하는 3단형 로켓으로 길이 32m, 직경 2.2m, 탄두중량 700~1천kg, 사거리 6천700km 이상의 ICBM 급으로 추정됐다. 대포동 2호의 1단 추진제는 노동 1호의 1단 추진제 4개를 묶어 사거리를 증대시킨 클러스터링(clustering) 기술을 최초로 사용했다. 또 사거리를 늘리고 탄두중량을 높이기 위해 주 로켓과 추력의 방향을 조종하는 보조엔진(steering engine)을 사용했다. 2단은 무수단(R-27) 미사일의 엔진, 3단은 이란이 인공위성 '오미드[5]'를 발사할 때 사용했던 사피르-2[6] 발사체의 상단 모터를 사용한 것으로 추정됐다.

대포동 2호의 1단 로켓은 정상적으로 연소됐으며, 연소 종료 후에는 2단 로켓에서 분리돼 발사지점으로부터 540km 지점에 떨어졌다. 2단 로켓 또한 정상적으로 점화되어 비행해 3천846km 지점에 낙하했다. 북한은 대포동 2호에 의해 발사된 광명성 2호가 Apogee(원지점 또는 정점) 1천426km, Perigee(근지점) 490km, 경사각 40.6°의 타원궤도를 돌고 있다고 발표했다. 그러나 어느 나라에서도 북한이 발표한 궤도에서 위성을 발견하지 못했다. 대포동 2호는 3단 분리에 실패한 것

4 TEL 발사 형식의 중국 IRBM, CSS-2. 1971년에 개발된 사거리 2천500km의 중거리 탄도미사일이다.

5 오미드: 이란 최초의 통신용 인공위성. 2008년 8월 17일 Safir 로켓에 의해 쏘아 올려졌다.

6 사피르(Safir): 이란 최초의 인공위성 자력발사에 성공한 우주발사체. Shahab-4의 개량형으로 알려져 있으며, 북한의 대포동 1호를 수입하여 만든 것으로 전해진다.

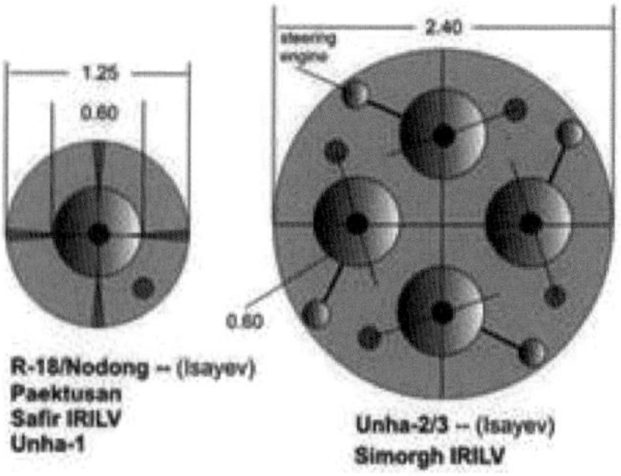

◉ 대포동 2호의 엔진 클러스터링
www.globalsecurity.org

으로 추정됐다.

북한 대포동 2호는 우리 군 최초의 이지스함인 세종대왕함이 동해에 전개돼 탐지·추적에 성공한 최초의 북한 장거리 탄도미사일이다. 2008년에 해군에 인도된 세종대왕함은 AN/SPY-1D(V) 레이더를 이용하여 탄도미사일과 인공위성의 탐지 및 추적이 가능한 함정이다.

세종대왕함은 당시 작전에 참가했던 2척의 미 이지스함과 2척의 일본 이지스함보다 더 빨리, 더 오랜 시간 추적했으며, 세종대왕함이 제공한 북한 탄도미사일의 정보가 처음으로 세계 언론을 통해 공개되었다.

북한은 2012년 4월 13일 7시 38분에 평안북도 철산군 동창리 발사장에서 인공위성 '광명성 3호'를 실은 '은하 3호'를 남쪽으로 발사하였다. 당시 서해상에 전개해 있던 우리 해군 세종대왕함이 발사 54초 만에 로켓을 탐지하여 지속 추적했다. 발사 2분여 뒤 1단 연소가 종료되어 성공적으로 분리되는 듯 했으나, 발사 후 약 135초 만에 1·2단 추진체가 공중 폭발하여 해상으로 추락하였다. 당시 전문가들

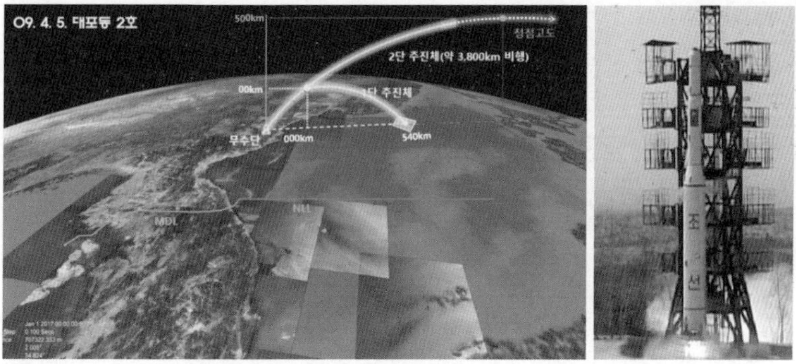

◉ 우리 군 최초의 이지스함인 세종대왕함이 추적한 대포동 2호

은 태양절[7] 이전에 무리하게 발사시험을 추진해 1단 추진체에 결함이 발생한 것으로 추정했다.

북한은 4월 13일의 실패를 만회하기 위해 같은 해 12월 12일 9시 49분, 동창리 발사장에서 남쪽으로 은하 3호를 발사하였다. 당시 서해상에 전개해 있던 세종대왕함이 발사 34초만에 최초로 탐지하였고, 우리 해군의 이지스함 3척(세종대왕함, 율곡이이함, 서애류성룡함)이 모두 은하 3호의 탐지 및 추적에 성공하였다. 2분 42초 경과 후 1단 추진체의 연소가 종료되어 성공적으로 분리 후 변산반도 서쪽 138km 지점에 낙하하였으며, 우리 해군에 의해 회수되었다. 9시 58분 26초에 오키나와 서쪽 상공 고도 473km 상승 후 2단 추진체를 분리한 은하 3호는 9시 59분 13초 궤도에 정상적으로 진입했다

은하 3호의 1단 추진체 구조는 일반적인 액체 추진체와 거의 동일하다. 연료와 산화제를 주 엔진 연소실과 보조 엔진 연소실에서 연소시키며, 다양한 밸브와 유량조절기로 유속을 조절해 추력을 제어한

7 태양절: 김일성의 생일인 4월 15일을 기념하는 북한의 최대 명절.

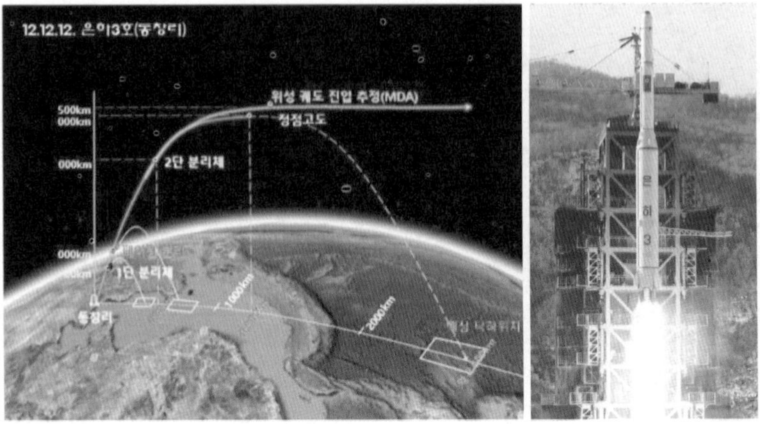

◉ 한국 해군의 이지스함이 추적한 은하 3호 궤적

다. 연료는 케로신에 일부 탄화수소 계열 화합물이 포함된 혼합연료를 사용했고, 산화제는 적연질산[8]을 사용했다.

산화제는 ①터보펌프 조립체와 ②산화제유량 조절기를 통해 ④주엔진 연소실로 공급되고, 일부는 ③보조 엔진 연소실로 공급된다. 연료는 ①터보펌프 조립체를 통하여 ⑤연료유량 조절기를 거쳐 ④주엔진 연소실과 ③보조 엔진 연소실로 공급된다. 압축공기는 산화제 및 연료탱크에 압력을 가해 각 동력기관에 산화제와 연료를 원활하게 공급한다.

1단 추진체가 점화돼 연소가 시작되면 로켓 하부에 장착된 보조엔진 4개의 구동(驅動)모터가 로켓 방향을 제어하며 추진·상승한다. 산

8 적연질산: RFNA(Red Fuming Nitric Acid), 로켓 추진제의 저장성 산화제로 사용되는 화합물, 질산 84%, 사산화이질소 13%, 물 2%로 구성되며, 강력한 부식성과 맹독성으로 인해 취급이 어려우며, 부식방지를 위해 부식방지제(Inhibitor)를 함께 사용한다. 부식이 방지된 적연질산을 IRFNA(Inhibited RFNA)라고 부른다.

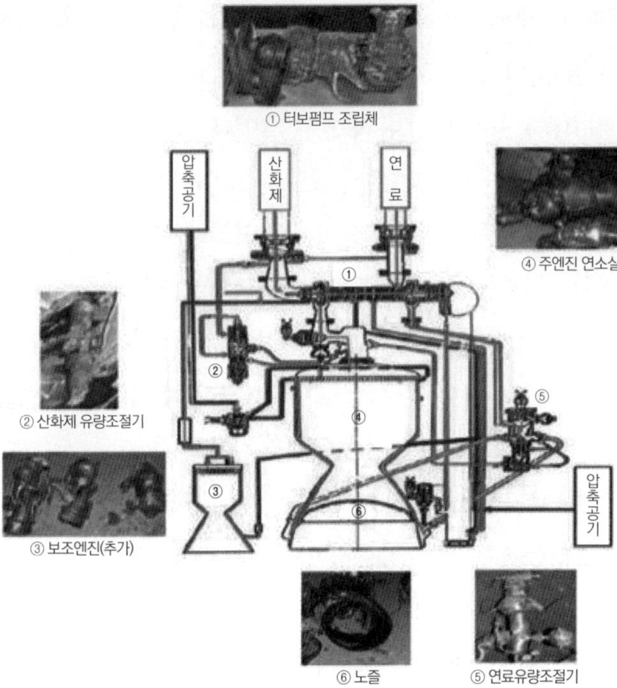

◉ 은하 3호 1단 추진 계통
국방부 공개자료

화제와 연료 주입용 터보펌프의 작동으로 추력을 조절할 수 있다. 원하는 추력을 확보해 더 이상의 추력이 필요 없게 되면 연료 차단 시점 조정(Cutting off) 방법으로 연료를 차단해 연소를 중지시키고, 1단을 분리하게 된다.

제동모터 4개와 가속모터 6개가 장착돼있어 단(段) 분리 시 제동모터는 1단 로켓의 속도를 감속시키고, 가속모터는 2단 로켓의 속도를 증가시켜 1단과 2단의 안전거리를 확보하게 된다. 은하 3호는 주 엔진인 노동미사일 엔진 4개와 방향 제어를 위한 보조엔진 4개를 결합한 형태이다. 제동모터와 가속모터를 사용해 안정성을 확보했으며, 사거리 1만km 이상 탄두를 운반할 수 있는 로켓이다. 북한은 ICBM급 장사정(長射程) 능력을 보유하게 된 것이다.

가장 최근의 북한 장거리 로켓 발사는 2016년 2월 7일이었다. 북한은 오전 9시 30분 동창리 발사장에서 광명성 4호를 발사했다. 2012년 은하 3호와 거의 동일한 로켓으로, 동일한 발사방향과 궤도로 발사하였다. 은하 4호는 약 2분 후 1단 추진체가 정상적으로 분리되었으며, 1분이 지난 9시 33분 은하 4호가 대기권을 벗어나자 위성의 보호 덮개인 페어링이 분리됐다.

오전 9시 39분 46초, 발사 586초 만에 광명성 4호는 위성궤도 진입에 성공했다. 북한은 궤도 경사각 97.4°, Apogee 고도 500km, Perigee 고도 494.6km로 94분 24초 주기로 궤도운동을 할 것이라고 발표했다. 북미 우주항공방위사령부에서 위성 탑재체가 임무 궤도에 진입한 것을 확인했다.

2012년과 유사하게 서해상에 배치된 2척의 한국 이지스함정은 발

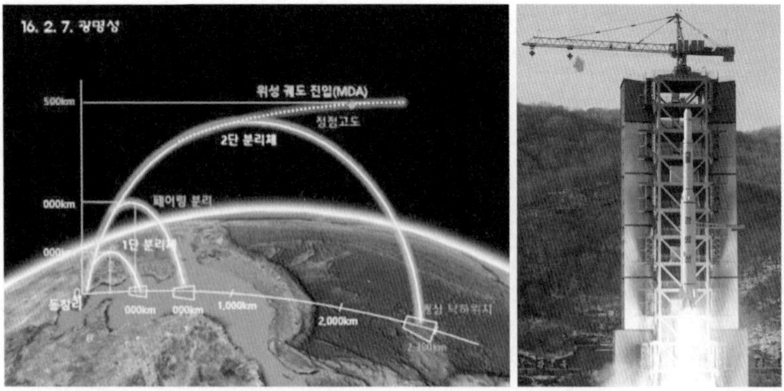

◉ 우리 군의 이지스함이 추적한 광명성 4호 궤적

사 위치와 가장 근접한 곳에 있던 세종대왕함이 먼저 광명성 4호를 탐지·추적했고, 서애류성룡함이 1단 추진제가 분리되는 시점에서 탐지·추적했다. 공군 피스아이(peace eye)[9]도 참가해 성공적으로 광명성 4호를 탐지했다. 피스아이가 가장 먼저 광명성 4호를 탐지했지만, 피스아이는 탄도미사일 추적 능력이 없어 세종대왕함의 AN/SPY-1D(V) 레이더가 광명성 4호를 추적하고 탄도미사일로 식별했다.

탐지의 신속성과 추적의 정확성은 탄도미사일을 방어하고 요격하는데 결정적인 요소다. 특히 핵을 탑재한 탄도미사일에 대해 단 1발의 요격 실패도 국민의 생명과 재산에 치명적이다. 따라서 최대한 빨리 북한의 탄도미사일을 탐지하고 그 정보를 실시간 공유하여, 연합·합동 전력으로 요격할 수 있는 시스템을 갖추어야 한다.

피스아이는 최대상승고도는 4만1천ft이며, 수평면에 있는 함정에 비해 훨씬 더 가시(可視)거리(LOS: Line of Sight) 확보가 용이하다. 따라서 지구의 곡률과 전파의 직진성을 고려했을 때, 피스아이의 성능 개량을 통해 탄도미사일 추적능력을 확보한다면 이동식 탄도미사일 발사대 식별 및 조기탐지 및 추적정보 공유로 킬체인(Kill Chain)[10], 한국형 미사일 방어체계(KAMD)[11] 대량 응징보복(KMPR)[12] 능력 향상이 크게 기여할 것으로 판단된다.

9 Peace eye: 보잉이 제작한 E-737 AEW&C(Airborne Early Warning and Control) 피스아이 공중 조기경보 통제기. CFM56 터보팬 엔진을 사용하며, 전장 33.6m, 전폭 35.8m, 최대속도 853km/h, 항속거리 6천482km의 조기경보기이다. 2004년에 개발이 완료되었으며, 우리나라는 2009년에 도입하여 현재 4대를 운용 중

10 Kill Chain: 북한이 핵, 미사일 등을 발사하기 전에 우리 군이 이를 먼저 탐지해 선제타격하는 개념으로 탐지-확인-추적-조준-교전-평가 6단계로 이루어짐. 도입 예정이거나 이미 도입된 전력으로 F-15K, F-35, 정찰기, 피스아이, 아리랑3호 위성, 글로벌호크, JDAM 정밀유도폭탄, SLAM-ER 미사일, 타우러스, 현무-2/3 등의 전력이 해당

탄도미사일 탐지 추적의 핵심 전력인 세종대왕급 함정의 AN/SPY-1D(V) 레이더는 표적을 탐지하면 컴퓨터가 스스로 표적의 진위 여부를 확인하고 자원을 할당하여 자동추적 임무를 수행한다. 따라서 표적을 자동으로 추적하는데 소요되는 시간은 몇 초 이내로 매우 짧다.

은하 3호와 유사한 비행 패턴을 보였던 광명성 4호는 발사 후 약 2분 만에 1단 추진체가 정상적으로 분리된 뒤 폭발해 270여 개의 잔해를 남겼다. 1단 추진체가 분리된 후 2단 추진체가 가속 모터에 의해 상승하고, 1단 추진체가 감속 모터에 의해 추진력이 약해져 둘의 간격이 어느 정도 떨어졌을 때, 1단 추진체에 장착한 시한폭탄에 의해 공중폭발한 것으로 확인됐다.

이는 1단 추진제의 회수를 방치하고 폭발에 의한 추진체 잔해로 SPY 레이더를 비롯한 우리 탐지 자산이 분리된 본체를 탐지·추적하는 데 어려움을 겪게 만드는 부수적인 효과를 얻을 수 있었다.

옥수수 200만 톤을 한 해 미사일 발사 비용으로 쓴 셈

북한은 대포동 1호를 발사했던 1998년부터 모두 6차례 장거리 로

11 KAMD: Korean Air Missile Defense, 한국형 미사일 방어체계로 낮은 고도에서 적의 탄도 미사일이나 항공기(전투기, 폭격기)를 공중에서 요격하는 하층(下層) 방어체계를 말한다. 지상 조기경보 레이더(Green Pine), 한국형 미사일 작전통제소(KTMO-cell), PAC-2 GEM+, PAC-3, 천궁, L-SAM 등으로 구성

12 KMPR: Korea Massive Punishment & Retaliation, 대량 응징 보복으로 북한이 핵무기 사용 징후를 보이면 이에 보복해 김정은을 포함한 북한군 수뇌부를 모두 제거하고, 이들의 은거지와 주요 시설을 선제타격(preemption)하는 공격적 억제방안

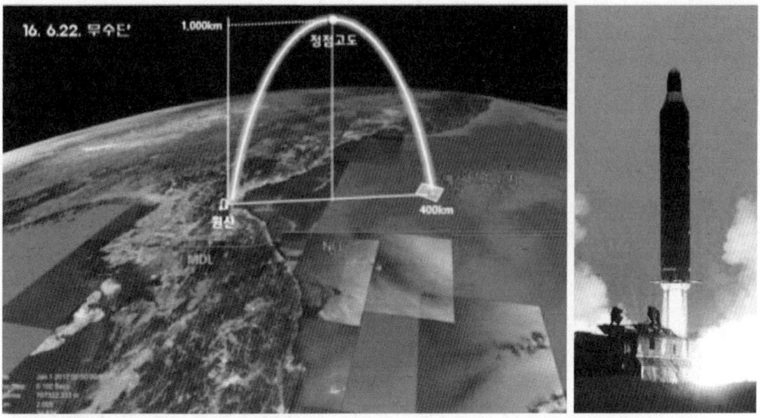

◉ 우리 군의 이지스함이 추적한 무수단 궤적

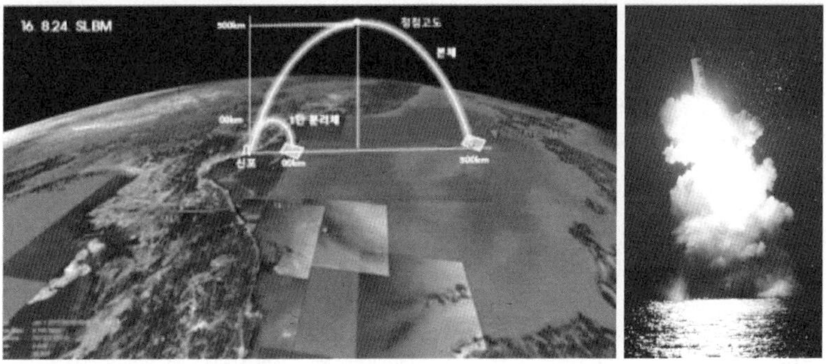

◉ 우리 군의 이지스함이 추적한 북한 북극성-1호 궤적

켓을 발사했다. 북한은 2006년 대포동 2호를 제외하고는 모두 인공위성을 발사한 것이라고 언론에 보도했으며, 2012년 12월 은하 3호와 2016년 2월 광명성 4호만 위성의 궤도진입에 성공했고 나머지 4회는 실패하였다.

북한은 ICBM 뿐 아니라 다양한 미사일 시험발사를 지속적으로 해오고 있다. 2016년 6월 22일 시험발사에 성공한 무수단 미사일은 정점 고도 약 1천km, 사거리 400km로 고각도(over-lofted) 발사했다.

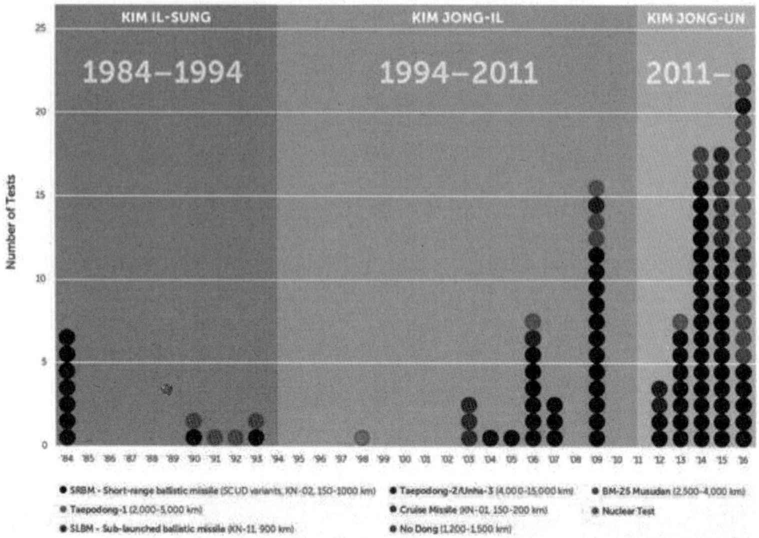

◉ 북한의 핵 및 탄도미사일 발사시험(1984-2016)
THOMAS KARAKOIAN WILLIAMS, "Defense 2020", CSIS, 2017.

2016년 8월 24일 시험발사에 성공한 잠수함 발사 탄도미사일(SLBM) 북극성-1호 역시 약 정점 고도 500km, 사거리 500km로 고각도 발사였다.

북한은 스커드 계열 단거리 미사일은 최대사거리 발사(minimum energy)를 통해 한반도 위협 반경을 최대한 증가시키고 있다. 최근 개발돼 성능과 효율이 좋은 무수단 및 북극성-1호 미사일은 고각도 발사를 통해 레이더 반사 면적(RCS: Radar Cross Section)을 감소시키고 대기권 재진입 후 종말 단계 속력을 마하 15이상으로 빠르게 해 방어체계 요격 확률을 급격히 떨어뜨리는 효과를 노리고 있다. 목적에 따라 다양한 시험발사 방식을 활용하고 있는 것이다. 최근 성주 미군기지에 일부 배치된 사드는 요격 고도 40~150km, 요격 속력 마하 8.8 정도로 북한이 무수단 및 SLBM을 고각도로 발사한다면 요격이 제한될 것으로 보인다.

북한이 2016년 한 해에 발사한 미사일 비용은 얼마나 될까? 북한 전문매체 데일리 NK는 지난 5월까지 네 차례 무수단 미사일 발사를 시도하는데 든 비용이 약 8천만 달러, 우리 돈 949억 원 이상으로 추산된다고 보도했다. 무수단은 한 번 발사하는데 약 2천만 달러가 든다는 계산이 나온다. 북극성 1호를 무수단과 동일하다고 가정하고, 노동미사일이 1발 당 1천만 달러, 스커드가 1발 당 600만 달러의 비용이 든다고 가정할 때, 이를 단순 환산해보면 북한은 2016년 한 해에만 2억 8천800만 달러를 미사일 발사에 사용한 셈이다.

이는 국제 곡물 가격으로 추산했을 때 200만 톤의 옥수수를 살 수 있는 금액으로, 북한의 2016년 식량 부족분인 70만 톤의 3배에 달한다. 대북 제재국면의 경제상황을 고려하면 북한은 모든 역량을 집중해 탄도미사일 개발과 핵실험을 하고 있는 셈이다.

북한이 감춘 속셈

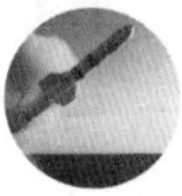

북한의 탄도미사일

북한은 대량 살상무기(WMD: Weapon Mass Destruction)를 탑재한 탄도미사일을 사용할 것이다. 핵탄두는 MRBM/IRBM/ICBM[13] 등의 중장거리 탄도미사일에 다양하게 탑재하여 '사용 또는 폐기(Use-or-Loss)' 개념[14]을 적용할 것으로 예측된다. 핵 전자기파(NEMP: Nuclear Electro-Magnetic Pulse)를 활용한 공격도 가능할 것으로 보인다.[15]

13 MRBM: Medium Range Ballistic Missile, 사거리 1천~2천500km, 노동미사일 등
IRBM: Inter-mediate Range Ballistic Missile, 사거리 2천500~5천500km 무수단, 북극성 미사일 등
ICBM: Inter-Continental Ballistic Missile, 사거리 5천500km 이상, 대포동 미사일 등

14 핵 전략 및 협상에 사용되는 개념으로 전쟁 초기에 전략적으로, 이득이 될 경우에는 사용하고 그렇지 않을 경우 폐기한다는 개념

북한의 단거리 미사일(SRBM)[16]은 전술적으로 전면전에서 지상군을 지원하고, 우리나라 공군·해병의 공격 작전과 동맹국의 지휘통제(C2)를 무력화시키기 위한 핵심 지역(HVA: High Value Area) 기지 공격용으로 사용된다. 대함 탄도미사일(ASBM: Anti-Ship Ballistic Missile)은 해군 이지스함의 탄도미사일 방어(BMD: Ballistic Missiile Defense)와 함대지(艦對地) 미사일 공격을 방해하고, 한반도 전쟁 발생 시 증원되는 미국의 항공모함을 파괴하기 위한 전력으로 활용된다. 2015년부터 개발에 집중하는 SLBM은 탐지 및 요격이 어려워 가장 강력한 전략무기로 꼽힌다.

북한은 1960년대 말 구소련으로부터 스틱스(SS-N-2) 함대함 미사일, 해안 방어용 S-2 소프카(Sopka·SS-C-2b 샘릿) 미사일, 그리고 무유도(無誘導) 로켓인 FROG-3, 5 및 7 등을 도입하였다. 북한은 1970년대 초 대함 미사일 HY-1과 구소련의 스틱스를 역설계한 HQ-2 대공미사일을 중국으로부터 도입했으며, 구소련제 미사일의 역설계 기술과 중국제 미사일의 연구개발 기술을 획득하게 되었다. 주요 부품은 중국으로부터 수입되는 상황이었다. 북한은 독자적으로 HY-1 생산설비를 구축했고, 곧 이어 HY-2(실크웜)를 생산할 수 있는 설비로 전환했다.

1970년대 중반에는 HY-2 미사일의 양산 능력을 보유하게 되었다. 1980년대 초에는 서스테이너 모터와 유도장치 부품을 제외한 대부분의 부품을 자체 생산했다. 1981년 이집트로부터의 스커드-B 2기

15 14 Nimble Titan(북한과 이란의 탄도미사일에 대응전략 수립을 위해 미국 전략사 주관 미국, 일본,한국,케나다,호주,NATO 등 21개국이 참가하여 2년 주기로 실시되는 연합 탄도미사일 국제 정치-군사 회의) 위협판단 자료

16 SRBM: Short Range Ballistic Missile, 사거리 1천km 이하, KN-02, 스커드-B/C/D/ER 등

와 이동 직립 발사대 MAZ-543 TELs 수입은 미사일 개발의 결정적인 전환점이 되었다. 1985년에는 역설계를 한 복제형 스커드-B를 초도 생산하게 되었다. 1990년대 초에 이르러서 북한은 이란, 파키스탄, 시리아 등과 같은 제3세계 국가들에 완전한 미사일 시스템을 공급하는 유일한 국가가 되었다.

이란과의 커넥션은 미사일 완제품과 생산기술 제공을 조건으로, 북한의 스커드-B 역설계 미사일 개발에 대한 경제적 지원과 서구 핵심 기술 획득을 위해 시작됐다. 이후 이란과 북한은 스커드-C 개발을 포함한 미사일 성능 개량과 개발에 대한 기술 커넥션을 발전시켰다.

북한은 이라크와도 연결됐다. 이란과의 전쟁 중 이라크가 북한에 보낸 사거리 600km의 알 후세인(Al Hussein)과, 900km의 알 압바스(Al Abbas) 미사일은 1990년 북한이 사거리 500km의 스커드-C를 시험 발사하는 데 크게 기여했다. 시리아는 1996년에 구소련제 사거리 70km의 SS-21 미사일을 북한에 제공했다. 이 미사일의 정교한 유도장치는 역설계를 통해 스커드미사일의 정확도를 높이는데 결정적인 역할을 한 것으로 추정된다.

1993년에는 일본 내의 미군 기지를 비롯한 일본의 거의 모든 지역을 공격할 수 있는 사거리 1천~1천300km 노동 미사일의 시험발사에 성공했으며, 1994년에는 연간 100~150기의 스커드 미사일을 생산할 수 있는 능력을 보유하게 되었다[17]. 이어 1998년 8월에는 궤도 진입에는 실패했지만, 북한 최초의 다단로켓인 사거리 2천500km 급의 대포동-1호를 시험 발사했다. 1990년대 말부터 오키나와는 물

17 Jane's Defence Weekly, October 22, 1994, p.6.

◉ 2010년 열린 조선노동당 창건 65주년 기념 열병식에 공개된 KN-02와 무수단 미사일

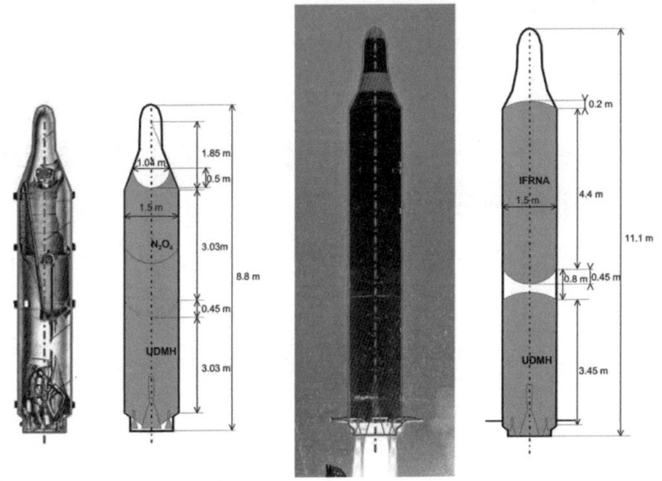

◉ SLBM R-27과 GLBM 무수단 비교
http://38north.org/2016/12/musudan122016/fig2_savelsbergkiessling/

론 괌의 미군 기지까지 사정권에 넣을 수 있는 사거리 3천~4천km의 무수단 미사일(노동-B)을 개발해 2007년 실전 배치했다. 거의 비슷한 시기에 오산, 평택까지 타격이 가능한 사거리 100~120km의 단거리 미사일 KN-02를 개발한 것으로 전해진다. 북한 최초 고체 연료 로켓인 KN-02 미사일은 1975년 구소련에 의해 전력화된 SS-21 Scarab A(9K79 Tochka)[18]를 성능 개량한 것으로 판단된다.

2006년에도 발사 후 바로 폭발했지만, 미국의 알라스카와 하와이

제도까지 도달 가능한 것으로 알려진 사거리 6천700km 이상의 장거리 3단 로켓 대포동-2호를 시험 발사하였다. 2009년 4월에는 실패한 이 로켓 성능을 개량하여 동일한 사거리의 새로운 대포동-2호 개량형 로켓을 발사하였다. 비록 인공위성 궤도에는 진입하지 못하였으나 2단 추진체 잔해가 발사대로부터 3천850km의 예상 낙하 지점에 떨어진 것으로 알려져 있다.[19]

또한 2012년 12월에는 1만km급의 ICBM용 로켓인 대포동-3호(은하-3호)의 위성체를 궤도에 진입시켰고, 2012년 4월 김일성 생일 100주년 기념 열병식과 2013년 7월 정전협정 60주년 기념 열병식에서는 신형 대륙간탄도미사일인 KN-08이 최초로 등장하였다. 당시 KN-08이 공개되었을 때 이 미사일은 모형(mock-up)이거나, 아직 개발되지 않은 미사일이라는 주장이 제기됐다.

그러나 2015년 10월 노동당 창건 70주년 열병식에서 또 다시 KN-08이 공개됐는데, 이때는 탄두가 기존과는 달리 뭉툭한 형태로 바뀌어 있었다. 북한은 KN-08에 대해 다종화, 소형화된 핵탄두를 탑재했다고 주장하고 있으나 명확한 증거는 나오지 않았다. 이 탄도미사일은 KN-14로 명명됐다. 기존 KN-08에 비해 로켓의 단수가 2단으로 줄어들었고, 길이도 17m로 축소되었다.

북한은 2015년 1월 23일, SLBM의 첫 번째 사출시험을 실시하

18 초기 버전인 Scarab A의 최대사거리는 70km이며 CEP는 150m이다. 그러나 1989년 전력화된 Scarab B의 최대사거리와 CEP는 각각 120km 및 95m 수준이다. Syria Missiles, http://www.nti.org/media/pdfs/syria_missiles_table.pdf?_=1344557599_.

19 미국의 위성관련 업데이트된 자료 분석을 인용, 발사 초기에 발표되었던 1천900마일보다 약 500마일을 더 비행하여 발사지점으로부터 2천390마일(3천850km) 부근에 탄착한 것으로 전해지고 있다. Craig Covault, "North Korea rocket flew further than earlier thought," http://spaceflightnow.com/news/n0904/10northkorea

◉ 좌(2012년 열병식), 우(2015년 열병식)의 KN-08의 탄두형상 변화

KN-08과 KN-14 비교

설계형상	KN-08	KN-14
엔진	3단 액체 추진 로켓	2단 액체 추진 로켓
단 직경	2m(1,2단), 1.3m(3단)	2m(1,2단)
총 길이	19m	17m
최대사거리/최대속력	12,000km/마하23	9,970km/마하23
payload	핵탄두 500~700kg	핵탄두 500~700kg
cable duct/raceway	only at tank	from base to top
Stage Separation Rockets	chaotic locations	sensible locations
Front Shape	conical warhead	blunt

였다. 같은 해 5월 8일에는 원산 동쪽 해상에서 실시한 SLBM의 발사 영상을 공개했다 이후 북한은 지속적으로 SLBM 발사시험을 하고 있으나, 실전배치는 되지 않은 것으로 알려졌다. 그러나 SLBM이 실전 배치된다면 기존의 탄도미사일과는 다른 차원의 위협이 된다. SLBM은 발사 징후와 장소를 포착하기 곤란하다. 해상에서 발사되는 만큼 육상 기반 탄도미사일 방어체계로는 효과적인 대응이 어려울 것으로 판단된다.

북한의 탄도미사일은 휴전선을 기준으로 3개의 광역 미사일 벨트의 형태로 배치되어있다. 제1벨트는 휴전선 북방 50~90km 권역으로, 주로 스커드 및 노동미사일이 배치되어 있다. 제2벨트는 휴전선 북방 90~120km로, 노동미사일이 배치되었다. 또한 제3벨트는 제2벨트의 북방지역으로, 노동과 대포동 및 KN-08이 배치되어 있다.

지리적 여건과 사거리를 고려할 때 한국에 실질적인 위협이 되는 것은 제1벨트에 배치된 스커드 미사일과, 북한 전역에 배치된 노동미사일이다. 스커드 B의 사거리는 300km로, 평산군 스커드 기지에서 발사될 경우 경북 지역까지 다다를 수 있다. 스커드 C의 사거리는 500km로, 제주도를 제외한 한국의 전역을 타격할 수 있다.

사거리 1천~1천300km의 노동미사일은 일본 본토까지 타격할 수 있으며, 사거리를 조절할 경우 한국 전역에 대한 공격이 가능하다. 북한의 탄도미사일 운용 전략은 동시 발사·동시 타격 전술을 구사할 것으로 예상된다. 탄도미사일을 지하 갱도에 보관하다가 발사가 필요한 시점에 일제히 발사장소로 이동해 동시에 발사하는 것이다. 북한의 탄도미사일 기지 반경 50km 정도를 탄도미사일 운용 구역(BMOA: Ballistic Missile Operational Area)으로 보는 것이 일반적인 견해이다. 동시 발사를 위해서는 플랫폼 확보가 절대적으로 중요하다. 북한은 보유 중인 대다수의 탄도미사일을 차량형 TEL에 장착하여 운용한다.

북한이 보유 중인 TEL의 수량은 스커드 계열 약 60대, 노동 약 35대, 무수단 약 10대, KN-08 6대로 약 110여대 이상의 TEL을 보유한 것으로 추정된다. 이란에서 도입한 신형 탄도미사일의 TEL을 포함하면 더 많은 수의 TEL을 이미 확보한 것으로 예상할 수 있다.

따라서 북한은 약 100여기 이상의 탄도미사일을 동시에 발사할 수

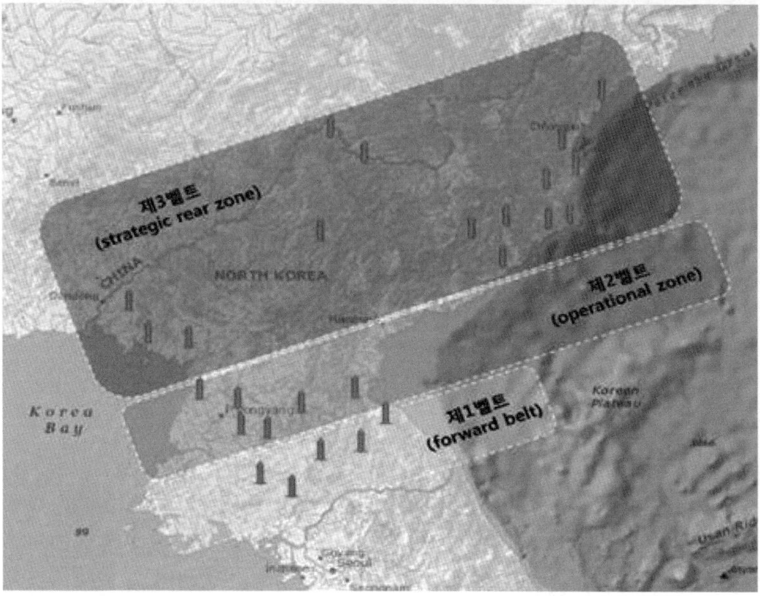

◉ 북한의 탄도미사일 배치 현황

김지원, "탄도미사일 비행특성 기반의 한국형 미사일 방어체계 구축에 관한 연구", 박사학위 논문, 국방대학교, 2016.

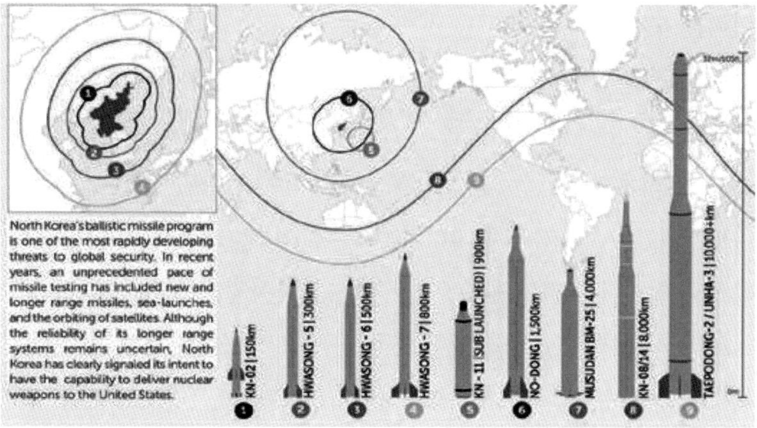

◉ 북한의 탄도미사일 및 최대사거리

THOMAS KARAKOIAN WILLIAMS, "Defense 2020", CSIS, 2017.

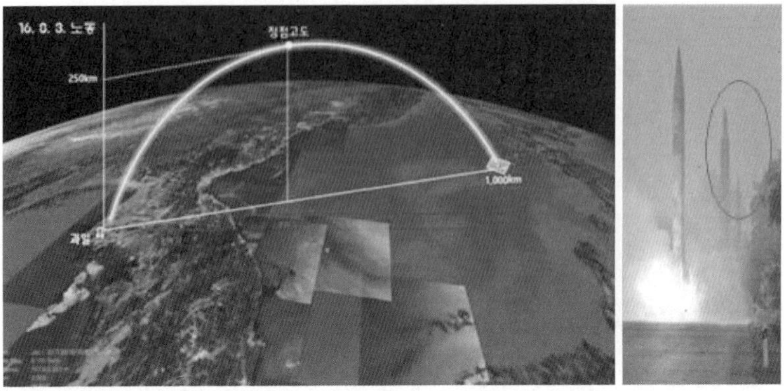

◉ 우리 군의 이지스함이 추적한 북한 노동미사일 궤적

있는 전력을 구축하고 있고, 탄도미사일 기지에 유·무선 통신망을 구축해 일제 발사가 가능한 시스템을 보유하고 있다고 봐야 한다. 기존에 3시간 이상 걸렸던 발사준비 시간도 현재는 1시간 내 발사가 가능하도록 단축된 것으로 추정된다. 발사 징후 은폐를 위해 야간에 일제히 TEL을 기동시킬 수 있어 정찰위성으로 발사 징후를 포착하기 어려울 수 있다.

2010년 10월 열병식에는 기존 노동미사일의 싱글콘(single-cone 원뿔) 형태 탄두와는 다른 트리콘(tri-cone) 형태의 신형 노동미사일이 등장했다. 트리콘형 탄두는 대기권 재진입 능력이 강화된 형태로, 이란의 가드르(Ghadr-1)와 거의 흡사하다. 이는 2016년 8월 3일 북한이 동해상으로 발사하여 일본해역에 떨어진 노동미사일의 형태와 같다.

2010년 북한은 노동당 창건 65주년 기념 열병식에서 중거리 탄도미사일인 무수단 미사일을 공개하였다. 이 미사일은 1960년대 제작된 구소련의 잠수함 발사 탄도미사일 R-27(SS-N-6)의 추진체를 성능 개량해 사거리를 2천500km에서 4천km까지 확장한 것으로, 미군기지가 위치한 괌을 겨냥하여 개발한 탄도미사일이다. R-27에 비해 약 2.7m 가량 길어졌고, 지상의 이동식 발사대에서 발사된다.

이 미사일의 발사 플랫폼 기술은 1993년경 북한이 일본 회사에서 고철 수집용으로 수입한 러시아의 G-Ⅱ(Golf Ⅱ)급 잠수함으로부터 확보한 것으로 알려졌다. 북한이 수입한 G-Ⅱ급 잠수함은 R-21(SS-N-5) SLBM을 3기 탑재할 수 있으며, 공식적으로 북한에 수입될 당시에는 미사일이 포함되지 않았다.

그러나 일부 연구에서는 G-Ⅱ급 잠수함 10척과 F급 잠수함 3척이 러시아로부터 도입되면서 R-21 및 R-27 20여 발 이상이 같이 북한으로 유입된 것으로 알려져 있다. R-27 10~15발은 지대지 탄도미사일인 무수단으로 성능 개량해 2007년 실전배치하였다. 나머지 미사일을 활용하여 2015년 이후부터 발사시험을 실시하고 있는 것으로 알려졌다.

북한 SLBM의 발사과정을 이해하기 위해서는 구소련의 SLBM 개발과정을 이해할 필요가 있다. SLBM을 발사하는 북한의 신포급 잠수함은 러시아의 G-Ⅱ급을 역설계한 것으로, R-21에 적합한 D-4 발사체계로 구성되어 있다. 그러나 북한 SLBM은 R-27을 기반으로 추진체를 성능 개량한 것이므로 D-5 발사체계에서 발사가 이루어져야 한다. 즉 후부 선체에서 발사가 이루어지는 Y급 잠수함의 D-5 발사체계를 적용해야 한다. 참고로 러시아의 타이푼급 잠수함은 D-19 발사체계를 적용한 R-39(SS-NX-20) SLBM을 20기 탑재하고 있다.

R-27은 구소련 해군이 1968년부터 1988년까지 양키(Yankee)급에 탑재한 SLBM으로, 1974년부터 1990년까지 61기를 발사하여 56발을 성공(초기 hot launching, 후반 cold launching)한 성능이 입증된 무기체계

러시아 SLBM 발사체계 및 추진체계

잠수함 모델 (1번함 취역연도)	추진체계 (수중배수톤수)	발사체계 (SLBM 수량)	SLBM 탑재위치
G급(1959)	디젤(3,553)	D-2, D-4(3기) *G-II급부터 D-4	sail
H급(1960)	원자력(6,400)	D-2, D-4(3기) *H-II급부터 D-4	sail
Y급(1967)	원자력(9,300)	D-5(16기)	후부선체
Typhoon급(1981)	원자력(33,800)	D-19(20기)	후부선체

이다. 북한은 다음 페이지 표의 1단계 발사시험이 이미 구소련에서 종료된 상태로 이 미사일을 도입했다. 따라서 북한의 SLBM 발사시험은 추진체 성능 개량 시험을 포함하는 2단계와 3단계 시험을 병행해서 실시하고 있는 것으로 예측된다. 북한의 신포급 잠수함에는 2~3년 이내에 SLBM의 실전배치가 가능할 것으로 판단된다[20].

일반적으로 SLBM은 수중에서 미사일이 점화되는 핫 론칭(hot launching)과, 물 밖에서 점화되는 콜드 론칭(cold launching)으로 구분된다. 핫 론칭은 점화 시 발생하는 고온에 견딜 수 있는 내구성 및 열배출 구조가 핵심이다. 콜드 론칭은 고압 압축공기를 이용해 탄도미사일을 물 밖으로 내보낸 뒤 점화시키는 기술이 가장 중요하다. 핫

20 신포급(sinpo) 잠수함은 1개 셀(cell)의 VLS(Vertical Launching System)만 존재하며, 수중에서 재장전이 불가하므로 실패확률을 고려한다면 실전 전력으로 활용되기에는 제한된다. 따라서 신포급 잠수함은 발사시험을 위한 플랫폼(platform)으로 활용될 가능성이 높고, 현재 개발 중인 3개 셀의 VLS를 보유한 3천톤 급 잠수함을 실전용으로 배치할 것으로 예측된다.

러시아 Y급 잠수함 R-27 SLBM 발사시험 경과

구분	기간	내용
1단계	1962-1966	- pop-up test(잠수가능바지나 개조잠수함 활용하여 발사튜브 및 미사일 제작을 위한 시험)
2단계	1966-1967	- 지상발사시험(17회)(미사일 안정도/정확도 시험)
3단계	1967-1968	- 해상발사시험(6회)(실제 운용잠수함에서 발사, 발사체계 잠수함 개발 병행)

론칭은 발사 전력을 로켓엔진으로 얻으며, 콜드 론칭은 발사대로부터 획득한다.

콜드 론칭은 소음이 적고 설계구조가 간단하며, 은폐성이 뛰어나다. 콜드 론칭의 단점은 수중 산란(dispersion)으로 인한 간섭(interference)에 대한 대응능력이 떨어져 불안정성이 높다는 점이다. 이를 극복하기 위해 미국 및 구소련은 수중에서의 이동을 최소화하고 제어능력을 강화해 수십 차례 시험 발사를 통해 경사되어 발사되는 궤적을 완성하였다. 북한이 시험 발사한 북극성-1호(KN-11)의 자료화면(footage)은 1차와 3차는 미국의 주력 SLBM인 트라이던트(Trident-2)의 발사 모습과 유사한 콜드 론칭이다. 2차는 포세이돈(Poseidon C-3)의 핫 론칭 방식을 채택했음을 알 수 있다.

북한의 북극성-1호는 러시아의 R-27을 기반으로 개량한 미사일이기 때문에 러시아의 방식을 따랐을 가능성이 높다. 이는 북한이 추구하는 SLBM의 최종 단계를 예측해볼 수 있는 중요한 단서를 제공한다. 북한은 SLBM 개발 초기 단계부터 다소 불안정한 위험을 감수하더라도 설계가 간단하면서도 은폐성이 뛰어난 발사 방식을 선호했을 것으로 볼 수 있다. 특히 2천톤 급의 소형인 신포급 잠수함의 경우, SLBM을 탑재 운용하기 위해서는 적은 공간의 활용이 가능한 콜드 론칭 기술을 사용할 수밖에 없었을 것이다. 또한 종동력(follower force)의 안정성 확보를 위해 초공동(super cavitaion) 기술 적용 가능성도 예측된다.

2017년 4월 5일 신포항에서 동해상으로 발사 시험한 미사일은 제어가 실패하여 빙글빙글 도는 궤적(pinwheeled in flight)을 형성했으나 거리 60km, 최대 정점고도 189km를 비행했다. 4월 17일에는 발사된 미사일은 수초 만에 폭발(blowing up)했고, 4월 29일에는 거리 35km를 비행했다. 이 미사일은 중국의 DF-21D 대함 탄도미사일(ASBM: Anti-Ship Ballistic Missile)과 유사한 조정 가능 재진입체(MaRV: maneuverable

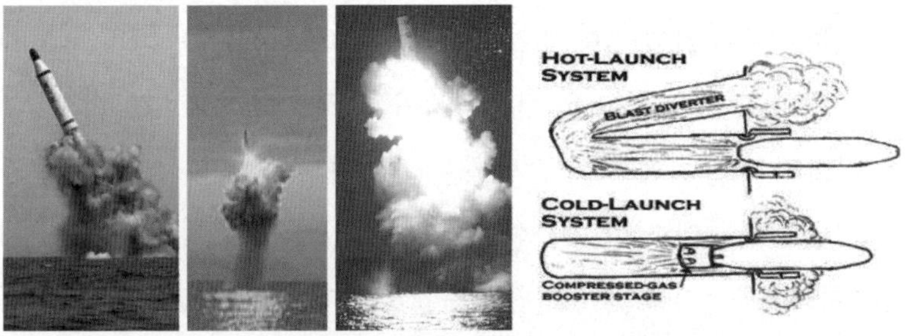

◉ 왼쪽부터 순차적으로 공개된 북한의 SLBM 발사 영상 사진

◉ 왼쪽부터 미국의 포세이돈, 트라이던트, 인도의 K-15, 중국의 JL-2

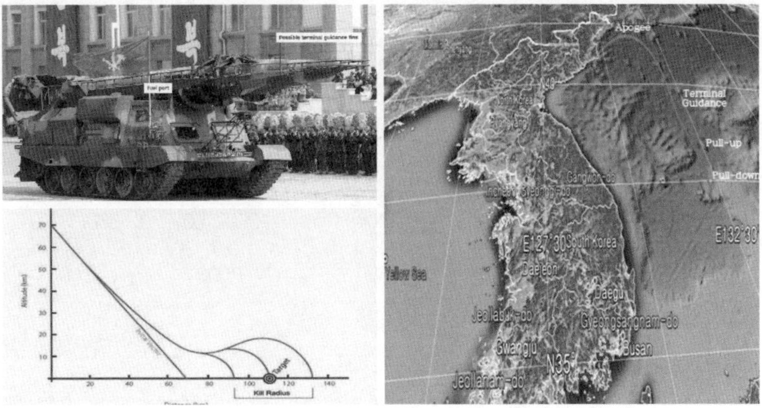

◉ 2017년 4월 열병식 공개되어 대함탄도미사일로 추정되는 KN-17과 비행궤적 예측
이경행 등,"ASBM 방어체계의 시나리오기반 기능요구사항 분석", 항공우주시스템공학회지, Vol.10, No.4, pp.98-104 (2016).

reentry vehicles)일 가능성도 예측되었다[21]. 북한과 미사일 기술 커넥션이 있는 중국과 이란은 이미 미국의 항모전투단 접근을 거부하기 위해 반접근/지역거부(A2/AD: anti-access/area denial) 전력의 핵심인 DF-21D와 Khalij Fars ASBM(anti-ship ballistic missile)을 실전배치하였다.

위 오른쪽 그림은 미 MIT에서 개발된 'GUI_Missile_Fly-out' 모델을 활용하여 북한 ASBM 비행 궤적을 예측한 것이다. 발사부터 재진입 단계까지(수평거리 300km)는 스커드 계열 미사일과 같은 1단 분리형(separable) 탄두를 가정하였으며, 재진입 후에는 2단 점화를 통해 일정고도 비행 후 하강하는 것으로 시뮬레이션하였다. 최대 400km 정도의 짧은 사거리임에도 불구하고 정점(apogee)에서 하강하면서 증가된 속도는 재진입 후 2단 점화를 통해 더욱 가속되어 마하 10 이상으로

21 https://missilethreat.csis.org/missile/kn-17/#en-1898-3

국가별 ASBM 비교

Categories	DF-21D(중국)	Khalij Fars(이란)	Dhanush(인도)	KN-?(북한)
Length(m)/ Diameter(m)	10.7/1.4	8.86/2	8.53/0.9	13/0.88
Max. Range(km)	1,500~3,000	300	350~750	500~1,000
Payload(kg)	600	650	1,000	500
Engine	Solid(1,2) + Hybrid(3)	Solid	Liquid	Liquid
Speed	Mach 10+	Mach 3	-	-
Stage	3	1	1	1
Guidance System	Inertial + Terminal Active Radar	Electric Optic	-	Inertial + Terminal Active Radar
CEP(m)	20~50	8.5	10	-
Launch Platform	Ground Mobile(Ship)	Ground Mobile	Ship	Ground Mobile

하강하였다.

ASBM의 살상 반경(kill radius)은 일반적으로 20~40km이다. 고각도 발사 시(over-lofted) 고도 50km에서 탄두 분리 후 대기권 외곽을 비행하며, 대기권 재진입 후 고도 70km 근방에서 MaRV가 4~8개까지 분리되면 다양한 표적에 대한 공격이 가능하다. 결국 MaRV를 탑재한 ASBM 1발을 요격하기 위해서는 요격미사일 8발 이상이 요구된다. 비용 대(對) 작전 효과성 측면에서 MaRV로 분리되기 전에 요격할 수 있는 시스템을 구축하는 것이 필요하다.

◉ 2017년 4월 열병식 공개된 러시아 Topol-M과 유사한 ICBM

2017년 4월 15일 열병식에서 공개된 새로운 ICBM 가운데 하나는 2008년에 배치된 러시아 전략 로켓군의 최신형 핵탄두 ICBM(Topol M)을 모방한 것으로 보인다. Topol M을 모방해서 개발했다고 가정한다면 길이 22m, 직경 1.9m, 3단 고체 로켓이다. 사거리는 1만1천km, 탑재 중량 800kg, 원형 공산오차(CEP)[22] 200, 속도 마하 20 이상의 다탄두 재진입체(MIRV: Multiple Independently Targetable Re-entry Vehicle)를 탑재한다.

북한은 탄도미사일을 러시아와 동일하게 전략군사령부(구 전략 로켓군사령부)에서 관할한다. 독립 군종으로, 총참모부 예하 전략군 사령부에서 탄도미사일을 운용한다. 전략군사령부는 군단급 규모로 예하에 4개의 미사일 공장과 12개의 발사 기지를 관할하는 것으로 알려졌다. 스커드·노동·무수단 각 3개 여단 등 모두 9개의 여단이 편성된 것으로 확인된다.

현재 북한은 총 13종·1천200여기의 미사일을 보유하고 있는 것으로 추정된다. 그 중 탄도미사일은 9종·1천여 기에 이른다. 현재 북한이 가장 많이 보유하고 있는 탄도미사일은 스커드 계열이다. 북한은

22 원형 공산오차가 200m라는 것은 200m 이내에 발사된 탄두의 절반(50%)이 명중한다는 의미이다.

북한 미사일 명칭

미 DEFSMAC(Defense Special Missile & Astronautics Center)

임시명칭	종류	제식명칭/참고사항	사거리(km)	운용여부
KN-01	ASCM[23]	금성 1호(Storm petrel)	100 이상	운용 중
KN-02	BSRBM	독사(Doksa)/SS-21 개량형	20~150	운용 중
KN-03	MRBM	노동 Mod-2/	1,300 이상	운용 중
KN-04	SRBM	Scud-ER	1,000	운용 중
KN-05	ASM[24]	(KN/SS-AX-01 추정)	130	개발 중
KN-06	SAM[25]	KN-06	150	개발 중
KN-07	IRBM	무수단	300~4,000	운용 중
KN-08	ICBM	KN-08	8,000 이상	운용 중
KN-09	MLRS[26]	300mm 방사포	200	개발 중
KN-10	SRBM	Fateh-110	20~200	운용 중
KN-11	SLBM	북극성 1호	1,250(추정)	개발 중
KN-12	MLRS	122mm 방사포(추정)	40	미식별
KN-13	ASBM[27]	Khalij Fars(추정)	300	미식별
KN-14	LRICBM	KN-08 개량형	5,500 이상	개발 중
KN-15	IRBM	북극성 2호	2,500(추정)	개발 중
KN-16	MLRS	240~300mm 신형방사포	300	개발 중

스커드-B/C와 마지막 스커드 개량형인 스커드-D/ER을 최소 510기에서 최대 870기까지 보유하고 있는 것으로 추정된다. 북한은 한 달에 스커드 7개 정도를 생산할 수 있으며, 고폭 탄두와 화학·생물학

탄두를 장착하여 운용한다.

KN-10은 이란이 1989년 중국으로부터 도입한 CSS-8[28] SRBM[29]을 북한과 함께 성능 개량하여 개발한 신형 SRBM인 Fateh-110으로 추정된다. Fateh-110은 최대사거리 300km의 SRBM이다. 고체 추진제를 사용하는 1단 추진 탄도미사일로 탄두중량 650kg, 속도는 마하 3.5에 이른다. 관성 유도장치를 이용하여 유도되며, 종말 단계에서 전자광학 장치로 유도되어 명중률을 비약적으로 향상시켰다. Fateh-110은 이미 시리아 내전에서 사용되었고, 고체 추진제로 성능 개량된 KN-11(북극성 1호) 개발에 영향을 준 것으로 알려져 있다.

이란은 Fateh-110을 대함 탄도미사일(ASBM)로 개량하여 2011년 Khalij Fars(Persian Gulf)를 개발했다. Khalij Fars 또한 최대사거리 300km, 탄두 중량 650kg, 속도 마하 3.5로 기본적인 외형과 성능은 Fateh-110과 거의 유사하다. 전자광학/적외선(EO/IR) 탐색기를 장착해 CEP를 8.5m 이내로 종말 단계 명중률을 향상시켰다. 북한은 이란과의 미사일 기술 커넥션을 기반으로 Fateh-110와 Khalij Fars의 기술을 적용해 미 항공모함을 공격을 위한 ASBM을 개발 중인 것으로 판단된다.

23 ASCM: Anti-Surface Cruise Missile, 대함 순항미사일

24 ASM: Air to Surface Missile, 공대함 미사일

25 SAM: Surface to Air Missile, 지대공 미사일

26 MLRS: Multiple Launch Rocket System, 다연장 로켓포.

27 ASBM: Anti-Ship Ballistic Missile, 대함 탄도미사일

28 CSS-8: 중국이 1992년에 실전 배치한 SRBM. 차량형 TEL을 플랫폼으로 사용하는 2단 고체 추진 탄도미사일로 최대사거리 150km, 탄두중량 250kg의 고폭탄두와 화학탄두를 탑재하여 운용하며, 현재는 폐기하였다.

29 SRBM: Short Range Ballistic Misssile, 사거리 1천km 이하의 단거리 미사일로, 주로 스커드 계열(Scud-B/C/D/ER)의 미사일이 해당된다.

◉ Khalij Fars 미사일의 해상 표적 요격 장면

30년 이상의 탄도미사일 개발 경험을 갖고 있는 북한은 다양한 사정거리의 미사일을 1천여 기 이상 보유하고 있다. 한반도에 직접적으로 위협이 되는 미사일은 최소 사거리 기준 KN-02, 스커드- B/C/D/ER, 노동, KN-11 및 무수단 등이다. 미국 미사일 방어국(MDA: Missile Defense Agency)에서 한반도에 위협이 되는 북한 탄도미사일의 공

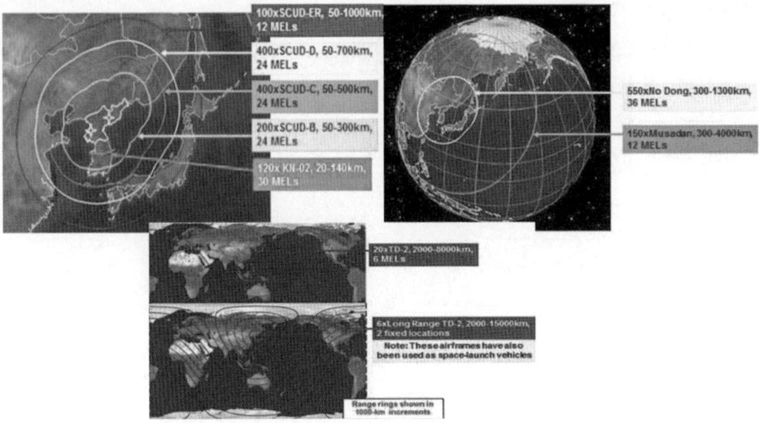

◉ 2024년 기준 예측된 북한의 탄도미사일 종류 및 보유량
2014년 공개된 Nimble Titan 브리핑 자료

개 브리핑 자료를 종합해보면(2024년 기준), 스커드 계열의 단거리 미사일의 수량은 점차적으로 감소되고 현재의 소형화 수준(직경 1m^2, payload 1천kg)으로 핵 탑재가 가능한 노동/무수단 미사일의 보유량이 증대되는 것으로 나타났다. 이는 북한이 핵무기 경량화 및 재진입체를 포함하는 일부 기술적 문제와 신뢰성만 보완한다면 가까운 장래에 1만km급 ICBM의 핵 탑재도 가능하다는 것을 의미한다.

북한의 탄도미사일 개관

구 분	KN-02	스커드			노 동
		B	C	D	
사거리(km)	20~200	50~300	50~500	150~700/800	300~1,300
탄두중량(kg)	250/485	985	700~770	500	1,200
탄두직경(m)	0.7~0.8	0.88	0.88	1.025	1.25
추진체	고체(1단)	액체(1단)		액체(1단)	액체 (1단)
연료	SS-21 Scarab	연료 TM-185 (20% Gasoline, 80% Kerosene) 산화제 AK271	연료 UDMH 산화제 IRFNA	연료 UDMH 산화제 IRFNA	연료 TM-185 (20% Gasoline, 80% Kerosene) 산화제 AK271
탄두종류	HE, 화학	HE, 화학/생물		HE, 화학	핵, HE, 화학/생물
조정	4개의 조종날개(Steering Vane) 추력제어				
보유량	100~150	355~685		155~185	220~320
2024년 보유량	120	200	400	400	550
최초배치	2006	1985~1988	1990~1991	2003	1995~2001
CEP(m)	100	450	1,000	3,000	2,000
발사대	N/A	36~40		24	36

이경행·최정환 등, "해상기반 탄도미사일 방어체계의 임무효과에 관한 연구", 항공우주시스템 공학회지, Vol.10, No.1, pp.118-126, 2016 ; 이경행·임경한, "북한 잠수함 발사 탄도미사일(SLBM)의 실증적 위협 분석과 한국 안보에의 함의", 『국제문제연구』 가을호, 2015 ; 이경행 등, "북한 SLBM의 비행특성 해석, 한국시뮬레이션학회지, 2015, IHS JANES, Ballistic Missile Capabilities Assessment IHS, DTAQ, 2014; MDA 위협판단자료(NT14); www.missilethreat.com; Markus Schiller, Robert H. Schmucker, "The New KN-08 Design", Stanalytics 등 발췌 정리.

KN-11	무수단 (노동-2)	KN-08	대포동	
			2	2(Long)
300~1250/2,500	300~4,000	12,000	2,000~8,000	2,000~15,000
650	1,250	N/A	1,000~1,500	500
1.5	1.5	1.9(1.3/2nd3rd)	1.5	2.4
고체/액체(1단)	액체(1단)	액체(2단)	액체+고체 (2단/3단)	액체+고체(3단)
연료 UDMH double base 산화제 IRFNA NTO	연료 UDMH 산화제 IRFNA NTO		연료 TM-185 (20% Gasoline, 80% Kerosene) 산화제 AK271	연료 TM-185 (20% Gasoline, 80% Kerosene) 산화제 AK271
핵, HE	핵, HE	핵, HE, 화학/생물	핵, HE, 화학/생물	
짐벌형 버니어제어			Steering Vane + 1단 DACS	
-	50~75	N/A	6~11	0~1
-	150	N/A	20	6
-	2007	N/A	N/A	N/A
1,900	1,600	-	-	-
12	N/A		N/A	N/A

북한 탄도미사일, 어디까지 가나?

추진제 기술

추진제는 로켓에서 추력을 얻기 위해 산화되는 화학적 혼합물을 의미하며, 연료와 산화제로 구성된다. 연료는 추진을 위해 가스를 생

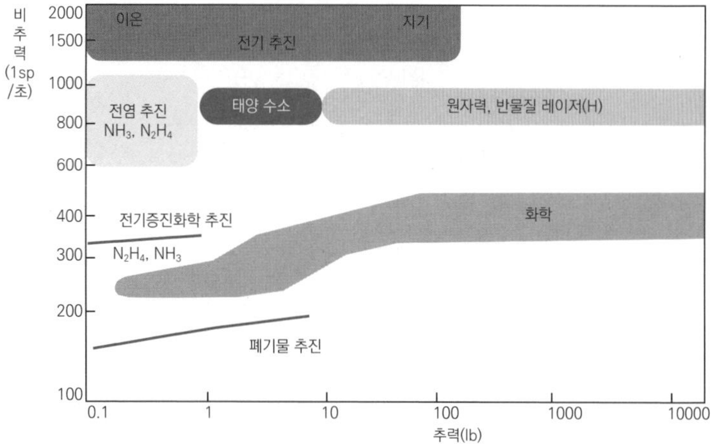

◉ 추진 시스템에 따른 추력과 비추력
항공우주학회, "항공우주학개론", 경문사, 2014

성하도록 산소와 결합될 때 타는 물질이다. 산화제는 연료와 반응하는 산소를 생성하는 매개 물질이다. 추진제는 물질 상태에 따라 액체, 고체, 가스 또는 하이브리드로 분류된다.

일반적으로 화학 추진 시스템은 비추력[30]은 상대적으로 낮으나 고추력을 포함한 다양한 범위의 추력을 생성할 수 있다. 이온과 전기 추진 시스템은 생성하는 추력은 작지만 높은 비추력을 얻을 수 있다. 따라서 화학 추진 시스템은 발사 로켓의 부스터와 같은 주 추진 시스템으로서, 전기 추진 시스템은 궤도 전이와 같은 위성용 보조 추진 시스템으로 활용될 수 있다.

탄도미사일은 순항미사일의 제트 추진과는 달리, 산소가 희박한 고고도에서 비행하는 로켓의 특성으로 인해 별도의 산화제(oxidizer)를

30 비추력(Isp: Specific Impulse): 로켓 추진의 효율 측정척도(sec)

탑재해 연료를 연소시켜야 한다. 북한의 탄도미사일을 포함하여 일반적인 탄도미사일은 화학 추진 방식의 로켓을 사용한다. 화학 추진 로켓은 추진제의 형태에 따라 액체 추진방식과 고체 추진방식으로 구분된다.

액체 추진제를 사용하는 추진 장치는 로켓엔진으로 부르며, 고체 추진제를 사용하는 추진 장치는 로켓모터라고 부르기도 한다. 액체 추진방식은 고체 추진방식에 비해 추진 효율이 좋고, 장시간 연소가 가능하며 연소 차단 밸브(cutting off valve) 등을 활용한 연소 제어가 용이하다. 따라서 일본, 괌, 하와이 및 미 본토까지 타격할 수 있는 장거리 미사일 개발에 주력했던 북한은 현재까지 단거리 미사일인 KN-02와 북극성 1/2호를 제외한 모든 미사일에 액체 추진방식을 채택하고 있다.

액체 추진의 로켓엔진은 추진제 탱크, 추진제 이송 펌프, 점화장치, 연소실, 노즐, 배관 등으로 구성되어 있어 구조가 상당히 복잡하고, 추진제의 주입 시간이 오래 걸리며, 주입 후 장시간 저장이 곤란한 단점이 있다.

반면 고체 추진 로켓모터는 비교적 구조가 단순하고, 별도로 연료를 주입할 필요가 없어 즉각적으로 발사가 용이하다. 또한 비용이 적게 들고 짧은 시간에 큰 추력을 발생시킬 수 있다. 그러나 상대적으로 비추력이 작고, 한번 발사하게 되면 연소를 제어할 수가 없어 정밀한 타격은 제한된다. 액체 추진 방식에서 사용되는 산화제는 주로 액화산소(LOX), 질산(HNO_3), 사산화이질소(N_2O_4) 계열이 사용된다.

액화산소는 액화수소와 반응하여 높은 비추력을 발생시키지만 강한 폭발성이 있고, 적연질산(RFNA: Red Fuming Nitric Acid)과 적연질산에 불소이온을 첨가한 IRFNA의 경우 높은 부식성을 가지고 있다. 질산에 소량의 플루오르 이온(HF)을 첨가하면, 불소층이 탱크의 벽면에 형성되어 부식 억제가 가능하다. 사산화이질소는 쉽게 금속을 부식시키지 않아 저장성이 좋으나, 액체로 존재할 수 있는 온도의 범위가 좁아서 쉽게 냉각되거나 기화된다. 북한은 탄도미사일에 주로 질산과 사산화이질소를 혼합한 AK-27I 및 IRFNA을 사용하고 있다.[31]

액체 추진 방식에 사용되는 연료는 주로 원유에서 추출된 탄화수소, 액화수소(H_2), 하이드라진(N_2H_4) 및 UDMH((CH_3)2NNH2) 계열이 사용된다. 북한은 탄도미사일의 연료로 케로신과 가솔린의 혼합물인 TM-185 및 UDMH을 주로 사용한다. 현재 북한의 대부분 탄도미사일은 액체 추진제를 사용하고 있다. 스커드 B는 TM-185와 AK-21을 각각 연료와 산화제로 사용하며, 스커드 C는 추진 효율이 보다 좋은 UDMH 및 IRFNA를 사용한다.

노동미사일은 스커드 B와 동일한 연료와 산화제를 사용하고, 북한의 초기 SLBM인 KN-11(액체 추진)과 무수단 미사일은 스커드 C의 연료와 산화제를 사용한다. 장거리 ICBM인 대포동 2호는 노동미사일을 기반으로 제작되었기 때문에 TM-185 및 AK-21을 사용하고 있으며, 은하 3호 및 광명성 4호의 경우 2단 추진제로 무수단의 추진제와 같은 R-27 추진제를 사용하였다.

고체 추진방식은 일반적으로 연료와 산화제를 혼합하여 고체 덩어리인 그레인(grain)형태로 제작하고, 이를 연소실에서 충전(charge)시켜 연소시키는 방식이다. 고체 추진제는 더블베이스(double base) 추

31 권용수, "북한의 핵·미사일 위협 예측" 『2016년도 3대 안보위협 예측』(서울: 국방대학교 안보문제연구소, 2016), pp.23-25.

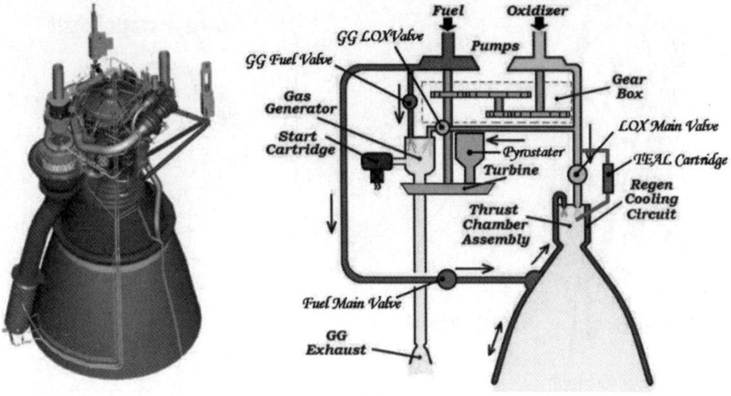

◉ 액체 로켓 모형 및 작동원리
www.space.com

진제[32]와 컴포지트(composite) 추진제, 복합 이중 기반 추진제(Composite Double-base)[33]로 분류된다. 이 중 더블베이스 추진제가 먼저 개발되었으며, 니트로셀룰로스(nitrocellulose)와 니트로글리세린(nitroglycerin)이 주성분으로 이루어져 있다. 더블베이스 추진제는 구소련에서 1930년도에 개발되어 로켓포 및 소형 전술미사일에 적용되었다. 이후 개발된 컴포지트 추진제[34]는 고분자 수지를 과염소산암모늄(AP: ammonium perchlorate) 등의 산화제와 결합하여 만든 것으로, 여기에 약간의 알루

32 2개의 서로 다른 추진제를 섞어 만든 추진제, 보통 니트로글리세린(Nitroglycerin, NG)과 니트로셀룰로오스 (Nitrocellulose, NC) 계통의 화약을 혼합한 후 강도와 물리적 특성을 맞추기 위해 첨가물을 추가한다.

33 더블베이스 추진제와 복합 추진제의 혼합형. 보통 과염소산암모늄(AP) 분말과 알루미늄 분말 연료를 NG(Nitroglycerine)와 NC(Nitrocellulose)에 혼합하고 첨가물을 넣어서 제작한다.

34 독자적인 추진제가 될 수 없는 2개 또는 그 이상의 서로 다른 물질을 혼합하여 만든 것. 가장 널리 쓰이는 추진제이며, 주로 연료, 산화제, 결합제(binder), 용매(solvent), 경화제(curing agent) 등으로 구성된다.

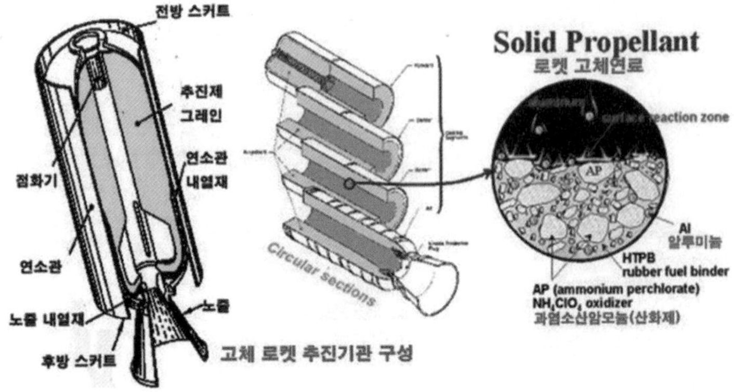

◉ 고체 로켓 모형 및 연료
www.space.com

미늄을 첨가하여 추력을 높일 수 있다.

현재 북한이 보유한 고체 추진 탄도미사일인 KN-02는 1975년 구 소련에서 전력화된 SS-21을 모체로 하고 있으므로 더블베이스 추진제를 사용하는 것으로 추정된다. 또한 대포동 계열의 장거리 미사일의 3단 추진제에도 고체 연료를 사용하고 있다. 북한은 2016년 3월 고추력 고체 엔진 시험에 성공했다. 따라서 액체 추진 방식의 탄도미사일을 취급이 용이하고 기습 발사가 가능한 고체 추진 방식으로 순차적으로 전환할 것으로 전망된다.[35]

연료를 걸쭉한 상태로 굳히기 위해 사용하는 첨가제를 바인더(Binder)라고 부른다. 고분자화합물인 바인더는 그 자체는 연소해도 많은 열량을 내지 않지만, 여러 물질들이 그 속에 갇혀서 고체 상태를 유지하게 만드는 역할을 한다. 현재 바인더로 가장 많이 쓰이는

35 김지원, "탄도미사일 비행특성 기반의 한국형 미사일 방어체계 구축에 관한 연구", 국방대학교 박사학위논문, 2016.

것이 고무 합성물질인 탈수산화 부타디엔라는 물질이다. 이것은 평소엔 걸쭉한 젤(Gel) 상태지만, 경화제와 몇 가지 첨가물을 섞으면 고무상태로 굳게 된다.

완성된 추진제는 보통 수백℃ 이상의 온도와 높은 압력이 있어야만 점화되는데, 이는 사고 또는 부주의, 적의 공격으로 인한 피격 등에 의해 화재나 큰 충격을 받더라도 폭발하지 않도록 하기 위함이다.

고체 추진체는 보통 긴 추진체의 가운데 부분을 비워둔 원통 형태로 만들게 되는데, 점화기를 통해 불이 붙으면 원통의 입구부터 시작하여 점차 추진제를 감싸고 있는 벽 쪽으로 연소된다. 따라서 고체 로켓은 연소가 시작되는 입구의 모양을 달리해 어느 정도 추력을 조절할 수 있다. 또 한 번에 얼마나 많은 면적의 추진제를 연소시키느냐에 따라 추력을 조절할 수 있다. 연소 면적을 조절함으로서 추력을 높이고 줄이거나 일정하게 유지시킬 수 있는 것이다. 현재 가장 많이 사용하는 연소방식은 추진 및 유지(Boost & Sustain) 방식으로, 발사 초기에 많은 면적을 연소시켜 로켓을 빨리 가속한 다음, 최고 속도에 도달하게 되면 연소를 더디게 하여 현재 속도를 유지하는 방식이다.

고체 로켓은 가장 오래되고 단순한 형태의 추진제로, 사용 및 부대시설이 간단하고 저장이 용이하여 군용으로 많이 활용되고 있다. 특별한 관리방법을 적용하지 않더라도 보통 10년 이상 변질되지 않으므로 미사일 내부에 그대로 충전한 상태로 보관된다.

고체 로켓은 추진제를 만들 때 연료와 산화제 및 기타 첨가제를 균일한 크기의 미립자로 분쇄해야만 한다. 이는 추진체의 추력과 연소시간 결정에 아주 중요한 영향을 미치는 요인이다. 고체 추진체 제작을 위해 사용되는 분쇄기는 주로 제트밀(Jetmill)이다.

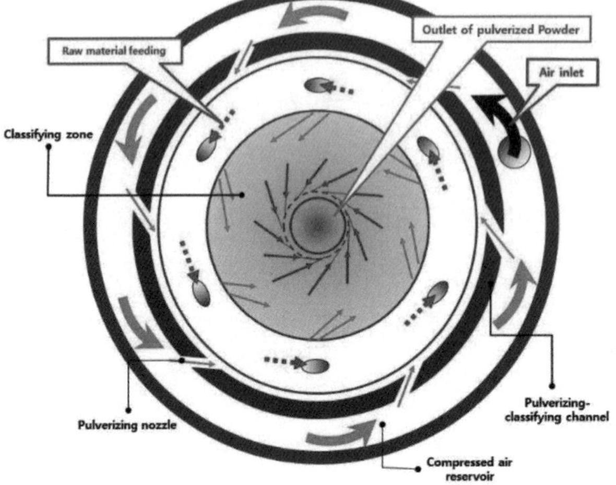

◉ 제트밀 작동 원리

제트밀은 압축공기의 흐름을 이용해 원료를 고품질의 미립자인 1만분의 1mm까지 분쇄할 수 있다. 제트밀은 반도체, 세라믹, 화학합성품, 의약품, 화장품, 플라스틱, 광물, 식품 가공 등 다양한 산업 분야에서 사용된다. 특히 군사적으로는 폭탄용 화약 가공이나 미사일 고체 연료인 과염소산암모늄 가공에 사용될 수 있어 미사일 수출 통제체제인 MTCR[36] 부속서(Category II-item5)에 수출 규제 품목으로 정해져 있다.

36 Missile Technology Control Regime, 미사일 기술 통제 체제. 미사일의 확산을 막기 위해 미국 주도로 서방 7개국이 1987년 4월 16일 설립한 비공식 협정. 사정거리 300km 이상, 탄두 중량 500kg 이상의 미사일 완제품과 그 부품 및 기술 등에 대한 외국 수출 통제 및 대량 파괴 무기 발사 시스템의 경우 사정거리와 탄두 무게에 관계없이 통제된다. 통제 대상 항목 리스트인 부속서는 Category I과 II로 구분되며, I에는 모든 미사일 완성품과 무인비행체가 포함되고, II에는 I에 포함된 장비와 관련된 원료나 부분품, 기술 등이 포함된다. 국제법상 법적 구속력은 없으며, 우리나라는 2000년 미국과의 미사일 합의에 따라 2001년 3월 26일 33번째 회원국으로 정식 가입했다.

북한은 1993년 5월의 노동 미사일 발사 때까지는 액체 추진제를 사용하여 왔다. 그러나 1993년 3월경 일본의 세이신사(社)로부터 제트밀을 비밀리에 도입한 이후 고체 연료 개발을 진행하여 온 것으로 확인된다. 실제 1998년 8월에 시험 발사한 대포동 1호부터는 고체 추진제를 복합적으로 사용하기 시작하였다.

재진입체 기술

대기권 밖을 비행하는 탄도미사일이 대기권 내부로 재진입시 대기권의 높은 공기밀도에 따른 강력한 저항을 받게 된다. 대기권에 진입한 재진입체는 대기 저항에 의해 속도가 감소되며, 탄도미사일이 가지는 운동에너지는 열로 전환된다. 사거리 1만km 이상의 전형적인 ICBM은 재진입 단계에서 탄두부에 약 6천℃ 이상의 고온이 발생한다. 날렵한 형상의 재진입체는 주로 대기마찰에 의해 열이 발생되며, 뭉툭한 형상의 재진입체는 주로 공기의 압축에 의해 열을 발생시킨다.[37]

높은 열이 발생되는 재진입체를 개발하는 기술은 탄도미사일 관련 기술 중 매우 어려운 기술이다. 상대적으로 단거리 미사일보다는 장거리 미사일의 재진입체에 대한 기술 개발이 더욱 요구된다. 재진입체에 발생되는 열을 차단하기 위한 방법은 크게 세 가지로 구분된다. 첫 번째는 융제(ablation) 방식이다. 재진입체의 표면에 실리콘 탄성체, 세라믹, 테플론 등의 융제물질을 부착하여, 이것이 증발할 때 재진입체로 유입되는 열을 빼앗는 원리이다.

37 Lisbeth Gronlund and David C. Wright, "Depressed Trajectory SLBM: A Technical Evaluation and Arms Control Possibilities", Science & Global Security, Vol. 3(1992): 146.

두 번째는 열 흡수(heat sink) 방식이다. 열 용량이 큰 물질을 재진입체의 표면에 부착하고, 이 물질이 열을 흡수하도록 하여 재진입체의 내부를 보호하는 원리이다. 세 번째는 단열재를 이용하여 열 유입을 차단하는 복사열 차폐 방식이다. 뭉툭한 형태의 재진입체는 항력의 영향을 많이 받기 때문에 뾰족한 형태의 재진입체에 비해 재진입 단계에서의 속도가 낮다. 뭉툭한 형태의 재진입체는 탄착 시 속도가 아음속(亞音速)까지 줄어드는 경우도 있다. 속도가 낮아지면 재진입체로 유입되는 열 에너지의 양이 줄어 재진입체를 보호할 수 있게 된다. 그러나 낮은 속도로 인해 재진입체가 요격당할 가능성이 높아지며, 항력의 영향으로 탄도미사일의 정확도가 감소한다.

북한은 무수단, 노동미사일, 북극성 1·2호의 고각도 발사시험을 통해 준(準)중거리 탄도미사일까지의 재진입체 기술은 어느 정도 완성된 것으로 판단된다.

클러스터링 기술

노동미사일은 스커드 기술을 기본으로 설계되었다. R-12(SS-4)와 같은 1950년대 후반의 구소련 미사일과, 1970년대 초반 전력화된 중국의 DF-3(CSS-2) 등에서 사용했던 추력 방식과 같이 4개의 스커드-B 엔진을 클러스터링(clustering)함으로써 1천kg의 페이로드로 1천km 이상의 장사정화(長射程化)를 달성했다. 소형 엔진 여러 개를 하나로 묶는 이 같은 방법은 대형 엔진을 실험하는 것보다 쉽고 비용이 적게 들기 때문에 미사일을 장사정화 하고자하는 국가에서 일반적으로 선호하는 방법이다.

한 개의 대형 터보펌프에 의해 4개의 연소실에 연료를 보내는 구소련의 클러스터링 엔진과 달리, 노동미사일은 중국과 같이 각각의 연소실에 대해 별도의 소형 펌프를 사용하는 방식의 클러스터링 기술을 택한 것으로 보인다. 클러스터링은 사거리 증대뿐만 아니라 4개의 엔진에 의한 진동이 서로 상쇄되어 한 개의 대용량 엔진을 사용할 때보다 진동이 크게 줄어들므로 구조적인 면에서 장점을 지니고 있다.

그러나 4개의 엔진 중 하나라도 결함이 생기면 추력의 불균형으로 쉽게 불안정해지고 사거리가 제한되는지라 미사일의 신뢰성이 크게 감소된다. 즉 스커드-B 엔진의 신뢰성을 90%로 볼 때, 4개의 엔진을 클러스터링한 노동미사일의 신뢰성은 66%로 떨어질 수 있다.

대포동-2 계열의 장거리 로켓은 모두 이런 클러스터링 기술을 적용하며, 대용량의 추력을 내기 위해 노동미사일과 무수단 미사일 4개를 하나로 묶어 1단 추진체로 사용하고 있다. 2012년 12월 발사된 은하-3호는 노동미사일 엔진 4개를 조합하여 1단 추진체를 구성하고, 주 엔진과 추력의 방향을 조종하는 보조엔진(steering engine)을 사용했다[38].

유도 기술

일반적인 탄도미사일은 부스트 단계에서만 추력을 공급받기 때문에 부스트 단계가 종료되는 순간, 즉 연소가 종료되는 순간의 속도와 자세각(loft angle)이 전체 비행궤적을 결정한다. 따라서 탄도미사일을 탄착점까지 정확히 보내기 위해 발사 전 탄도미사일의 유도장치에 정확히 계산된 파라미터를 입력해야 하고, 부스트 단계에서의 적

38 권용수, "북한 탄도미사일의 기술 분석 및 평가", 국방연구 제56권 제1호, pp.1-27, 2013.

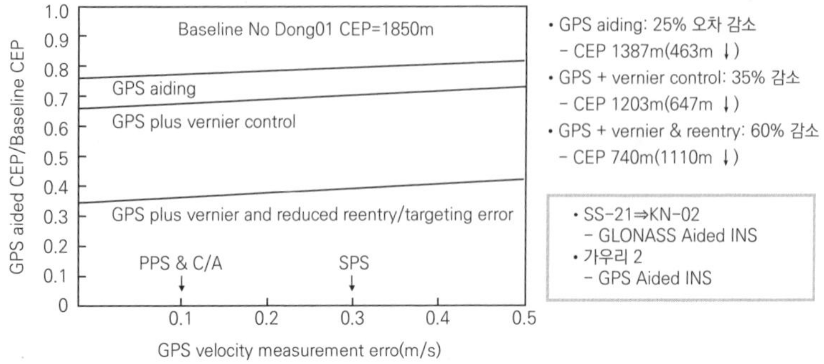

◉ 유도 방식에 따른 노동미사일의 정확성
권용수, “북한 탄도미사일의 기술 분석 및 평가”, 국방연구 제56권 제1호, pp.1-27, 2013.

절한 유도 및 제어를 통해 연소 종료 순간의 파라미터 조건을 충족시켜야 한다. 최근 개발된 탄도미사일은 기존의 관성항법장치(INS)에 GPS, GLONASS 등을 결합해 보다 정밀한 유도가 가능해졌다. 단거리 및 중거리 탄도미사일에 위성 항법장치를 추가했을 경우 정확도는 20~25% 가량 증가된다. 여기에 추가적으로 버니어 제어와 재진입체 제어 기술이 적용될 경우 오차를 40%가량 줄일 수 있다.

그러나 관성항법장치를 제외한 다른 유도방식은 외부의 전파 교란에 의해 방해받을 수 있어 일반적으로 관성항법장치를 주로 사용하고, GPS 등을 보조적인 수단으로 활용하는 경우가 대부분이다.

1960년대 말 소련으로부터 프로그(FROG), 스틱스 및 샘릿 등의 미사일을 도입한 북한은 미사일 도입 과정에서 기본적인 유도 기술을 확보했고, 1970년대 중반 중국과 DF-61 공동개발을 추진하면서 탄도미사일의 유도 기술을 일부 습득한 것으로 추정된다.

1980년대 초 북한이 이집트로부터 도입한 구소련의 스커드 B(R-17E) 유도장치는 3축 자이로와 가속도계로 이루어진 관성항법장치였으며, 탄도미사일의 제어는 노즐의 출구 부분에 부착된 4개의 제트베인을 이용했다. 북한은 이를 역설계하여 스커드 B를 생산했는데, 구 소련제 스커드 B와 동일한 유도장치를 사용한 것으로 알려졌다. 이후 북한은 스커드 C/D 및 노동미사일 초기 버전을 개발할 때도 기존의 유도장치를 사용했다는 것이 일반적인 견해이다. 북한이 1990년대 중반 시리아로부터 도입한 구소련의 SS-21은 발사시점부터 탄착 시까지 자체 유도장치가 사용되는데, 이때 GLONASS를 보조 항법장치로 사용하는 것으로 알려졌다.

북한이 SS-21을 역설계하여 KN-02 단거리 고체 추진 탄도미사일을 만든 것으로 볼 때 이 과정에서 위성항법장치 기술을 확보하였을 것으로 추정된다. 북한 탄도미사일의 정밀유도에 적용되는 자세 제어 기술은 초창기에는 엔진의 노즐에 제트베인을 장착해 연소가스의 방향을 조절하는 방식이었다.

그러나 최근 개발된 북한의 무수단 미사일에는 메인 엔진의 측면에 별도의 버니어 로켓(vernier rocket)을 추가 장착해 자세 제어에 사용하고 있다. 은하 3호에도 이 기술이 적용됐다. 여기에다 발사 안정성 확보를 위해 추가적으로 그리드 핀(grid fin)을 장착했다.

특히 공개된 대포동 2호의 발사 영상에서는 동체의 측면에서 연기가 발생하는 것을 볼 수 있다. 이것은 DACS(Divert Attitude Control System) 자세 제어 기술이 적용된 것으로 판단된다.

◉ 대포동 2호 DACS

이는 북한 장거리 미사일의 정밀 유도기술이 상당히 성숙된 것을 의미한다.

Chapter 2

세계의 미사일

●●● 미사일은 크게 탄도미사일과 순항미사일로 분류된다. 탄도미사일은 일정한 궤적을 그리며 목표물을 파괴하고, 순항미사일은 낮은 고도에서 비행하다가 목표물을 파괴한다. ●●●

순항미사일의
세계

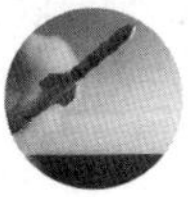

전쟁을 알리는 신호탄

세계에서 순항미사일을 보유하고 있는 나라는 76개국이다. 이들 보유국 중에서 우리나라와 미국, 러시아를 포함한 21개국은 자체 개발한 순항미사일을 보유하고 있거나 생산 기술을 확보하고 있다. 우리나라를 비롯한 미국과 러시아, 중국, 영국, 프랑스, 일본, 인도와 대만은 사거리 1천km 이상의 장거리 순항미사일을 생산할 수 있는 기술력을 지녔다.

순항미사일 개발에 가장 열정을 쏟았던 나라는 구(舊)소련이다. 구소련은 압도적인 미 해군의 항모 전력을 따라잡기 힘들다고 판단, 비대칭 전력으로 대함 순항미사일개발을 서둘렀다. 구소련은 장거리 대함 순항미사일을 항공기, 전투함, 잠수함 등 다양한 플랫폼에서 발사해 미 항공모함에 대응하려 했다. 순항미사일을 이용하여 재래식 전쟁에서 제해권을 확보하고 잠수함 발사 탄도미사일(SLBM)과 대륙간 탄도미사일(ICBM)을 다량 보유해 미국을 압박하고자 했다. '스틱스 충격(Styx Shock)'으로 알려진 대함 순항미사일의 위력은 냉전 당시 구소련의 미사일 능력을 보여주는 대표적인 사례이기도 하다.

3차 중동전쟁이 진행됐던 1967년 10월 21일. 이스라엘 해군 구축함 에일라트(Eilat)가 이집트 해군의 코마(kommar)급 미사일 고속정이 발사한 4기의 스틱스 대함 미사일에 격침되었다. 만재 배수량 2천 530톤, 승조원 199명의 구축함이 만재 배수량 80톤, 승조원 25명의 미사일 고속정에 무릎을 꿇었다. 당시 에일라트호의 승조원 47명이 사망했고, 부상자도 91명이나 됐다.

이는 함대함 순항미사일을 이용한 최초의 해전이었으며, 세계 각국이 순항미사일을 개발하거나 도입하는 계기가 되었다. 우리 해군도 스틱스 충격 이후 북한이 스틱스 미사일정인 코마급 고속정과 오사(Osa)급 고속정을 도입하자, 백구급 미사일 고속정[1]을 도입하고 참수리급 고속정의 건조에 착수하였다.

미국은 순항미사일의 필요성을 느끼지 못했다. 항공모함에 탑재된 압도적인 항공 전력을 바탕으로 제해권과 제공권을 장악하고, 동시에 지상공격도 가능해 순항미사일이 필요하지 않았다. 또 구소련의 해군 전력이 미국에 필적할만한 함정이나 항공모함을 보유하지 못한

1 1967년 미국으로부터 도입된 초계정으로 만재 배수량 245톤, 전장 50m 전폭 7.3m 최대속력 40kts 승조원 25명이 탑승하는 소형 미사일정이다. 주요 무장은 대함미사일 RGM-66D Standard와 3인치 함포였다. 초기 백구는 미국 타코마에서 제작되었고, 후기 5척은 한국 타코마에서 제작했다. 무장은 신형 하푼 미사일과 76mm 함포가 장착됐다. 1999년 백구 589호정을 끝으로 모두 퇴역했다.

◉ Eilat와 생존자들
www.idfblog.com

상황이라 순항미사일보다는 항모전력과 핵잠수함의 확보에 주력했다. 그러나 구소련과 중국, 동구권 국가로부터 대함 순항미사일의 위협이 지속적으로 높아지고 '스틱스 충격'이 발생하자 대함 순항미사일 도입을 추진하게 됐다.

1967년 유럽에서는 '오토맛(Otomat) 미사일 프로그램'이 시작됐다. 스틱스 충격 이후 이탈리아 방산업체 '오토 메랄라(Oto Merala)'와 프랑스의 마트라(Matra)가 로켓을 동력으로 사용하는 미사일보다 더 무거운 탄두중량과 긴 사거리를 얻기 위해 터보팬 엔진을 사용한 대함미사일 개발에 뛰어든 프로그램이었다. 이 결과 이탈리아는 순항미사일 '오토맛'[2]을, 프랑스는 '엑조세(Exocet)'[3]를 개발했다. 미국은 유럽의 대함 순항미사일을 도입하려 했다. 하지만 함정의 호환성 문제로 도입 계획을 최소하고 1970년대 초 대함미사일 개발에 나섰다. 미국은 대함미사일 하푼(Harpoon)개발과 함께 장거리 대지 순항미사일 개

2 1977년 개발된 이탈리아 대함 순항미사일. 약 210kg의 탄두를 180km이상 운반할 수 있는 터보제트엔진을 장착했다. 속력은 310m/s 관성유도장치와 GPS, 능동호밍 유도장치로 유도된다.

3 1980년 개발된 프랑스 대함 순항미사일. 최대사거리 약 65km, 속도는 마하 0.93의 공대함 미사일로 주로 전투기, 헬기 등에 장착된다.

◉ AGM-84 Harpoon
Mcdonnell Douglas

발에도 착수했다. 미국은 1983년, 현존하는 가장 우수한 순항미사일로 평가받는 토마호크(Tomahawk)를 개발했다.

제2차 세계대전 당시 항공모함의 등장으로 '거함 거포시대'가 종말을 고했다면, 스틱스 충격은 해전의 패러다임을 바꿨다고 할 수 있다. 스틱스 충격 이전에는 대함미사일이 크게 주목 받지 못했다. 당시는 무게도 무겁고 크기도 큰 대함 순항미사일은 함정 탑재가 어려웠다. 뿐만 아니라 비싼 가격에 비해 함정이나 일부 표적에만 사용할 수 있어 효용가치가 크지 않았다. 대신 해상 화력지원이 가능하고 대공 표적도 공격할 수 있는 함포가 더 각광받았다.

무엇보다도 당시 대함 순항미사일은 취약한 유도장비로 인해 명중률이 낮았다. 움직이는 함정을 공격해야 하는 유도무기인 순항미사일로서는 심각한 결함이 아닐 수 없었다. 그런데 소형의 미사일정이 자신보다 수십 배나 큰 구축함을 단 몇 기의 순항미사일로 격침시킨 것은 어마어마한 충격이었다.

스틱스의 공격으로 무참한 피해를 입은 이스라엘은 에일라트급 구축함을 추가 건조하는 계획을 포기하고 기동성이 뛰어난 미사일정 확보에 나섰다. 동시에 순항미사일 개발에도 뛰어들었다. 이스라엘의 국영 방산업체 IAI사(Israel Aerospace Industries)[4]는 대함 순항미사일 '가브리엘(Gabriel)'을 개발하게 된다. 가브리엘 미사일은 '욤키푸르(Yom Kippur)전쟁[5]'을 승리로 이끈 일등공신이 됐다.

'욤키푸르 전쟁' 또는 '10월 전쟁'으로 불리는 4차 중동전쟁에서 이스라엘 해군은 이집트와 시리아의 연합 해군을 가브리엘 미사일로 격퇴시킨다. 개전과 동시에 이집트·시리아 해군은 이스라엘의 주요 항구를 봉쇄하기 위해 스틱스 미사일을 장착한 코마급과 오사급 미사일정을 급파하였다. 시리아 라타키아 항구 인근에서 벌어진 첫 해전에서 이스라엘 해군은 시리아 해군의 전투함 5척을 격파했다. 그 중 3척은 가브리엘 미사일이, 2척은 76mm 함포가 침몰시켰다.

시리아 해군의 스틱스 미사일은 이스라엘의 ECM[6] 공격으로 무력화됐다. 이후 전투에서도 이스라엘의 사(Saar)급 가브리엘 미사일정은 이집트의 코마급과 오사급 스틱스 미사일정을 잇따라 격침시켰다. 이스라엘의 미사일정 13척과 이집트 미사일정 27척이 맞붙은 해전에서 이스라엘 해군은 단 한 척의 손상도 없이 압승을 거뒀다. 가브리엘 대함 미사일은 1990년대 초까지 이스라엘 해군의 주력 순항미사일 역할을 톡톡히 해냈다.

유럽도 순항미사일 개발에 박차를 가하게 되었다. 이탈리아의 오

4 IAI: Israel Aerospace Industries, 1953년 설립된 이스라엘 제일의 국영 방위산업체. 군·민간용 항공기 및 헬기의 정비·수리·개조·개량 사업과 레이더 및 전략 방어시스템, 인공위성 등 우주·항공 산업분야에서 독보적인 기술력을 가진 글로벌 기업이다.

5 1973년 발발한 아랍과 이스라엘 간 전쟁. 10월 6일 이집트·시리아 연합군이 이스라엘의 시나이 반도와 골란 고원을 기습하면서 시작된 전쟁으로 약 20일 간 지속되었으며, 10월 25일 아랍 연합군의 패배로 끝난다. 그 결과 이스라엘과 이집트 간 평화협정이 체결되었으며, 1차 오일쇼크의 발단이 되었다.

6 ECM: Electronic Counter Measure

◉ Gabriel Mk 1
Indian Defence News

토맛 미사일과 프랑스의 엑조세 미사일이 대표적인 순항미사일이다. 엑조세는 '포클랜드전쟁(Falkland Islands War)'[7]에서 탁월한 파괴력을 과시했다.

초기 엑조세 미사일은 함정에 탑재하여 운용하는 순항미사일로 개발에 착수됐다. 1974년 공대지 전술미사일인 'Nord AS-30[8]'을 기초로 항공기에서 발사하는 공중발사 순항미사일(ALCM: Air Launched Cruise Missile)이 먼저 출시됐으며, 5년 간 성능검사 후 최초의 엑조세 모델인 AM-39가 프랑스 해군에 인도됐다. 포클랜드 전쟁에서 사용되었던 아르헨티나의 순항미사일이 바로 AM-39 엑조세이다.

7 1982년 4월 2일 발발한 영국과 아르헨티나의 분쟁. 아르헨티나에서 약 500km 떨어진 영국령 포클랜드를 아르헨티나가 무단점령하면서 시작된 전쟁으로, 영국은 기동부대를 급파하여 아르헨티나에 대응했다. 75일 간의 격전 끝에 6월 14일 아르헨티나의 항복으로 종결됐다.

8 프랑스의 Aerospatiale사에서 1973년 제작한 단거리 공대지 미사일. 최대사거리 11km, 최소사거리 3km의 초음속의 단거리 반능동 레이저 호밍 미사일이다.

◉ AM-39 Exocet
www.irizar.org

포클랜드 전쟁 발발 이전인 1981년, 아르헨티나 해군은 이미 슈퍼 에땅다르(Super Etendard) 전투기와 AM-39 엑조세 대함 미사일을 프랑스로부터 도입해 운용하고 있었다. 수량은 슈퍼 에땅다르 5대와 엑조세 5기에 불과했다. 그러나 영국 해군은 아르헨티나 해군이 수십 기의 엑조세를 보유하고 있는 것으로 알았다. 이는 1만3천km를 기동하여 전장으로 가야했던 영국의 기동함대에게 가장 큰 위협이었다. 하지만 당초 영국의 우려와는 달리 기동함대와 항모 인빈서블(Invincible)과 헤르메스(Hermes)에 대한 엑조세의 공격은 없었다. 영국이 전쟁의 주도권을 잡아가고 있을 즈음 '엑조세 폭풍(Exocet Storm)'이 발생했다.

1982년 5월 4일, 아르헨티나 해군 대함 초계기가 영국 함대의 위치를 발견한 직후 2기의 슈퍼 에땅다르 전투기 편대가 영국함대에 접근했다. 전투기 편대는 AM-39의 최대사거리인 약 40km 지점에서

◉ 침몰하는 Sheffield
Royal Navy photograph

2기의 엑조세 미사일을 발사했다. 그 중 1기가 영국의 신예 방공구축함인 쉐필드함의 우현 중앙(보조기관실과 기관실)에 명중했다. 탄두는 불발되었지만 모두 연소되지 않은 엑조세 로켓에서 분사된 화염으로 알루미늄 재질의 쉐필드함 상부 구조물이 불길에 휩싸였고, 6일 만에 쉐필드함은 침몰했다. 만재 배수량이 4천350톤에 달하는 구축함의 침몰은 충격적이었다.

5월 25일에는 슈퍼 에땅다르 전투기 편대가 발사한 2기의 AM-39 엑조세 가운데 1기가 해리어 전투기와 보급품을 운송하던 애틀랜틱 콘베이어(Atlantic Conveyor)함을 강타했다. 애틀랜틱 콘베이어함은 5일 만에 침몰했다.

비슷한 시기에 개발되었던 미국의 하푼이나 이탈리아의 오토맛 대함 미사일에 비해 엑조세는 사거리나 파괴력에서 성능이 훨씬 떨어졌다. 그럼에도 불구하고 엑조세가 세계에 '스틱스 충격'에 버금가는 충격을 불러일으킬 수 있었던 건 탁월한 해상 저고도 비행(Sea Skimming) 능력 때문이었다. 다양한 플랫폼에서 발사되는 엑조세 순항미사일은 발사 이후 수면을 따라 1~2m 정도의 높이로 비행하기 때문에 아무리 우수한 성능의 대공레이더를 가진 함정이라도 원거리에서 포착하기 어렵다. 10km 이내로 접근하는 엑조세를 포착하더라도 반응시간(Reaction Time)[9]이 극히 짧아 대응이 어려운 것이다.

이후 엑조세는 수상함에서 운용하는 MM-40, 잠수함에서 운용하는 SM-39 등 다양한 플랫폼에서 운용할 수 있도록 개량되었다. 최대사거리 역시 40km에서 180km(Block III)로 개량되어 현재도 운용 중이다. 우리 해군도 엑조세 미사일을 도입해 운용했다. 1984년에 건조된 포항함(PCC-756)에서부터 군산함(PCC-757), 경주함(PCC-758), 목포함(PCC-759) 등 4척의 초계함에 프랑스제 MM-38 엑조세 순항미사일 2기가 장착되었다. 현재는 모두 퇴역했다.

순항미사일은 탄도미사일에 비해 상대적으로 소형이라 다양한 플랫폼에서 발사할 수 있으며, 대기권 내를 비행하므로 양력을 충분히 활용하면 무게에 비해 항속거리를 증가시킬 수 있다. 다양한 탄두를 사용하여 여러 방법으로 표적을 공격할 수 있으며, 다양한 탐색기를 활용해 명중률을 극대화할 수 있다. 이러한 장점들로 전쟁의 시작을 알리는 신호탄이 바로 순항미사일의 발사로 나타나기도 한다.

9 반응시간: 탐지 센서가 표적을 포착한 후 첫 발의 무장이 발사되기까지의 시간. 교전의 수행을 위해서는 표적을 탐지·포착·추적·식별·위협분석·무장할당·교전·명중평가 등의 일련의 과정을 거쳐야 한다. 여기서 표적을 탐지하여 무장할당이 종료되고 첫 발이 발사되기까지를 반응시간이라고 한다.

'토마호크'에서 '하푼'까지

토마호크는 미국의 대표적인 순항미사일이자 세계 순항미사일의 바이블 같은 존재다. 토마호크라는 이름은 북아메리카 인디언들이 사용하던 대표적인 무기인 전투용 도끼 '토마호크(Tomahawk)[10]'에서 유래했다.

많은 전쟁에서 미국은 개전 초기에 수십 내지 수백여 기의 토마호크를 발사해 적국 지휘시설과 방공망 등 주요 거점을 무력화시켜 전쟁의 주도권을 확보해왔다. 이 때문에 토마호크는 전쟁을 알리는 신호탄이자 미국의 막강한 군사력을 상징하는 대표적인 순항미사일로 평가된다.

미국은 제2차 세계대전이 끝나자마자 베르너 폰 브라운을 비롯한 나치 독일의 로켓 기술팀을 대거 미국으로 망명시켜 탄도미사일 개발에 매진했다. 특히 1960년대 초, 취급과 운용이 간편한 고체연료의 보급이 활발해지면서 미국은 순항미사일의 개발보다는 이미 기술력을 가진 탄도미사일의 확보에 박차를 가했다.

그러나 1967년에 발생한 스틱스 충격으로 미국도 순항미사일 개발에 달려들었다. 1975년 제너럴 다이내믹스(General Dynamics)사가 미 해군과 토마호크 설계 계약을 체결한 이후 8년이라는 세월이 흘러 토마호크 순항미사일이 첫 선을 보이게 되었다. 1983년 미 해군

10 알곤키안어(미국과 캐나다 국경지대에 뿌리를 둔 알곤키안 족의 언어)로 Tamahaac(타마학)에서 유래했으며, '도구로 자른다'는 의미이다. 보통 무게는 250~500g, 길이는 0.6m 미만의 휴대용 무기이자 도구이다. 머리 부위는 돌이나 사슴뿔을 날카롭게 깎아 만들었다. 백병전을 비롯한 근접전에 주로 사용하는 무기이며, 종종 투척용으로도 사용한다.

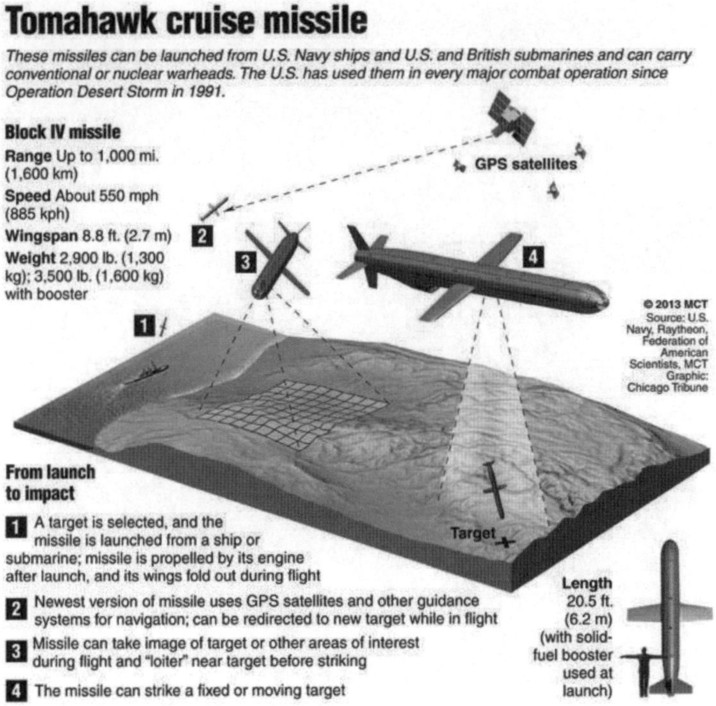

Tomahawk cruise missile
These missiles can be launched from U.S. Navy ships and U.S. and British submarines and can carry conventional or nuclear warheads. The U.S. has used them in every major combat operation since Operation Desert Storm in 1991.
Block IV missile
Range Up to 1,000 mi. (1,600 km)
Speed About 550 mph (885 kph)
Wingspan 8.8 ft. (2.7 m)
Weight 2,900 lb. (1,300 kg); 3,500 lb. (1,600 kg) with booster
GPS satellites
1
2
3
4
© 2013 MCT
Source: U.S. Navy, Raytheon, Federation of American Scientists, MCT
Graphic: Chicago Tribune
Target
From launch to impact
1 A target is selected, and the missile is launched from a ship or submarine; missile is propelled by its engine after launch, and its wings fold out during flight
2 Newest version of missile uses GPS satellites and other guidance systems for navigation; can be redirected to new target while in flight
3 Missile can take image of target or other areas of interest during flight and "loiter" near target before striking
4 The missile can strike a fixed or moving target
Length 20.5 ft. (6.2 m) (with solid-fuel booster used at launch)

◉ TOMAHAWK 운용 개념
www.stuff.co.nz

은 토마호크를 실전 배치했으며, 2011년 오디세이 여명작전(Operation Odyssey Dawn)[11]에서 2천 번째 토마호크 미사일이 발사되었다.

토마호크는 그 명성만큼이나 다양한 버전이 있다. 초기 버전인 토마호크 블록 1(Block I)은 대지 공격을 위한 TLAM-N[12]과 그 개량형인

11 2011년 2월, 리비아 반정부 시위대에 대한 정부의 탄압을 제재하고 민간인을 보호하기 위해 UN의 결의로 3월 19일 시행한 다국적군의 리비아 공습 작전명. 공습 첫날 프랑스의 라팔과 미라주 전투기 20여 대가 출격한 이후 미국과 영국의 구축함에서 228기의 토마호크를 발사하여 카다피 군의 방공망을 무력화시켰다.

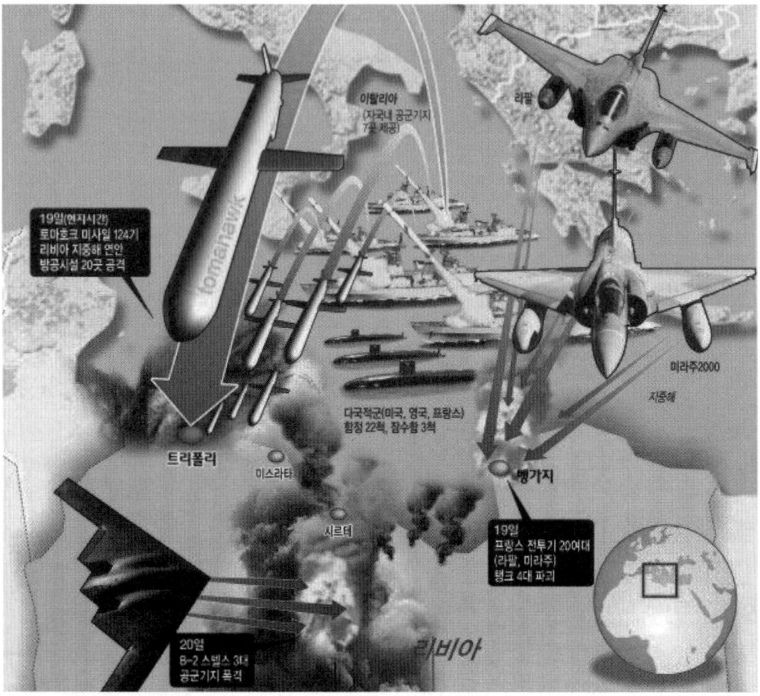

◉ 토마호크를 활용한 다국적군의 리비아 공습
http://news.kmib.co.kr/article/view.asp?arcid=0004765644

대함 순항미사일 TASM[13]이 개발되었다. 블록 II(Block II)는 TLAM-C[14]와 TLAM-D[15], 그리고 TLAM-C와 TLAM-D의 성능을 개량하여 블록 III(Block III)가 출시됐다. 블록 IV(Block IV)는 미국의 토마호크

12 BGM/UGM-109A TLAM-N(Tomahawk Land Attack Missile): W80 핵탄두가 장착된 대지 공격용 토마호크로, 최대사거리는 2천500km이다. 현재는 모두 퇴역하였다.

13 BGM/UGM-109B TASM(Tomahawk Anti Ship Missile): TLAM-N의 개량형으로 재래식 탄두를 사용하는 대함미사일이다.

14 BGM/UGM-109C TLAM-C(Conventional): 재래식 탄두를 사용하는 사거리 1천600km의 대지 공격용 미사일이다.

15 BGM/UGM-109D TLAM-D(Dispenser): 자탄분산형으로 총 166발의 자탄이 탑재되어 있다. 다중의 목표를 공격하기 위한 것으로 사거리 1천250km의 대지 공격용 순항미사일이다.

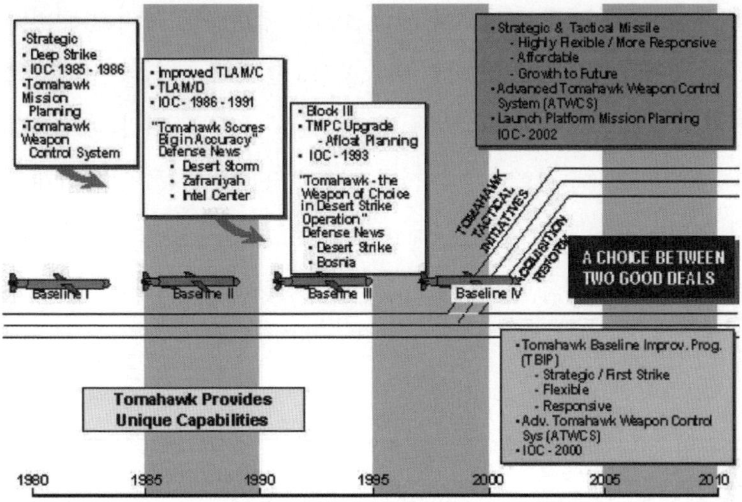

◉ 토마호크 개발 경과
www.fas.org

보충 프로그램(TBIP)계획에 따라 사업이 진행되다 예산문제로 취소된 후 전술 토마호크인 'TACTOM'으로 대체돼 운용되고 있다.

Block I은 핵탄두를 장착하여 운용하는 TLAM-N과 대함용인 TASM이다. TLAM-N은 잠수함 발사 순항미사일(SLCM)로 개발되었으며, W80[16] 핵탄두를 마하 0.72의 순항속력으로 최대 2천500km까지 운반할 수 있었다. 유도방식은 TAINS(TERCOM Assisted Inertial Navigation System)로 통칭되는 유도장치를 사용했다. 이는 관성항법장치(INS)와 전파고도계, AN/DPW-23 TERCOM(표적까지의 지형을 입력시켜 유도하는 방식)으로 구성되었다.

TLAM-N은 지형 대조 방식을 적용한 최초의 순항미사일이었으

16 미국이 1980년에 제작한 열핵 탄두로 토마호크 순항미사일에 탑재하여 운용한다. 탄두 중량은 130kg이며, 폭발력은 TNT 150kt이다.

며, TAINS를 통해 공산오차(CEP) 80m의 정확도를 가지게 되었다. 1991년까지 367기의 TLAM-N이 생산되었으나 2010년 오바마 행정부의 '핵 태세 보고(Nuclear Posture Review)'를 통해 전량 폐기됐다. 미 공군 또한 핵 전력의 현대화를 목표로 TLAM-N을 보유하게 된다. BGM-109G 그리폰(Gryphon)이 그것으로, 지상 발사 순항미사일(GLCM)로 개량돼 운용됐다. 그리폰은 차량형 이동발사대(TEL)에서 발사하는 것을 제외하고는 TLAM-N과 동일한 성능을 가졌다. 1984년에 배치된 이후 중거리 핵전력조약(INF)조약[17] 체결에 따라 1991년 전량 폐기되었다.

TASM은 TLAM-N을 대함용으로 개량한 것이다. 중량 454kg의 재래식 탄두를 460km까지 운반할 수 있으며, 450m 이상 고고도 순항비행과 해상 저고도 비행이 가능하다. 종말 단계에선 Pop-up 이후 고각도 낙하(High-angle Dive)를 통해 수상 표적에 막대한 피해를 줄 수 있었다. 유도방식은 하푼과 유사한 형태의 능동형 레이더 호밍 유도장치를 사용했다.

TAINS의 핵심인 TERCOM은 지형의 등고선 차이를 판독하여 유도하는 방식으로 등고선의 차이가 거의 없는 해면이나, 또는 바람에 의해 지속적으로 변화하는 파도의 영향으로 인해 해상에서의 신뢰성이 상당히 떨어진다. 따라서 능동형 레이더 탐색기를 장착해 종말 단계에서 명중률을 향상시켰다.

그러나 TASM은 대함용으로 운용하기에는 오류가 있어 전투함에

17 INF: Intermediate-range Nuclear Forces Treaty. 1987년 8월 미국 워싱턴 D.C에서 미국과 구소련이 체결한 조약. 양국이 보유하고 있는 핵탄두 장착용 중거리·단거리 지상발사 미사일을 폐기하기로 합의한 핵무기 감축조약이다.

◉ 전투기에서 발사된 토마호크
www.naval-technology.com

서 모두 제거되었으며, 후에 Block IV 버전으로 개량되었다.

Block IV는 TASM의 개량과 기존 토마호크의 소모 분량 보충을 위해 BGM-109E TMMM(Tomahawk Multi-Mode Missile)과 BGM-109H THTF (Tomahawk High Target Penetrator)로 개발됐다. TMMM은 1기의 토마호크로 대함·대지공격이 모두 가능하도록 하기 위해 다양한 종말 단계 탐색기를 장착하고, 미사일 발사 이후에도 표적을 갱신하도록 개량하는 것이었다. THTF는 벙커 버스터(Bunker-Buster)[18]의 개념으로, 두터운 방호벽을 뚫고 들어가 목표물을 격파하는 형태로 개량하는 것이다. 그러나 예산문제로 이 계획은 취소됐다. 1988년 전술토마호크(TACTOM)로 변경돼 2004년부터 Blok IV가 생산되고 있다.

18 미국의 지하 관통형 폭탄. 1991년 걸프전 당시 미국이 이라크의 지하사령부를 공격할 목적으로 개발했다. 전투기에 의해 투하되면 GPS로 유도되어 목표물을 향해 날아가 지하를 관통한 후 지하요새를 13.6톤급 폭탄으로 공격하는 것이다. 관통력은 지하 60m에 이른다.

토마호크 Block IV의 가장 큰 장점은 대기비행(Loitering)과 공격 목표 재설정(Re-targeting)이 가능하다는 점이다. 기존 엔진을 고효율의 F415-WR-402 신형 터보팬 엔진으로 교체해 항속거리와 체공시간이 늘어났다. 표적 상공에서 새로운 공격임무를 받기 위해 1시간 이상 대기비행이 가능하다. 또 양방향 데이터링크를 통해 지속적으로 표적정보를 제공할 수 있어 표적을 재설정할 수도 있다. 또한 잠수함과 항공기에서 발사가 가능하고, 수직 발사대(MK 41 VLS)와 이동형 발사대(TEL)에서도 쏠 수 있다. 대단히 다양한 플랫폼에서 활용할 수 있다. 사후 이속(Shoot and Scoot)[19]도 가능하다.

또한 기존 위성항법장치(GPS)를 방해전파인 재밍(Jamming)에 대한 대응능력이 향상된 반재밍(Anti-Jamming) GPS로 대체했다. 손상 평가용 광학장치를 장착해 전투피해평가(BDI)도 가능해 재공격 여부를 결정할 수 있다. 가장 큰 장점은 바로 가격이다. 기존 Block III 가격(약 150만 달러)의 절반(약 60만 달러)으로 낮아졌다.

미국의 또 다른 대표적인 순항미사일은 하푼(Harpoon: 고래잡이용 작살)이다. 맥도널 더글러스[20]가 제작한 하푼은 세계 약 30여 개국에 수출된 순항미사일계의 베스트셀러이다. 여전히 많은 나라에서 사용중이다. 하푼도 다른 순항미사일처럼 스틱스 충격의 영향이 컸다.

하푼은 구소련의 잠수함을 공격하기 위한 목적으로 개발됐다. 미 해군은 구소련의 잠수함을 탐지하고 원거리에서 순항미사일을 발사

19 포병전술에서 유래한 용어로, 대상에 대한 포격 후 대포병 포격을 피해 즉시 해당 지역에서 벗어나는 전술이다. Fire and Move 또는 Fire and Display라고도 부른다.

20 Donald W. Douglas와 James S. McDonnell이 1967년에 설립한 미국의 항공기 제조회사. 전투기, 항공기, 우주선 등을 주력으로 생산하는 기업으로 F-4 팬텀과 A-5 스카이호크, F-18 호넷 등을 개발했다. 1997년에 Boeing에 인수 합병되었다.

◉ 1956년 USS Tunny함의 순항미사일, Regulus 발사 모습

해 무력화시키기 위한 신형 공대함미사일이 필요했다. 대함미사일로 잠수함을 공격할 수 있었던 건 당시 기술로는 잠수함이 수중에서 미사일을 발사하지 못했기 때문이다. 당시의 모든 잠수함은 미사일을 발사하기 위해 반드시 부상해야만 했다. 순항미사일과 탄도미사일 모두 동일했다.

1970년 엘모 줌왈트(Elmo Zumwalt) 미 해군 참모총장은 '프로젝트 60(Project Sixty) 계획'의 일환으로 신형 공대함미사일 개발계획을 전면 수정해 하푼의 발사 플랫폼을 다양화했다. 하푼을 공대함미사일로만 개발하는 것이 아니라 지상과 해상, 수중에서도 발사가 가능하도록 개발하는 것이었다.

◉ 다양한 발사 플랫폼의 Harpoon

하푼은 고체연료를 사용하는 부스터에 의해 초기 추력을 얻으며, 터보제트(Teledyne CAE J402) 엔진에 의해 최대속력 864km/h로 순항한다. 직경은 34cm이며, 전장과 중량은 공대함 하푼이 3.8m/519kg, 함대함 및 잠대함 하푼이 4.6m/628kg이다. 최대 순항고도는 약 910m이며, 최대사거리는 모델에 따라 상이하지만 약 100km~315km이다.

하푼은 1980년 11월 '모바리드(Morvarid) 작전'[21]을 통해 처음으로 세계에 위용을 드러냈다. 이란과 이라크 사이에 발발한 해상 국지전에서 이란의 미사일정이 이라크의 오사급 미사일정 2척을 격침시켰다. 그 중 1척이 하푼에 의해 격침된 것이다. 이후 1986년 3월, 시드

21 이라크의 이란 침공으로 인해 발발한 이란-이라크 전에서 1980년 11월, 이란이 실시한 작전. 이란 공군과 해군의 연합작전으로 이라크 해군의 80%를 파괴하는 데 성공했으며, 하푼 순항미사일의 위력이 전 세계에 알려지는 계기가 되었다.

라(Sidra)만에서 벌어진 미 해군과 리비아 해군의 교전에서 하푼이 사용됐다. 미 해군 전투기 A-6 인트루더(Intruder)가 발사한 5발의 하푼으로 리비아 연안경비정 2척이 격침되었고, 1척이 치명적인 손상을 입었다. 1988년 '프레잉 맨티스(Praying Mantis)'[22] 작전과 1990년 걸프전 등 하푼은 다양한 전장에서 성과를 냈다. 하푼은 현재까지 7천여 기 이상이 생산됐다.

하푼은 전파고도계로 순항고도를 측정하며, 극히 낮은 고도로 해상비행이 가능하고 능동호밍 레이더로 종말 유도된다. 하푼 Block I은 종말 단계에서 고도 약 1.8km까지 급상승 고도비행(Pop-up)을 한 후 고속으로 하강하여 공격한다. Block IIB는 종말단계 Pop-up 없이 수상함 측면을 공격하도록 개선하였고, Block IC는 표적에 따라 Pop-up 기능을 선택할 수 있도록 개량됐다. Block ID는 연료탱크 용량을 늘려 사거리를 Block IC의 140km에서 278km로 확장하였다. 또한 재공격 기능을 적용해 1차 공격에서 명중시키지 못하면 표적을 재탐색해 공격하도록 개선됐다.

Block IG는 하푼을 지상공격이 가능하도록 개선한 것으로 SLAM(Standoff Land Attack Missile)이라는 이름이 붙었다. Block IG는 대지공격을 위해 토마호크의 영상대조방식(DSMAC) 기능을 적용했고, 종말 단계에서 미사일의 컴퓨터에 저장된 이미지와 실제 표적의 이미지를 비교하여 지상표적을 타격하도록 했다.

차세대 하푼 Block II도 개발되고 있다. Block II는 교전능력을 확

22 1988년 4월 18일, 미국이 이란을 대상으로 실행한 작전. 미 해군이 페르시아만 봉쇄에 사용하던 이란의 석유시추선과 이란 해군함정을 공격한 작전으로 석유시추선 2척과 3척의 고속정, 호위함 1척 등을 격침시켰다.

장하고 전자전 성능을 향상시키는 데 초점을 뒀다. 데이터링크를 적용해 비행단계에서 표적의 재지정이 가능해졌다. 정확성 향상을 위해 JDAM[23]의 GPS/INS와 소프트웨어, SLAM-ER[24]의 GPS 안테나와 수신기를 적용하였다. 지난 2015년 11월 18일, 기동표적을 대상으로 시험 발사에 성공했으며, 2017년부터 실전에 배치될 예정이다.

우리 해군은 하푼이 양산되기 시작한 1977년부터 이를 도입해 운용했다. 우리나라에서 직접 건조한 후기형 백구급 미사일 고속정에 하푼미사일 2기가 탑재됐다. 이후 한국형 구축함과 호위함, 초계함, 공군 전투기 등에서 하푼을 운용 중이다. 국방과학연구소(ADD)와 방산업체 LIG 넥스원은 하푼의 성능을 개선하여 국산 순항미사일 '해성'을 개발하기도 했다.

쫓고 쫓기는 미국과 러시아

가장 다양하고 위협적인 순항미사일을 보유한 나라는 러시아(구소련)이다. 러시아는 미 해군의 강력한 항공모함 항공 전력을 극복하기 위한 비대칭전력으로 오랜 기간 동안 순항미사일에 공을 들여

23 JDAM: Joint Direct Attack Munition, 합동정밀직격탄, 1996년 미 Boeing사에서 개발한 정밀 유도폭탄. 재래식 비유도 폭탄에 INS와 GPS 및 방향조정용 플랩을 장착하여 정밀유도폭탄으로 개조하였다. 표적에서 최대 24km 떨어진 지점에 투하되어도 정확하게 표적으로 유도가 가능하며, 1996년 10월 B-1, B-2, B-52 등의 전략폭격기와 F/A-18, F-16 등의 전투기에 장착하여 운용하였다. 2001년 아프가니스탄전에서 실제 사용되었다.

24 SLAM-ER: Standoff Land Attack Missile-Expanded Response, 원격 지상공격 미사일. 미 Boeing사에서 개발한 장거리 AGM-84H 공대지 미사일. 최대사거리 278km, 순항속력 734~1,028km/h, CEP 3m의 초정밀 순항미사일로 하푼의 개량형이다. 우리 공군은 지난 2006년 F-15K 탑재용으로 구매(1발당 180만 달러, 42발)하여 운용 중이다.

왔다. KS-1 코멧(Komet)[25]을 필두로 핵탄두를 운반했던 Kh-20(AS-3 Kangaroo)[26], 최근 개발된 Kh-35 Switchblade[27]에 이르기까지 수많은 순항미사일을 개발했다. 현재도 BrahMos-II를 개발 중이다.

미국에 순항미사일로 맞서겠다는 구소련의 노력은 1959년 결실을 맺었다. P-5 Pyatyorka(영어: Five, 나토명 SS-N-3C Shaddock) 대함미사일을 개발할 수 있었던 것이다. P-5 Pyatyorka는 냉전이 만들어낸 산물이다. 1959년에 실전 배치된 이 미사일은 1천kg의 재래식 탄두나 350kT 핵탄두를 마하 0.9의 속력으로 약 450km까지 운반할 수 있으며, 공산오차(CEP)는 3천m이다.

구소련은 터보제트 엔진을 장착한 이 순항미사일을 잠수함 발사 순항미사일(SLCM) P-6로 개량해 '프로젝트 644(Project 644)'와 '프로젝트 665(Project 665)' 등 위스키급 잠수함에 탑재하여 운용했다. P-6는 P-5 순항미사일에 능동형 호밍 레이더를 장착하여 정확성을 향상시켰으며, E-II(에코 II)급 잠수함과 J(쥴리엣)급 잠수함에 탑재해 운용했다.

그러나 당시 기술력으로는 미사일의 수중발사가 불가능했고, 미사일을 발사하려면 반드시 부상해야 했다. 따라서 구소련은 우수한 성능의 P-5를 수상에서 발사하도록 개량한 P-35 Sepal을 Kynda급과 Kresta I급 미사일 순양함에 장착했다. P-35 Sepal은 P-5의 사거리를

25 1955~1969. 구소련의 MKB Raduga에서 제작한 아음속 터보제트 엔진의 순항미사일. 탄두중량 600kg, 최대사거리 90km, 관성항법장치와 능동호밍 유도방식의 미사일이다.

26 1960~1980. 구소련의 Mikhail Gurevich에서 제작한 초음속 제트 엔진 순항미사일. 0.3~3MT 위력의 핵탄두를 탑재하였으며, 최대사거리 380~600km, 관성항법장치와 무선지령 유도방식의 미사일이다.

27 2003년에 실전 배치된 러시아의 Tactical Missiles Corporation에서 제작한 아음속 터보팬 엔진의 순항미사일. 탄두중량 145kg, 최대사거리 130km, 관성항법장치와 능동호밍 유도방식의 미사일이다.

◉ Kynda급 순양함과 Whiskey급 디젤잠수함

450km에서 750km로 늘였으며, 함대함 순항미사일로 개량한 것이다.

구소련은 1981년 램제트 엔진을 장착한 초음속 순항미사일 P-270 Moskit(러시아어: П-270Mo с к и, 나토명 SS-N-22 Sunburn)을 개발해 실전 배치한다.

P-270 Moskit은 램제트 엔진을 장착한 초기 형태 순항미사일로, 320kg의 재래식 탄두나 120kT 위력의 열핵탄두를 마하 3의 속력으로 약 250km까지 운반할 수 있었다. 개발 단계에서는 수상함에서 발사하기 위해 개발되었다. 그러나 점차 발사 플랫폼을 다양하게 개발해 잠수함과 전투기, 차량형 이동식 발사대(TEL)에서 발사가 가능하게 제작됐다.

P-270 Moskit의 최대 장점은 4개의 램제트를 이용한 폭발적인 순항속력이다. Moskit의 순항고도는 20m로, 고고도 순항 시에는 마하 3의 속력으로 순항하며, 저고도에서는 마하 2.2로 순항한다. 하푼 순항미사일의 순항속력인 마하 0.7과 비교했을 때 3배~4.3배나 빠른 속력이다. 50km 가량 떨어진 거리에 대함 표적이 위치해 있다고 가정하면, 하푼을 발사할 경우 표적까지 약 210초가 소요되는 데 비해 Moskit은 50초~70초면 표적에 도달한다.

방어자 입장에서는 하푼과 같은 아음속(亞音速) 순항미사일을 대응할 경우 상대적으로 보다 긴 반응시간을 확보할 수 있다. 그렇지만 Moskit과 같은 초음속 순항미사일은 극히 짧은 반응시간을 가지므로 대응이 어렵다.

Moskit은 램제트를 이용하여 고속으로 표적에 접근한다. 전파의 직진성과 지구의 곡률, 순항고도를 고려할 때, 수상함이 Moskit을 30km 이상의 거리에서 탐지하기 어렵다. Moskit이 30km를 순항하는데 걸리는 시간이 불과 25~30초 정도임을 감안할 때, Moskit을 요격하기란 지극히 어려운 일이다.

Moskit은 구소련의 소브레메니(Sovremenny)급 구축함과 타란툴(Tarantul)급 초계함을 비롯하여 소형 전투함에 장착하여 운용됐으며 kh-41로 개조하여 수호이(Sukhoi: Su)-33과 Su-27에 탑재됐다. 이동식 발사대(TEL)에서 지상 발사용으로도 운용됐고, Project 671 V(빅터: Victor)급과 Project 945 S(시에라: Sierra)급 전략 원잠에 탑재돼 운용되기도 했다. 국제적으로도 인기가 높아 이집트와 인도, 이란, 베트남, 중국 등에 수출됐다.

이후 러시아는 P-270 Moskit을 대체하기 위해 초음속 순항미사일 P-800 Oniks(러시아어: П-800 Оникс, 나토명 SS-N-26 Strobile)를 개발하였다. 이 미사일은 1983년에 개발되기 시작해 2001년에 개발이 완료됐다. 2002년 지상·수상·수중·공중 발사용으로 실전에 배치됐다.

Oniks는 램제트엔진을 장착해 최저 순항고도 10m로 250kg의 고폭탄두를 마하 2.5의 속력으로 약 600km까지 운반할 수 있다. 관성항법장치와 능동형 호밍 레이더, 수동형 탐색기로 유도된다. 다양한 기술을 적용한 Oniks는 초수평선 공격이 가능하며, '발사 후 망각(Fire

◉ Su-33에 장착하는 Moskit

and Forget)' 방식으로 발사부터 명중까지 전 구간을 자동으로 수행한다. 또한 자동으로 순항고도를 수정할 수 있어 생존성과 기동성이 높아졌고, 탁월한 전자전 성능으로 요격미사일을 회피할 수 있다.

Oniks는 Yakhont(러시아어: Яхонт, 영어: ruby)라는 이름으로 수출되고 있다. Yakhont는 Oniks 순항미사일을 수출하기 위해 개조한 것으로 최저 순항고도에 따라 사거리를 120~300km로 줄였고, 다양한 플랫폼에서 발사할 수 있도록 개량해 수출하고 있다. Oniks는 Mostik를 대체하기 위해 개발됐지만 러시아의 차세대 주력 순항미사일인 브라모스(BrahMos)개발을 위한 시험 모델의 성격이 더욱 짙다.

현재 러시아의 대표적인 순항미사일은 BrahMos(PJ-10)[28]이다. 인도와 러시아의 합작으로 개발된 BrahMos는 작전반경이 300km이며,

28 초음속 순항미사일로, 인도의 Brahmaputra와 러시아의 Moscow 강으로부터 유래하여 명명하였다.

◉ 초음속 순항미사일 Oniks

램제트 엔진을 장착한 최대속도 마하 3의 초음속 순항미사일이다. BrahMos는 P-800(Oniks/Yakhont) 계열 미사일에 기초해 제작되었다.

1998년, 인도 국방부 국방연구개발기구(DRDO: Defense Research & Development Organization)와 러시아의 마시노스트로예니에 사(Mashinostroyeniye Company) 간 합작으로 제작된 BrahMos는 수상함과 지상에서 발사하는 버전으로 생산되었다. 현재는 항공기와 잠수함에서도 발사될 수 있는 버전이 완성단계에 있다. BrahMos는 엄청난 속력과 정확성 때문에 최고의 순항미사일 중 하나로 평가받는다.

BrahMos는 약 1km/sec에 근접한 마하 2.8(최대 마하 3.0)의 초음속으로 비행하기 때문에 요격이 어렵다. 정확도도 공산오차(CEP) 1m로 매우 정밀하다. BrahMos는 다양한 스텔스(Stealth) 기술을 적용해 레이더나 다른 탐지 센서에 포착될 확률을 급격히 낮췄고, '발사 후 망각(Fire and Forget)' 방식으로 INS와 GPS를 이용하여 순항한다. 종말 단계

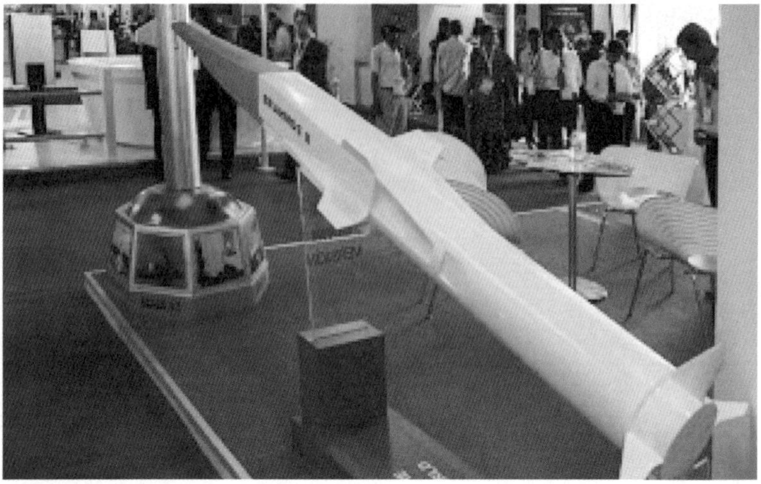

◉ BrahMos-II

에서는 레이더 능동호밍 유도를 통해 표적으로 유도된다. BrahMos는 고도 10m 이하의 낮은 표적을 타격하기 위해 설계되었다.

수상함과 지상발사 버전은 300km의 최대사거리를 가진 반면, 항공기용 버전의 최대사거리는 500km이다. 2001년 6월 첫 번째 시험비행 이후 2007년 4월까지 14차례 비행시험을 거쳤으며, 2004년부터 양산을 시작하여 현재는 연간 50기를 생산할 수 있는 것으로 확인된다. 러시아와 인도는 BrahMos의 개량형인 BrahMos-II를 개발 중에 있으며, 2017년에 비행시험을 실시할 예정이다. BrahMos-II는 BrahMos와 동일한 사거리를 가지는 대신 스크램제트 엔진을 장착하여 순항속력을 마하 7까지 도달하는 것을 목표로 개발되고 있다.

또 다른 러시아의 전술 순항미사일은 Kh-101과 그 개량형인 Kh-102 순항미사일이다. Kh-101과 Kh-102는 현재 러시아에서 개발 중인 전투기용 순항미사일(ALCM)로, 1984년에 실전 배치된 Kh-55 순항미사일을 대체하기 위한 것으로 추정된다. 두 버전의 차이점은 Kh-101이 재래식 탄두를 사용하는 반면, Kh-102는 핵을 탑재하는 전략 순항미사일이라는 점이다. 바로 이 점이 전략 핵탄두 순항미사일인 Kh-55를 대체하기 위해 Kh-101과 Kh-102를 개발하는 것으로 판단하는 근거이다.

Kh-55 순항미사일과 성능이 유사하거나 또는 그 이상의 성능을 가진 것으로 예상했을 때, Kh-101과 Kh-102의 순항거리는 3천 500km 정도로 추정된다. 러시아 언론은 Kh-101과 Kh-102의 최대 사거리를 1만km라고 보도한 바 있다. 그러나 현재 기술력을 고려했을 때 1만km의 순항거리는 불가능한 것으로 판단된다.

Kh-101과 Kh-102는 고도 약 15km에서 마하 0.75의 속도로 순항하며, 종말 단계에 이르러 30~70m로 하강하여 목표를 타격한다. Kh-101은 1개의 고폭탄두(400kg)를 장착하여 운용하며, Kh-102는 250kT 위력의 핵탄두 1개를 운반한다. 두 미사일 모두 러시아의 위성항법체계인 GLONASS 위성과 관성항법장치로 순항하며, 지형 대조방식 유도를 적용하여 명중률을 높였다. 종말 단계에서는 TV와 적외선 영상 대조방식을 적용하여 CEP 10m 이내의 정확성을 가질 것으로 예측된다.

현재 러시아는 중거리 아음속 순항미사일을 대체하기 위해 kh-90 GELA(나토명 AS-X-21)를 개발 중이다. GELA는 극초음속의 순항미사일로 최대사거리는 3천km 이상일 것으로 추정된다. 순항 속력은 마하 4 이상, 최대 속력은 마하 10 이상일 것으로 예상된다. 고체추진제 부스터로 추진하며, 램제트 또는 스크램제트 엔진으로 가속 및 항속한다.

◉ 비행시험을 위해 헬기에 장착한 Kh-101
Washington Free Beacon

GELA는 200kg의 고폭탄두와 3~5MT 위력의 핵탄두 2기를 탑재할 수 있다. 관성항법장치와 TERCOM, GLONASS를 이용해 중간단계 유도를 수행하며, 능동형 레이더와 TV 카메라, 광학전자(Opto-Electronic), 적외선 이미지 IR-IIR(Imaging Infra-Red)을 적용하여 종말 단계에서 명중률을 향상시켰다. GELA는 전투기에 장착해 ALCM으로 운용할 예정이며, 함정 탑재용 TEL에 장착하여 전투함이 아닌 다양한 함정에서도 발사가 가능하도록 개발 중이다.

미국 견제 아래 추진된 한국의 미사일 개발

36년간 일본제국주의의 지배를 받고 광복한 지 얼마 안 돼 6·25전쟁을 겪어 전후 복구에만 매진해야 했던 50~60년대의 한국으로서는 미사일 개발이 '망상'에 불과했다. 하지만 당시 우리보다 앞선 경제력에다, 구소련의 지원 아래 차근차근 신무기를 개발하고 국지 도발을 일삼던 북한으로 인해 우리 역시 미사일 개발에 관심을 가질 수밖에 없었다.

1971년 시작된 한국의 미사일 개발 사업은 주한미군이 운용 중인 미사일을 모델로 유사한 성능의 미사일을 개발하는 것이었다. 당시 주한미군이 운용하던 미사일은 최대사거리 140km의 지대지 탄도미사일, '나이키 허큘리스(Nike Hercules)'였다. 따라서 우리의 기술로 만들어진 최초의 미사일인 '백곰'도 탄도미사일이었다.

우리나라가 독자 기술로 개발한 최초의 순항미사일은 '해성'이다. 국방과학연구소(ADD)가 개발을 주관하고, LIG 넥스원이 미사일 체계 개발업체로 참여하였다. 1996년 5월 개발에 착수한 해성은 1999년 11월부터 미사일 체계개발에 들어갔고, 4년만인 2003년 9월 개발을 완료됐다. 2006년부터 한국형 구축함과 호위함, 초계함 및 이지스함에 탑재하여 운용 중이다.

'스틱스 충격'과 '엑조세 폭풍'이 세계의 순항미사일 개발에 영향을 미쳤듯이 한국의 순항미사일 개발에도 지대한 영향을 줬다. 스틱스 충격 이후 북한이 스틱스 미사일정인 코마급 고속정과 오사급 고속정을 도입하자, 이에 대응해 한국 해군은 백구급 미사일 고속정의 도입과 참수리급 고속정의 건조에 착수했다. '엑조세 폭풍' 이후에는 프랑스제 MM-38 엑조세를 도입해 초계함 4척에서 운용했다.

1970년대 들어서도 북한은 지속적으로 소형 미사일고속정을 확보해갔고, 이에 위협을 느낀 한국 해군은 1978년부터 단거리 함대함미사일 '해룡'의 개발에 착수하였다. ADD 유도탄 개발팀 주도 하에 시작된 해룡 개발 사업은 사업 착수 6년 만에 결실을 맺었고, 1984년에는 해군 참수리급 고속정에 탑재하여 실시한 시험발사도 성공했다.

그러나 1987년 "미사일의 양산 여부는 해외 유사 무기와의 경쟁을 통해 결정한다."는 정부 방침에 따라 해룡은 미국의 하푼과의 경쟁에서 밀려났다. 해룡의 단점으로 지적됐던 반능동 레이저 호밍장치의 정확도가 낮았고, 악천후에서는 성능이 더 저하됐다. 일각에서는 하푼을 판매하기 위해 미국이 강력한 압박에 넣은 것이 해룡 탈락의 원인이라는 분석도 있었다.

1990년대 들어 순항미사일의 자체 개발 필요성이 대두됐다. 외국산 순항미사일의 도입이 막대한 국방예산의 지출로 이어졌기 때문이다. 해룡의 개발로 순항미사일에 대한 기술력을 보유하였던 ADD는 하푼보다 우수한 성능을 가진 순항미사일 개발을 목표로 대함 순항미사일 개발 사업에 착수했다.

1996년에 시작된 해성 개발사업은 7년 만에 결실을 맺었다. 2003년 개발 완료된 해성은 그해 8월 21일 동해 해상 사격장에서 성공리에 발사시험을 마쳤다. 해군 초계함 영주함(PCC-779)이 폐선인 경남함(APD)을 표적으로 발사시험을 했다. 영주함에서 발사된 해성은 약 70km 지점에 떨어진 표적함을 명중시켰다.

2005년 12월 20일 동해상 같은 구역에서 진행된 발사시험에서 해성의 양산 1호기가 표적을 정확히 명중시켰다. 해성 양산 1호기는 국내 개발한 탐색기를 장착했다. 2003년 발사시험 시 외국에서 도입한 탐색기를 장착하여 발사시험에 성공해 국산 탐색기를 사용하면 명중률이 떨어질 것이라는 우려를 불식시켰다. 2003년 당시 사거리의 2배에 달하는 135km 떨어진 표적을 대상으로 시험발사에 성공해 해성의 우수성이 검증되기도 했다.

해성은 터보제트엔진으로 추진하는 대함 순항미사일이다. 발사단계에서 고체 로켓에 의해 추진하며, 터보제트엔진으로 순항한다. 최

◉ 해성 발사 모습
LIG 넥스원

대사거리 180km 이상을 마하 0.85의 속력으로 비행하며, 순항고도는 약 5m이다. INS와 GPS를 이용하여 순항하며, 능동형 호밍 레이더를 장착하여 종말단계에서 명중률을 높였다.

해성은 대함 표적을 공격하기 위해 원거리 대함 표적의 레이더에 노출되지 않기 위해 레이더 반사 면적(RCS)를 최소화했고, 해상 저고도 비행(Sea-Skimming)을 한다. 또 다수의 변곡점(Way Point)을 이용하여 비행경로를 결정할 수 있고, 회피기동과 재공격 기능을 갖추고 있으며 충격신관과 지연신관이 모두 적용되어 효과적인 공격이 가능하다.

현무-III는 우리나라가 자체 개발한 토마호크급 순항미사일이다. 해성과 마찬가지로 ADD가 개발을 주관했고, LIG 넥스원이 미사일 체계를 개발하였다.

한 나라의 미사일 개발은 국제정세와 주변국의 안보에 영향을 미

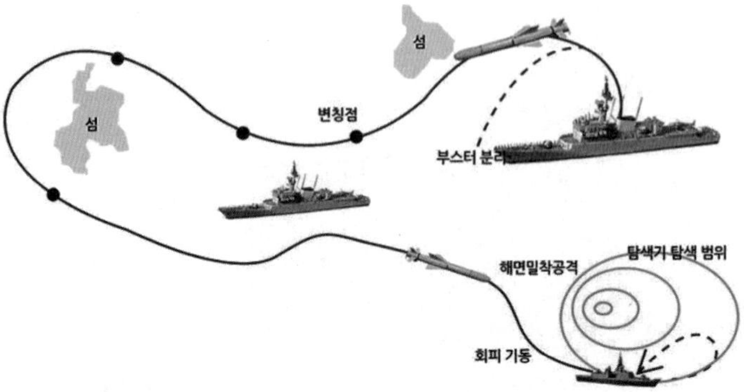

◉ 해성 운용 개념

치기 때문에 주변국의 견제를 받게 된다. 그로 인해 미사일의 개발은 개념 설계단계에서부터 철저히 비밀에 붙여진다. 특히 한국은 미사일 개발에 있어 미국의 제약을 받아야했다. 1979년 조인한 '한미 미사일 지침'은 당시 미국의 의지를 거스르기 힘든 자구책이었지만 우리 스스로 발목을 잡은 것이기도 했다. 이 지침으로 우리가 개발하는 탄도미사일의 사거리는 180km로 제한됐다. 반면 순항미사일은 사거리 제한이 없었다. 다만 탄두중량은 500kg을 초과해서는 안 된다는 것은 탄도미사일과 동일했다. 이런 조건 아래 현무-III의 개발이 가능했다.

현무-III는 개발단계에서부터 철저히 베일에 쌓여있었다. 이름도 다양하게 불려왔다. 개발단계에서는 '독수리'로 불렸고, 시간이 지나면서 '천룡'이라고 불리기도 했다. 실전 배치하면서 '현무'라는 지금의 이름을 갖게 되었다.

현무 미사일은 이름에서부터 북한을 겨냥한 유도무기라는 성격을

해성 제원

미사일명	길이(m)	무게(kg)	사거리(km)	발사플랫폼	실전배치
	직경(m)	엔진	속력(Mach)	유도장치	
해성	5.46	792	180 이상	전투함	2006년 8월
	0.34	Turbojet	M0.85	INS, GPS, Active Homing R/D	

분명히 하고 있다. 동·서·남·북 네 방위를 지키는 4신[29] 중에서도 북쪽의 수호신인 '현무'[30] 이름을 붙임으로서 북쪽의 위협으로부터 안전을 지켜주기를 의도한 것이다. 현무-III는 이전 버전인 현무-I/II가 탄도미사일인데 반해, 토마호크와 유사한 형태의 순항미사일로 개발되었다.

현무-III는 터보팬엔진으로 추진하는 초음속 순항미사일로, 500km 사거리의 현무-IIIA, 1천km 사거리의 현무-IIIB, 최대사거리 1천500km 이상인 현무-IIIC로 나뉜다. 500kg의 고폭탄두를 마하 1.2의 초음속으로 운반할 수 있다. INS와 GPS, TERCOM, DSMAC 등 다양한 유도장치를 적용하여 CEP 1~2m 이내의 정확성으로 '핀포인트(Pin-point) 타격'이 가능할 만큼 정밀하다.

현무-III는 2001년 개발을 시작한 이래 10년만인 2010년에 성공했으며, 같은 해 실전에 배치됐다. 2007년부터는 현무-III의 발사 플

29 사신(四神): 네 방위를 맡은 신, 동의 청룡(青龍), 남의 주작(朱雀), 서의 백호(白虎), 북의 현무(玄武).

30 북쪽 방위의 수(水)기운을 맡은 태음신을 상징하는 짐승으로 거북과 뱀이 뭉쳐있는 형상을 하고 있다.

현무-III 제원

미사일명	길이(m)	무게(kg)	사거리(km)	발사플랫폼	실전배치
	직경(m)	엔진	속력(Mach)	유도장치	
현무	6.0	1,500	500~1,500	모바일 TEL, 전투함, 잠수함	2010년
	-	Turbofan	M1.2	INS, GPS, TERCOM, DSMAC	

◉ 현무-III 요격 모습

랫폼을 다변화하기 위한 개발에 돌입했다. 그 결과 세종대왕급 이지스함을 비롯한 전투함에서 운용하기 위한 현무-III의 함대지 버전이 2011년에 실전 배치됐다. 같은 해 손원일급 잠수함에서 운용하기 위한 현무-III의 잠대지 버전이 배치됐다. 해군이 운용하는 현무-III는 전투함에서 운용하는 함대지 버전 '해성-II'로, 그리고 잠수함에서 운용하는 잠대지 버전은 '해성-III'로 각각 명명되었다.

해성-II는 기존의 해성이나 하푼과는 달리 경사형 발사대가 아닌 수직발사대에서 발사하며, 해성-III는 214급 잠수함 어뢰관을 통해 발사한다. 잠수함 어뢰관을 통해 발사된 해성-III는 미사일이 담긴 방수캡슐이 수중으로 사출되고, 바다 위로 솟아오른 캡슐에서 미사일 로켓이 점화되어 표적을 향해 날아간다.

단점 많아도 경제적인 탄도미사일

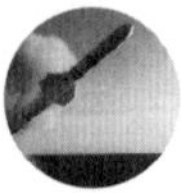

생존 가능성 높고 경제적

탄도미사일은 다양한 단점을 가진 무기이다. 순항미사일에 비해 정확도가 떨어지고 탄두가 재진입할 때 대기와의 마찰열로 탄두가 훼손되기 쉽다. 또한 발사·추진단계와 종말·재진입단계에서 급가속으로 인한 공기와의 마찰로 다량의 적외선이 방출돼 레이더에 쉽게 포착된다. 중간 비행단계에서도 높은 고도로 비행하게 돼 탐지 장비에 금방 추적된다. 특히 탄도미사일의 비행 특성상 초기 추진력을 바탕으로 상승한 후 일정한 궤도로 탄도비행하기 때문에 비행궤적이 쉽게 예상되는 단점도 있다.

그러나 탄도미사일은 압도적으로 빠른 속력과 작은 레이더 반사면적 (RCS: Radar Cross Section)으로 인해 일반적인 레이더로는 탐지가 불

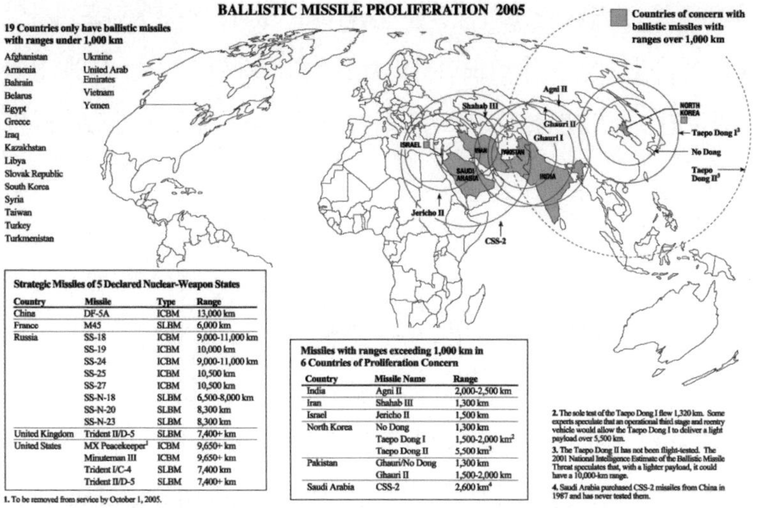

Strategic Missiles of 5 Declared Nuclear-Weapon States

Country	Missile	Type	Range
China	DF-5A	ICBM	13,000 km
France	M45	SLBM	6,000 km
Russia	SS-18	ICBM	9,000-11,000 km
	SS-19	ICBM	10,000 km
	SS-24	ICBM	9,000-11,000 km
	SS-25	ICBM	10,500 km
	SS-27	ICBM	10,500 km
	SS-N-18	SLBM	6,500-8,000 km
	SS-N-20	SLBM	8,300 km
	SS-N-23	SLBM	8,300 km
United Kingdom	Trident II/D-5	SLBM	7,400+ km
United States	MX Peacekeeper[1]	ICBM	9,650+ km
	Minuteman III	ICBM	9,650+ km
	Trident I/C-4	SLBM	7,400 km
	Trident II/D-5	SLBM	7,400+ km

1. To be removed from service by October 1, 2005.

Missiles with ranges exceeding 1,000 km in 6 Countries of Proliferation Concern

Country	Missile Name	Range
India	Agni II	2,000-2,500 km
Iran	Shahab III	1,300 km
Israel	Jericho II	1,500 km
North Korea	No Dong	1,300 km
	Taepo Dong I	1,500-2,000 km[2]
	Taepo Dong II	5,500 km[3]
Pakistan	Ghauri/No Dong	1,300 km
	Ghauri II	1,500-2,000 km
Saudi Arabia	CSS-2	2,600 km[4]

2. The sole test of the Taepo Dong I flew 1,320 km. Some experts speculate that an operational third stage and reentry vehicle would allow the Taepo Dong I to deliver a light payload over 5,500 km.

3. The Taepo Dong II has not been flight-tested. The 2001 National Intelligence Estimate of the Ballistic Missile Threat speculates that, with a lighter payload, it could have a 10,000-km range.

4. Saudi Arabia purchased CSS-2 missiles from China in 1987 and has never tested them.

◉ 탄도미사일 확산 현황

FAS(미 과학자 협회)

가능하다. 또한 대규모 비행장이나 관제시설이 필요하지 않아 발사 설비가 항공기보다 간단하다. 다양한 발사 플랫폼에서 발사가 가능해 은폐나 위장이 용이하여 생존 가능성 역시 높다. 비용 측면에서도 엄청난 파괴력에 비해 생산이나 획득에 많은 금액을 필요로 하지 않아 경제적이다. 무엇보다 대량 살상무기를 운반할 수 있어 상대 국가에 큰 심리적 위협과 압박을 가할 수 있으므로 전략적인 무기로서의 가치도 매우 크다.

오늘날 탄도미사일을 보유하고 있는 나라는 31개국[31]에 달한다. 이 나라들이 보유한 탄도미사일은 1만여 기가 넘고, 그 양은 지속적으로 늘어나고 있다. 이들 미사일의 약 93%가 사거리 1천km 미만의 전술 단거리 탄도미사일이다. 북한을 포함한 미국, 영국, 프랑스, 러시아, 중국, 이란, 파키스탄, 인도, 사우디아라비아, 이스라엘 등 11개국만이 중·장거리 탄도미사일을 운용 하고 있다. 대륙간 탄도미사일(ICBM)과 잠수함 발사 탄도미사일(SLBM)을 보유한 나라는 유엔 상임이사국인 미국, 영국, 프랑스, 러시아, 중국 등 5개국과 인도에 불과하다.

사상 첫 탄도미사일은 독일의 V-2 로켓

탄도미사일의 역사는 핵의 역사와 일맥상통한다. 탄도미사일의 낮은 정확성으로는 정밀타격이 불가능하고, 수천km 이상을 보낼 수 있는 탄도미사일에 낮은 폭발력의 재래식 탄두를 장착한다는 것은 비효율적이기 때문이다. 탄도미사일은 핵과 생·화학무기 등 대량 살상무기를 도시 규모의 대형 표적에 사용하는 것이 일반적이다.

최초의 탄도미사일은 독일의 V-2 로켓이다. V-2는 대기권을 벗어난 최초의 비행체이자, 처음으로 실전에 사용된 탄도미사일이다. 1944년 V-2를 개발한 베르너 폰 브라운과 그의 미사일 개발팀은 '프로젝트 아메리카(Projekt Amerika)'라는 이름으로 세계 최초의 ICBM 'A9/A10' 개발에 착수했다. 이 미사일의 타격 목표는 뉴욕을 비롯한 미국의 대도시들이었다.

31 탄도미사일 보유국: 미국, 영국, 프랑스, 러시아, 중국, 아프가니스탄, 아르메니아, 바레인, 벨로루시, 이집트, 조지아, 그리스, 인도, 이란, 이라크, 이스라엘, 카자흐스탄, 리비아, 북한, 파키스탄, 루마니아, 사우디아라비아, 슬로바키아, 시리아, 대만, 터키, 투르크메니스탄, 아랍에미리트, 베트남, 예멘, 대한민국 등 31개국
※ 알제리, 앙골라, 브라질, 쿠바 4개국은 사거리 150km의 BSRBM만 보유하고 있으므로 제외함.

제2차 세계대전이 독일의 패망으로 끝나면서 A9/A10 개발은 폐기됐으며, 폰 브라운의 미사일 개발팀 '붉은 돌(Red Stone)'과 대다수 미사일 과학자들은 미국에 투항하였다. 미사일 과학자들을 교섭하는데 실패한 구소련은 독일의 미사일 연구소를 점령해 미사일 개발을 위한 정보와 기술을 습득했다.

미국과 구소련은 나치 독일의 V-2를 바탕으로 탄도미사일의 개발에 착수한다. 미국은 육군을 필두로 해·공군이 각각 개별 프로젝트에 따라 탄도미사일 개발을 시작했다. 구소련은 육·해·공군과는 별도의 독립군종인 로켓사령부를 신설하여 탄도미사일 개발에 착수했다.

미·소 양국 모두 단거리 탄도미사일(SRBM) 개발부터 시작했다. 이는 미·소의 탄도미사일 개발 기술의 원천이 나치 독일의 SRBM인 V-2였기 때문이다. 또 당시의 낮은 기술력으로 어쩔 수 없는 상황이기도 했다. 당시 구소련의 눈은 유럽에 집중돼 있었다. 구소련은 스탈린(Joseph V. Stalin, 1879~1953)의 전폭적인 지원 아래 유럽을 공격하기 위한 미사일 개발에 착수했다. 거리가 멀지 않아 상대적으로 사거리가 짧은 SRBM 또는 준중거리 미사일(MRBM)과 중거리 미사일(IRBM)의 개발을 시도했다.

ICBM 개발에 가장 먼저 뛰어든 나라는 미국이다. 미국은 1946년, 'MX-774'라는 프로젝트명으로 'RTV-A-2 Hiroc'을 개발했다. RTV-A-2 로켓은 세계 최초의 3단 추진형 ICBM으로, 사거리 5천500km를 목표로 설계됐다. 그러나 당시 미국은 기술적으로 불확실한 ICBM 개발에 회의적이었다. 이 때문에 ICBM 개발에 대한 지원이 제대로 이뤄지지 않았다. 결국 RTV-A-2 로켓은 2단 추진체까지만 부분적으로 성공한 뒤 1947년 7월 프로젝트의 중단과 함께 역사속으로 사라졌다.

1947년 9월, 미 국방부가 창설되고 공군이 독립부대로 격상되면서, 미국은 여러 가지 문제점을 지닌 ICBM 개발에 주력하기보다는 전략 폭격기의 압도적인 우세를 바탕으로 비대칭전력의 균형을 맞추는 것이 더 낫다고 봤다. 가장 오래된 핵 투발수단인 미국의 전략폭격기는 제2차 세계대전을 통해 일본의 히로시마와 나가사키에 TNT 약 8천만 파운드(3천628만8천kg) 위력의 핵폭탄을 투하했다. 세계 최초의 핵폭탄 투하였다.

미국은 제2차 세계대전이 종료된 1945년부터 1958년까지 세계 각지에 핵폭탄과 전략폭격기를 배치했다. 이는 '봉쇄(Containment)정책'으로, 미국과 이념의 반대쪽에 있던 구소련을 비롯한 구소련의 혈맹

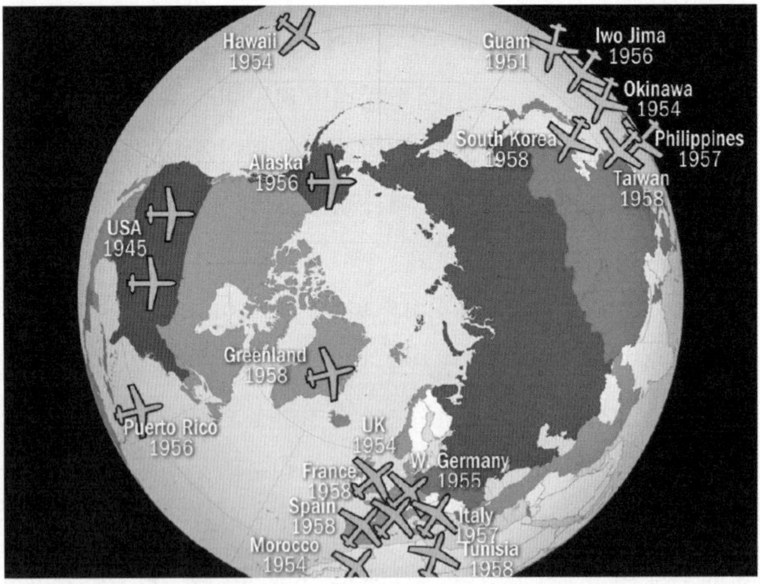

◉ 전략폭격기 배치 현황(1945~1958)
The Nuclear Secrecy Blog

미국의 전략폭격기 현황

기종	최초비행	실전배치	작전반경(km)	최대속력(km/h)	작전고도(ft)	탑재중량(kg)
B-17	1935	1938	3,218	462	35,600	2,041
B-29	1942	1944	5,230	574	31,850	9,072
B-36	1946	1948	6,410	700	43,000	32,659
B-52	1952	1955	7,210	1,046	50,000	31,752
B-2	1989	1997	9,650	1,014	50,000	18,144

을 철저히 고립시키기 위한 것이었다.

미국이 ICBM 개발에 다시 뛰어든 것은 1951년이었다. 1951년 1월, 미 공군은 '아틀라스(Atlas)' 미사일 프로그램의 전신인 MX-1593 프로젝트를 통해 2단 추진 ICBM 개발에 착수했다. 당시 목표는 사거리 5천500km 이상의 미사일 개발이었다. 그러나 여론의 냉소적인 반응으로 자금 지원을 제대로 받지 못했다. ICBM 개발 역시 지지부진할 수밖에 없었다. Atlas 프로그램이 일대전환을 맞게 된 것은 구소련 덕분이었다.

1953년 8월, 구소련은 핵분열탄보다 더욱더 강력한 핵폭탄인 수소폭탄 개발이 완료되어 실전 배치할 것이라고 밝혔다. 수소폭탄을 운반할 수 있는 ICBM도 필요했다. 구소련은 오래지 않아 세계 최초 ICBM인 'R-7 세묘르카(Semyorka)'를 개발했다. 구소련은 1957년 5월 15일 R-7 Semyorka(나토명 SS-6 Sapwood[32])의 첫 발사시험을 수행한다. 역사적인 첫 발사시험은 실패했다. R-7은 발사 후 수분 만에 공중 폭발했고, 비행거리는 400km에 불과했다. R-7의 발사시험이 성공한 것은 1957년 8월 21일이다. 세계 최초 ICBM은 6천km 이상을 비행했다. 이 ICBM은 등유와 액화산소를 이용한 액체로켓을 사용했다.

구소련의 ICBM 개발 소식을 접한 미 공군은 1954년 5월 아틀라스 프로젝트를 '최우선 순위(Top priority)'로 격상시켰다. '차 주전자(Teapot)'로 불리던 존 노이만(John von Neumann) 교수의 전략 미사일 평가위원회(Strategic Missiles Evaluation Committee)와 미 국방전문연구소 랜드(RAND)는 미 공군의 ICBM 개발에 착수했다. 1955년 9월 드와이트 D. 아이젠하워 대통령은 ICBM의 개발을 '국가 최우선 순위(Highest national priority)'로 격상시키고, 전폭적인 지원에 나섰다.

Atlas는 R-7과 비슷한 시기인 1957년 6월 11일 처음 발사시험을 실시했다. 그러나 발사대를 떠난 Atlas는 24초 만에 공중 폭발했다. Atlas가 시험발사에 성공한 것은 1958년 11월 28일이었으며, 8천km 이상을 비행하였다. 1959년 6월, 미국은 모두 123기의 Atlas를 실전배치했다. 미국은 1955년 5월 '타이탄(Titan)' 프로젝트, 1956년 12월 SLBM의 개발인 '폴라리스(Polaris)' 프로젝트와 1959년 '미니트맨(Minuteman)' 등 대대적인 ICBM 개발에 뛰어들었다.

Atlas를 발사하기 위해서는 거대한 발사대가 필요했다. 수십m에 이르는 ICBM 발사에는 그에 버금가는 높이의 발사대가 필요한데, 이는 인공위성이나 정찰기 등에 의해 쉽게 노출돼 공격받기 쉬운 약점이 있었다. 또 발사대에서 장기간 준비상태를 유지할 수 없었다. 초기 ICBM은 액체추진제를 사용해 준비기간이 길어지면 길어질수

32 세계 최초의 ICBM. 1957년에 초기 비행시험이 실시된 이후 1960년에 실전 배치되었으며 1968년에 전량 폐기되었다. 최대사거리 8천800km(개량형 1만4천km), CEP 5천m, TNT 5Mt 위력의 단일탄두 탑재 미사일로, 2단 액체로켓(액화산소와 등유)을 사용하는 지상 발사형 ICBM이다.

◉ ICBM Atlas-D 발사 모습
Nuclear Posture Review, 2010

록 맹독성 연료와 산화제가 발사계통이나 케이블 등을 부식시켜 발사 실패의 주원인으로 작용했다.

다양한 기술적인 어려움에도 불구하고 미·소 양국의 ICBM은 빠르게 성공을 거두었으며, 초기 형태의 ICBM 기술은 다수의 우주발사체에 그대로 적용되었다. 특히 보스톡(Vostok), 머큐리(Mercury), 보크호드(Voskhod), 제미니(Gemini) 등 유인우주선 프로그램의 성공은 ICBM의 기술력 향상과 직결돼 미·소 양국은 냉전기간 내내 지속적으로 우주로켓 개발에 경쟁적으로 뛰어들었다.

1959년 미국은 액체추진제의 단점을 해소하기 위해 미니트맨(Minuteman), 폴라리스(Polaris), 스카이볼트(Skybolt)와 같은 고체연료

ICBM 개발을 적극 지원했다. 대형 발사대의 노출로부터 벗어나고자 지하 격납고인 사일로를 발사 플랫폼으로 개발하기 시작했다. 상호 확증 파괴에 대한 전략적 이론이 시작된 것이 바로 이 시기이며, 서로의 탄도미사일 전력에 위협을 느낀 미·소 양국이 탄도미사일을 요격하기 위한 탄도탄 요격미사일(ABM)의 개발에 본격적으로 뛰어든 것도 바로 이 시기였다.

ABM은 미국이 먼저 개발했다. 미국은 1950년대부터 '나이키(Nike)' 프로젝트를 진행했다. 원래 Nike 프로젝트는 전략폭격기에 대응하기 위한 방공 프로그램이었으나 구소련이 ICBM을 개발하자 탄도미사일의 요격체계로 바뀌었다. 세계 최초의 ABM은 나이키 제우스(Nike Zeus)이다. Nike Zeus는 미국의 지대공 미사일인 나이키 허큘리스(Nike Hercules)를 개량한 것으로, 핵탄두를 장착하여 엄청난 폭발력으로 ICBM을 요격하도록 설계되었다.

미국은 1962년 7월, Nike Zeus의 요격시험을 실시했다. 미 공군은 캘리포니아의 반덴버그(Vandenberg) 공군기지에서 태평양을 향해 ICBM을 발사했다. 마셜제도(Marshall Islands)의 콰잘레인(Kwajalein) 시험장에 배치되어 있던 Nike Zeus 포대에서 발사된 요격미사일은 ICBM을 격추시켰다. 그러나 Nike Zeus는 낮은 명중률 등으로 실전배치는 되지 않았다.

실전 배치된 최초의 ABM은 구소련이 개발했다. 구소련은 미국의 전략폭격기와 탄도미사일에 대응하기 위해 광역 방공체계를 구축했으며, 세계 최초의 ABM 'RZ-25/5V11 Dal'을 개발하였다. 1962년 구소련은 RZ-25의 발사시험에 성공하였으며, 수도 모스크바를 비롯한 대도시의 방어를 위해 배치하였다. 그러나 RZ-25의 성능에 대한

◉ 소련의 ABM

우려가 끊임없이 제기되자, 구소련은 RZ-25의 개량에 발 빠르게 착수해 1966년 고고도 방어체계인 S-200을 개발하였다.

중국의 탄도미사일 개발에 가장 많은 영향을 미친 나라는 구소련이다. 구소련은 중국이 자체적으로 탄도미사일을 제작하는데 모든 지원을 아끼지 않았다. 1956년과 1957년, 두 해에 걸쳐 구소련은 2기의 R-1(SS-1) 미사일과 R-2 미사일 1기를 제공했으며, 미사일과 함께 방대한 기술 자료와 장비까지 제공했다. 또한 구소련 기술자들이 중국으로 이주해 중국에서 직접 R-2[33] 미사일을 생산할 수 있는 기술을 제공했으며, 동시에 50명이 넘는 중국의 미사일 기술자들을 연구소에 초청하여 미사일 기술을 전수했다.

R-2 프로그램을 위해 중국은 미사일 설비를 제작하고 개발시설을

33 R-2: 나토명 SS-2 Sibling, 구소련의 단거리 탄도미사일. 구소련이 최초의 탄도미사일인 독일의 V-2 로켓을 기초하여 1951년에 실전 배치한 사거리 600km의 탄도미사일이다.

대대적으로 세웠으며, 고비사막에 새로운 미사일 시험장을 건설하였다. 중국이 개발하는 R-2 미사일은 일본에 주둔하고 있는 미국 군사시설을 타격하기 위한 것으로, 재래식 탄두를 장착해 최대사거리 600km를 목표로 개발을 진행했다. 중국은 R-2보다 긴 사거리와 성능이 향상된 탄도미사일 개발에 착수했다. DF(Dong Feng, 東風) 시리즈의 탄도미사일이다.

최초의 DF 미사일은 DF-1이다. DF-1은 구소련의 IRBM인 R-12(SS-4)를 역설계한 것이다. 그러나 1960년 중국과의 관계가 껄끄러워지자 구소련은 중국에 대한 전폭적인 지원을 중단한다. 영원할 것만 같던 공산주의 양대 산맥의 혈맹관계는 급속도로 냉랭해졌다. 구소련의 탄도미사일 개발지원이 중단되자 중국은 독자적인 개발에 나선다.

1960년 9월, 중국은 자체 생산한 R-2 미사일의 발사시험에 성공한다. 구소련의 미사일 전문가들이 떠난 지 한 달 만에 이뤄낸 쾌거였다. 처음으로 발사된 R-2는 구소련이 제작한 모델에 중국의 추진체를 장착한 형태였다. 같은 해 11월 5일, 중국은 100% 자체 기술로 제작한 R-2 미사일의 시험발사에 성공했다. 구소련의 도움이 많은 영향을 미쳤음을 부인할 수 없지만, 중국은 가장 짧은 기간에 탄도미사일 기술을 확보한 나라이다.

중국이 자체 생산한 두 번째 탄도미사일은 DF-2이다. DF-2는 세계 최초의 ICBM인 구소련의 R-7과 형태와 성능이 매우 유사했다. 1964년 중국은 일본 전역을 타격하기 위해 DF-2를 제작했으며, 핵탄두를 장착하여 운용하였다. 중국은 필리핀에 주둔하고 있는 미군기지를 목표로 1970년 DF-1을 개량한 DF-3를 개발했다. 또한 같은 해 세계에서 다섯 번째로 인공위성을 쏘아 올렸다.

1980년에 실전 배치된 DF-4는 괌에 전개 중인 미 공군의 전략폭격기 B-52의 기지를 목표로 개발됐다. 1981년 중국 최초의 ICBM, DF-5가 개발됐다. DF-5는 사거리 1만~1만2천km로 구소련 전역과 미 서부를 타격할 수 있으며, 뒤이어 DF-31과 DF-41 등 여러 종류의 ICBM을 개발하고 있다.

탄도미사일과 핵탄두의 폭발적인 증가에 서로 위협을 느낀 미·소 양국은 1972년 SALT[34] 조약을 체결한다. 두 나라는 SALT-I을 통해 SLBM과 ICBM의 수량을 동결하고 발사대의 수량을 제한하였으며, START[35] 조약을 통해 ICBM과 핵탄두의 수량을 감소시켰다.

현재 공식적인 ICBM 보유 국가는 러시아를 비롯하여 미국, 중국, 영국, 프랑스 등 유엔 안전보장이사회의 상임이사국 5개국이지만 인도와 이스라엘도 실질적인 ICBM 보유국이다. 러시아와 미국, 중국, 인도, 이스라엘 등은 사일로, 차량형·레일형 TEL 등 지상발사 ICBM을 보유하고 있다. 러시아, 미국, 중국, 영국, 프랑스, 인도는 ICBM과 ICBM급 SLBM을 보유하고 있다.

34 SALT: Strategic Arms Limitation Talks, 전략무기 제한협정. 미국과 구소련이 체결한 전략무기 제한협정으로 1972년 SALT I(ABM 규제, 발사기지 1개로 축소)을 체결하였으며, ICBM/SLBM의 수량을 제한(ICBM 미국 1,054/소련 1,618-SLBM 미국 710/소련 950))하였다. SALT II는 비준 이전(79년 말)에 소련의 아프가니스탄 침공으로 정식 발효되지는 않았다. 이후 1982년 6월 레이건 행정부에서 START(SALT III)라는 이름으로 재개되었다.

35 START: Strategic Arms Reduction Talks, 전략무기 감축협정. 1982년 6월 제네바에서 시작된 미소 양국의 전략무기 삭감을 위한 교섭이다. 적극적 감축 교섭으로 ICBM/SLBM의 탄두 수를 각각 5천개로 제한(레이건 행정부)했다. 1991년 7월 조지 부시와 고르바초프가 ICBM 등 장거리 핵무기를 각각 30%와 38%로 감축 협정하였으며, 1993년 1월 부시와 보리스 엘친이 START II(ICBM 500기, SLBM 1천750기로 제한)에 서명했고, 2000년 4월 START III(핵탄두를 2천500기로 축소) 협정을 맺었다.

미국은 LGM-30G Minuteman-III을 유일한 지상발사 ICBM으로 운용 중이다. 미국은 START II에 의해 대다수 다탄두 각개목표 재돌입 미사일(MIRV)을 폐기하고 단일 탄두로 대체했으며, Minuteman-II 또한 전량 폐기했다. 미 공군은 모두 800기의 핵탄두와 450기의 Minuteman-III를 운용 중이다. 러시아의 전략로켓군은 375기의 ICBM과 1천247기의 핵탄두를 보유하고 있다. 또 사일로 발사형인 R-36M2(SS-18) 58기, UR-100N(SS-19) 70기, RT-2UTTH Topol M (SS-27) 52기, 이동식발사대(TEL)에서 운용하는 RT-2PM Topol(SS-25) 171기, RT-2UTTH Topol M (SS-27) 18기, RS-24 Yars (SS-29) 6기도 보유하고 있다.

구소련은 과거 궤도폭탄(Fractional Orbital Bombardment System)의 개발에 착수했다. 궤도폭탄은 발사된 로켓이 특정 궤도에서 고속으로 궤도비행 하다가 목표물이 포착되면 하강하여 목표물을 타격한다. 궤도폭탄은 미·소 양국의 군축협정에 의해 폐기되었으나, 현재 러시아는 궤도폭탄으로 추정되는 신형 ICBM, '사르마트(Sarmat)'의 개발에 착수했다. 이는 캘리포니아와 알래스카에 배치된 미 공군의 미사일방어(MD) 전력을 회피하기 위한 것으로, 궤도비행을 통해 남극으로 접근하여 미 전역을 타격할 수 있는 것으로 알려져 있다.

중국은 폭발적인 경제성장을 그대로 국방력에 쏟아 붓고 있다. 지금도 중국은 다양한 종류의 ICBM을 개발 중이며, DF-5를 비롯하여 최근에는 DF-41을 실전 배치하였다. DF-41은 10개의 핵탄두 MIRV를 운반할 수 있고, 최대사거리는 1만2천~1만4천km이다. 중국은 몽골지역 인근 지하 사일로에 DF-41을 실전 배치한 것으로 추정된다.

세계의 ICBM

A brief history of the nuclear triad, 2016

국가명	미사일명	사거리(km)	발사플랫폼	탄두(yield)
미국	Minuteman-III	13,000	Silo	500Kt 3MIRV
러시아	R-36M2(SS-18)	10,000	Silo	18~24Mt RV/ 750Kt 10MIRV
	UR-100N(SS-19)	10,000	Silo	750Kt 6MIRV
	RT-2PM Topol(SS-25)	10,000	TEL(Road)	Single 550Kt
	RT-2UTTH Topol-M (SS-27)	11,000	Silo, TEL(Road)	Single 800Kt
	RS-24 Yars(SS-29)	10,500	Silo, TEL(Road)	200Kt 3MIRV
중국	DF-4	5,500	Silo	Single 1~3Mt
	DF-31	11,000 이상	TEL (Road/Rail)	Single 1Mt/ 150Kt 3~4MIRV
	DF-5	12,000 이상	Silo	Single 4~5MT/ 350Kt 3~8MIRV
	DF-41	12,000 이상	TEL (Road/Rail)	Single 1Mt/ 150Kt 10MIRV
이스라엘	Jericho-III	4,800 이상	TEL(Road)	2~3MIRV
인도	Agni-V	5,000 이상	TEL(Road)	-
	Agni-VI	8,000 이상	TEL(Road)	-

이스라엘은 차량형 이동식 발사대(TEL)를 발사 플랫폼으로 운용하는 신형 ICBM '여리고(Jericho) III'를 2008년에 실전 배치한 것으로 추정된다. Jericho III는 750kg의 단일 핵탄두를 장착할 수 있고, 3개

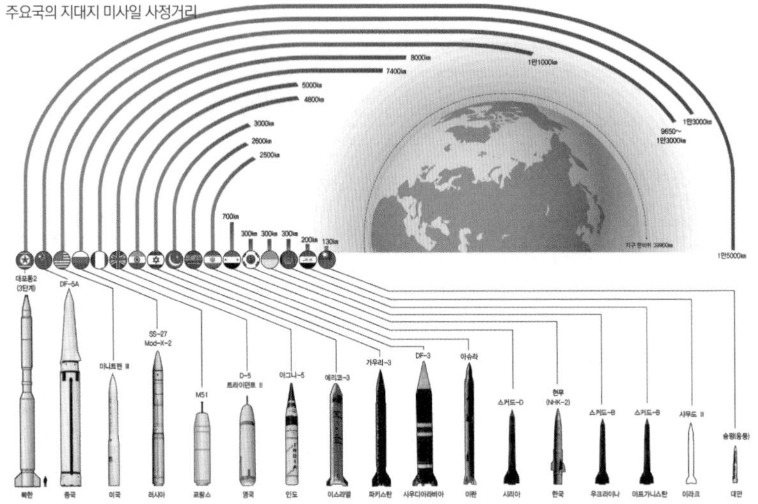

◉ 세계의 탄도미사일
디펜스21플러스

의 MIRV를 장착할 수 있으며, 최대사거리는 4천800~1만1천500km로 추정된다. 이스라엘은 지난 2011년 11월, Jericho III의 업그레이드 버전으로 추정되는 ICBM의 발사 시험에 성공했다.

인도는 아그니(Agni) 계열의 탄도미사일을 보유하고 있다. 인도의 Agni-V는 3단 고체추진으로 최대사거리 8천km 이상의 핵탄두를 장착한 ICBM으로 추정된다. 2012년 4월 19일 인도는 Agni-V의 최초 비행시험에 성공했으며, 2013년 9월 15일과 2015년 1월 31일에 각각 2, 3차 발사시험에 성공했다. 세 차례 발사시험을 통해 Agni-V는 사거리 5천km 이상의 표적을 정확히 명중시킨 것으로 확인되었다. 인도 역시 이스라엘과 함께 ICBM 클럽에 가입함으로서 모두 7개 나라에서 현재 ICBM을 보유하고 있다.

북한은 지난 2016년 2월 7일, 은하 4호 로켓을 이용하여 인공위성의 발사에 성공하였으며, 다섯 차례 핵실험을 통해 핵무기 역시 보유한 것으로 추정된다. ICBM의 절대조건인 장사정화와 핵탄두 소형화에 이미 성공했고, 재진입 기술만 성공한다면 북한의 ICBM 개발은 완성단계로 예상된다.

현대의 ICBM은 일반적으로 핵탄두와 재래식 탄두를 자유롭게 운용하며, MIRV를 운반하여 여러 개의 표적을 정확하게 타격한다. MIRV는 과거에 비해 탄두의 중량과 크기가 매우 작아져 RCS가 극히 축소되었고, 다양한 기만체들을 함께 방출해 탐지·추적이 어렵다. 탄도미사일의 플랫폼은 핵 선제공격으로부터 탄도미사일을 보호하기 위해 초기의 대형 발사대에서 사일로로 점차 변화되었다. 탄도미사일의 생존성을 높이기 위해 잠수함과 차량형 TEL 또는 레일형 TEL을 발사 플랫폼으로 사용한다.

절대 강자는 미국

미국은 구소련이 ICBM R-7을 실전 배치한 이듬해인 1958년에 ICBM Atlas[36]-D(MGM-16)의 개발을 완료, 1959년 12월에 캘리포니아 반덴버그 공군기지에 실전 배치하였다. 우주발사체의 로켓으로 개발된 Atlas를 ICBM으로 개량해 대륙간 탄도미사일 Atlas-D를 제작한 미국은 지속적으로 성능을 개선하여 1961년에 Atlas-E, 1962년에 Atlas-F를 실전 배치하였다. 또한 Atlas 프로젝트와 병행하여

36 Atlas: 미국의 우주발사체 로켓. 세계 최초의 저궤도 통신 위성인 'SCORE'를 발사하도록 제작된 미국의 로켓으로 1958년 12월 18일 위성 발사에 성공하였다.

1955년 5월부터 미 공군의 주도하에 신형 ICBM Titan의 개발에도 착수했다.

1955년 9월 미국의 탄도미사일 개발은 일대전환을 맞게 된다. 아이젠하워[37] 대통령은 탄도미사일 개발 프로그램을 국가방위를 위한 최고 우선순위로 격상시켜 국가차원의 전략무기 개발을 위한 기반을 구축했다. 엄청난 자금과 기술력을 투입한 미국은 ICBM의 개발뿐만 아니라 우주개발에 있어서도 구소련을 앞설 수 있는 전기를 마련했다.

미국은 1955년 11월 공군에서 중거리 탄도미사일(IRBM) 'Thor'를, 그리고 육군에서 IRBM 'Jupiter'의 개발에 착수했다. 이듬해에는 해군이 SLBM 'Polaris'의 개발을 시작했다. 특히 1959년 2월, 세계 최초의 고체추진 ICBM 'Minuteman'의 개발에 착수하였으며, 같은 해 10월에는 공군이 'Titan II'를 개발하기 시작했다.

미국은 1959년 6월 Thor를 시작으로 12월에는 Atlas를 실전배치했다. 1960년 7월 Polaris, 1961년 2월 Jupiter, 1962년 5월 Titan-I과 Minuteman-I, 다음 해인 1963년에 LGM-25C Titan-II를 각각 실전배치했다. 1960년대 초반 Titan을 주력 ICBM으로 운영했던 미국은 1962년에 개발한 Minuteman을 폭발적으로 확보하여 1970년대에는 1천여 기 이상의 Minuteman을 보유해 명실상부 세계 최고의 탄도미사일 전력을 갖추게 되었다.

현재 미국은 1972년 SALT-I과 1979년 SALT-II, 1991년 START-I

36 Atlas: 미국의 우주발사체 로켓. 세계 최초의 저궤도 통신 위성인 'SCORE'를 발사하도록 제작된 미국의 로켓으로 1958년 12월 18일 위성 발사에 성공하였다.

37 Dwight D. Eisenhower(1890-1969): 미국 제34대 대통령

미국의 초기 탄도미사일

A brief history of the nuclear triad, 2016

미사일명	개발시기	Class	주관	제작사	탄두(yield)
Redstone	1950년	IRBM	US Army	Chrysler	0.5~3.5 Mt
Atlas	1953년	ICBM	USAF	Convair	1.44 Mt
Thor	1955년	IRBM	USAF	Douglas	1.4 Mt
Jupiter	1955년	MRBM	US Army	Chrysler	1.45 Mt
Titan	1955년	ICBM	USAF	Glenn Martin	3.75 Mt
Polaris	1956년	SLBM	USN	Lockheed	0.6 Mt
Minuteman	1957년	ICBM	USAF	Boeing	1.2 Mt

과 1993년 START-II를 통해 다양한 사거리의 탄도미사일과 핵탄두를 폐기했다. 미국은 1986년에 배치한 LGM-118A Peacekeeper[38]마저 폐기하고, LGM-30G Minuteman-Ⅲ를 유일한 지상발사형 ICBM으로 운영하고 있다. LGM의 'L'은 발사 플랫폼이 Silo임을 의미하며, 'G'는 지상 또는 해상의 표면 타격, 'M'은 무기의 형태로 유도미사일을 의미한다.

Minuteman-III는 현존하는 미국의 유일한 지상발사 ICBM이다. Minuteman-III는 1962년 최초 개발된 Minuteman의 개량형으로 1980년대 초에 실전 배치되었고, 사일로 발사형태의 3단 고체추진

38 Peacekeeper: 미국의 최신 대륙간 탄도미사일. Minuteman의 후속 미사일로 개발된 ICBM이다. 1979년부터 개발에 착수하여 1986년에 최초로 실전 배치되었다. Peacekeeper는 과거 미국의 ICBM 경험이 결집된 가장 정밀하고 강력한 탄도미사일로 평가되며, 2차 군비감축협정에 의해 2003년 폐기되었다.

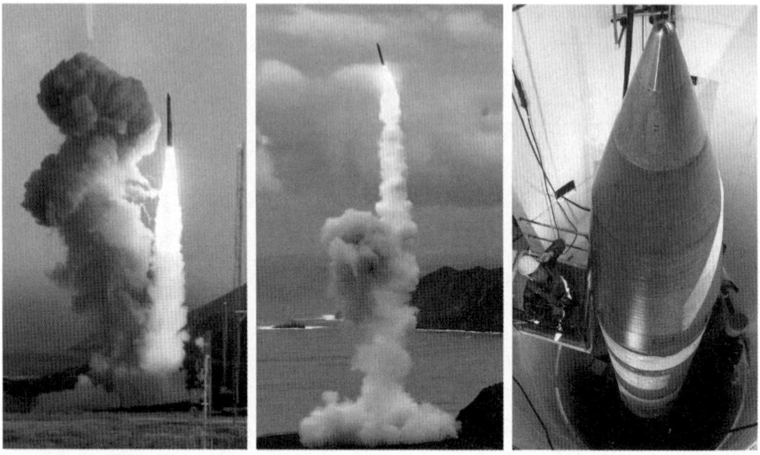

◉ ICBM Minuteman-III
www.airforce-technology.com

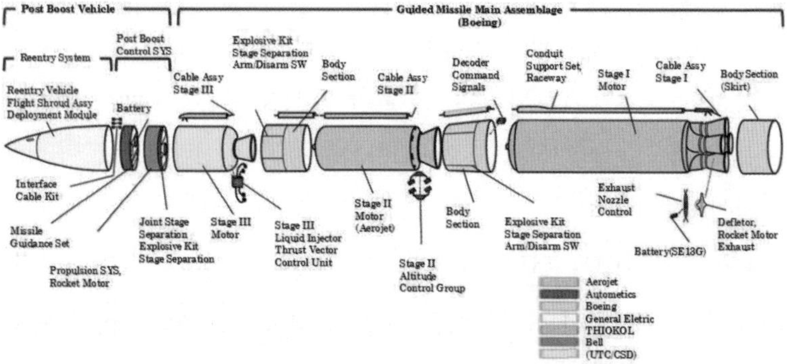

◉ Minuteman 구성
www.foxtrotalpha.ialopnik.com

ICBM이다. Minuteman이란 이름은 미국 독립전쟁 당시 민병대의 이름인 'Minuteman'을 기념하고, 또한 1분 이내에 신속하게 발사할 수 있는 고체추진 ICBM의 특성을 나타내기 위해 명명되었다.

Minuteman-III는 Peacekeeper의 핵심기술을 적용해 성능을 향상시켰다. 특히 Peacekeeper의 최첨단 관성유도장치인 AIRS를 Minuteman-III에 장착하여 명중률이 획기적으로 높아졌다. 탄도미사일의 유도·조종방식은 관성유도와 천측유도가 주로 사용된다. 이 두 가지 유도방식은 유도특성에 따라 다소 차이는 있으나 지속적으로 오차를 발생시킨다. 특히 관성유도의 경우 장치의 정밀성과 비행시간, 비행거리에 따라 누적 오차가 발생할 수밖에 없다. 미국은 이러한 관성유도의 오차를 줄이기 위해 AIRS[39]를 개발해 탄도미사일에 적용하였다.

AIRS는 현존하는 가장 정밀한 ICBM의 관성유도 장치로 GPS 위성의 유도 없이도 수십m 이내의 CEP를 제공한다. AIRS는 보통의 자이로스코프와 달리 수평 유지 장치인 짐발스(Gimbals)가 없으며, 탄화플루오린[40] 액체를 담은 용기에 베릴륨(Beryllium) 재질의 구체를 넣은 형태이다. 베릴륨 재질의 공을 어느 방향으로든 자유자재로 회전이 가능해 수평이 어느 한쪽으로 고착되는 현상인 Gimbals Lock의 문제를 제거하고 높은 정밀성을 제공한다. AIRS는 Peacekeeper의 정밀도 향상을 위해 미국의 Nothrop이 최초 개발한 것으로, ICBM 역

39 AIRS: Advanced Inertial Reference Sphere

40 탄화수소의 수소 원자 가운데 한 개 이상을 플루오린 원자로 치환한 화합물을 통칭하는 말. 무색무취의 액체로 끓는 점이 낮으며, 주로 냉장고의 냉매, 에어로졸의 분무제, 소화제의 원료로 사용된다.

미국 대륙간 탄도미사일 현황
FAS(미 과학자 협회) 2012

명칭 / 나토명	운용년도		최대사거리(km)	발사플랫폼	탄두
	보유수	CEP(m)	유도방식	추진체(연료)	
MGM-16 Atlas (Atlas D/E/F)	1959 ~ 1965		14,000	Silo, 지상	1.5Mt 3/4 MIRV
	183기	3,700	관성유도	2단 액체	
MGM-25A Titan-Ⅰ	1962 ~ 1965		10,000	Silo	3.75Mt 단일탄두
	54기	1,400	IMU[41]	2단 액체	
LGM-25C Titan-Ⅱ	1963 ~ 1987		15,000	Silo	9Mt 단일탄두
	54기	900	IMU	2단 액체	
LGM-30 Minuteman-Ⅰ	1962 ~ 1975		10,000	Silo	350Kt 단일탄두
	800기	200	관성유도	3단 고체	
LGM-30F Minuteman-Ⅱ	1965 ~ 1994		12,500	Silo	1.2Mt 단일탄두
	500기	200	관성유도	3단 고체	
LGM-30G Minuteman-Ⅲ	1970 ~ 현재		13,000	Silo	300~500Kt 단일탄두
	550기 450기	200	관성유도	3단 고체	
LGM-118A Peacekeeper MX	1986 ~ 2005		11,000	Silo	300Kt 10 MIRV
	50기	100	관성유도(AIRS)	3단 고체	

41 IMU: Inertial Measurement Unit, MIT에서 개발한 관성유도장치.

사상 가장 정교한 관성유도 장치로 평가된다.

Minuteman-III는 전장 18.0m, 직경 1.67m, 중량 32.2톤으로 최고 속도는 마하 23 이상이다. 최대사거리가 1만3천km임에도 CEP는 110m에 불과할 정도로 매우 정밀하다. 탄두는 Minuteman-III의 핵탄두인 W78과 Peacekeeper의 W87을 장착하여 사용한다.

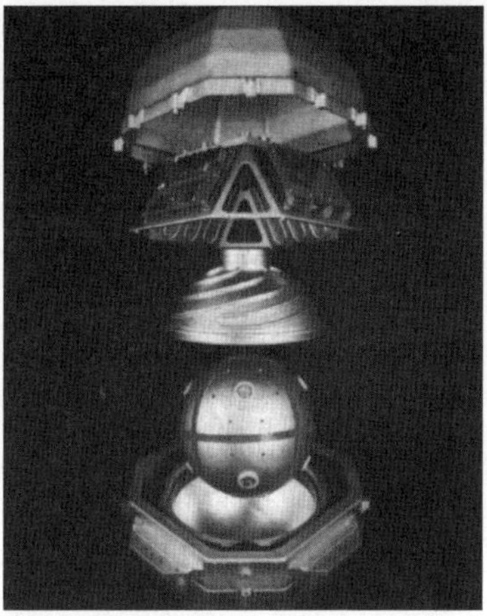

◉ Peacekeeper의 AIRS
nuclearweaponarchive.org

W78은 MK-12a 재진입체에 장착하는 TNT 350kt 위력의 핵탄두이며, W87은 MK-21 재진입체에 장착하는 TNT 300kT 위력의 핵탄두이다. Minuteman-III는 최초의 MIRV인 W78 핵탄두를 최대 3개까지 탑재할 수 있도록 설계 되었으나, START II 조약에 의해 현재 각각의 미사일 당 1개의 핵탄두만 장전되어 운용되고 있다. Minuteman-III는 W78 핵탄두를 장착한 것이 200기, W87 핵탄두를 장착한 것이 250기로 미국은 총 450기의 Minuteman-III를 운용 중이다.

세계 최초의 ICBM 'R-7 Semyorka'

가장 강력한 탄도미사일 전력을 구축한 나라는 구소련이다. 제2차 세계대전이 끝나자 구소련은 눈엣가시와 같은 유럽의 서방국가를 표적으로 IRBM급 이하의 중·단거리 탄도미사일 개발에 들어갔다. 1953년 구소련은 세계 최초로 건식 수소폭탄을 개발했고, 세르게이 코놀요브(Sergei Korolyov)의 지휘 아래 신형 수소폭탄을 운반하기 위한 ICBM의 개발에 착수하면서 본격적인 ICBM 개발에 돌입하게 되었다.

원자폭탄은 핵분열 반응을 이용하는 열핵폭탄과 핵분열과 융합을 반복하여 폭발력을 배가시키는 수소폭탄으로 구분할 수 있다. 따라서 수소폭탄은 같은 양의 방사능 물질로도 열핵폭탄보다 몇 배 또는 몇 십 배의 위력을 얻을 수 있으며, 구소련이 바로 이 수소폭탄 개발에 성공한 것이다. 구소련은 핵융합 원소가 액체 상태인 습식(濕式)[42] 수소폭탄이 아니라 습식에 비해 상대적으로 부피가 작고 제작이 용이하며, 핵융합 원소가 고체 형태인 건식 수소폭탄을 개발했다.

구소련은 건식 수소폭탄을 개발함에 따라 제2차 세계대전 당시 대형의 전략 폭격기가 2기 정도만 간신히 운반할 수 있었던 구형 핵폭탄에서 탈피하여, 충분히 소형으로 제작이 가능하면서도 수백 배 이상의 위력을 얻을 수 있는 핵탄두를 만들 수 있게 되었다.

구소련이 1957년에 개발한 탄도미사일이 바로 세계 최초의 ICBM 'R-7 Semyorka'(러시아어로 숫자 7을 의미)이다. R-7은 전장 32m, 직경 3.02m, 중량 280톤의 2단 액체추진 로켓으로 액화산소와 등유를 사용하여 최대사거리 8천800km를 비행할 수 있다. CEP는 5.0km 정도이다.

42 용액이나 용제(溶劑) 등 액체를 쓰는 방식 ↔ 건식(乾式)

R-7은 조합(Clustering)된 4개의 보조로켓이 초기 추력을 발생하며, 1·2단 추진체가 지속적인 추력을 발생시켜 탄도비행을 완성한다. 발사 이후 자세각과 비행궤도를 수정하기 위해 각각의 로켓에 궤도수정용 추력기가 장착되어 있다. 또 각각의 보조로켓에 2개, 주(主) 추진체에 4개의 궤도수정용 추력기가 장착되어 3MT 위력의 열핵탄두 1기를 운반한다.

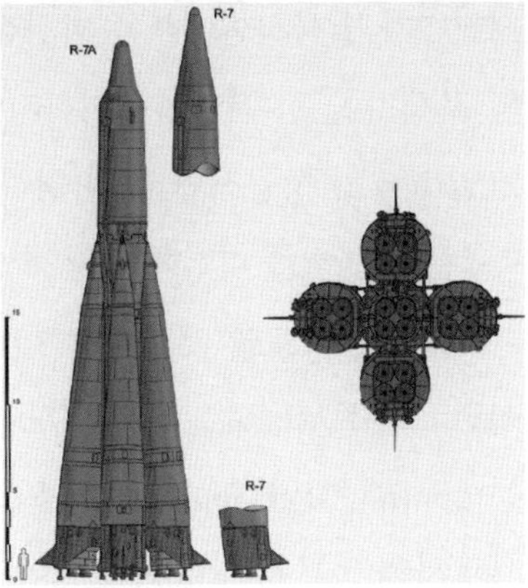

◉ 세계 최초의 ICBM R-7 Semyorka
Wikipedia, the free encyclopedia

R-7은 1953년에 개발을 시작하였고, 전체 중량 170톤의 2단 액체 추진 로켓으로 3톤의 탄두를 8천km까지 운반할 수 있도록 설계되었다. 1953년, 구소련은 R-7의 초기 모델을 이용하여 최초의 지상 발사시험을 실시했으며, 1954년 5월에는 최종 모델의 R-7이 완성되었다. R-7의 개발은 나치 독일의 미사일 과학자들이 축적한 기술력이 초석이 되었다. 특히 당시까지 탄도미사일의 자세각 조정을 위해 사용하던 제트 베인(Jet Vane)을 제거하고, 그 대신 여러 개의 엔진을 조합함으로서 로켓의 엄청난 추력을 손쉽게 제어할 수 있었다.

R-7은 최초의 Clustering 로켓으로, 여러 개의 로켓을 정확하게 제어함으로서 마치 한 개의 거대한 로켓이 추력을 발생하는 것처럼 압도적인 폭발력을 가질 수 있었다.

1957년 5월 15일, 최초 발사시험에서 R-7은 이륙한 지 88초 만에 공중 폭발했다. 비행거리는 400km에 불과했다. 같은 해 6월 11일 실시한 2차 발사시험에서는 발사한 지 33초 만에 합선에 의해 미사일의 자세각을 정확하게 제어하지 못해서 공중 폭발했다. 1957년 8월 21일 R-7의 성공적인 첫 비행시험이 이뤄졌다. 모의 탄두를 장착한 R-7은 6천km를 비행해 태평양에 떨어졌다.

구소련은 R-7을 개량하여 1957년 10월 4일, 세계 최초의 인공위성인 스푸트닉(Sputnik)-I을 궤도에 올렸다. 같은 해 11월 2일과 3일에는 Sputnik-II와 Sputnik-III를 성공적으로 발사함으로서 우주 강국으로서의 독보적인 행보를 이어갔다. 1958년 1월 30일의 3차 발사시험에서는 보조로켓이 정확하게 분리되지 않아 1단 추진로켓을 훼손시켰으며, 제어력을 잃은 탄도미사일이 전혀 다른 곳에 착탄하는 실패를 경험하기도 했다.

1959년 12월까지 발사시험은 계속되었고, 다양한 문제점을 개선하여 R-7A를 개발하였다. R-7A는 항법장치 성능을 개선하여 엔진의 추력을 향상시켰으며, 보다 더 가볍게 제작해 5.37톤의 탄두를 최대사거리 1만2천km까지 운반하도록 제작되었다. 구소련은 1957년 5월 15일 R-7의 첫 시험발사 이후 1961년 2월 27일까지 모두 27차례 발사시험을 실시, 18번을 성공하여 66.7%의 성공률을 얻었다. R-7의 개량형인 R-7A는 1959년 12월 23일부터 1967년 7월 25일까지 모두 21차례 발사했다. 그 중 18차례 발사시험에 성공, 성공률 85.7%를 획득했다.

구소련은 1959년 2월 9일부터 1962년까지 구소련의 서북부 플레세트스크(Plesetsk)를 비롯한 로켓사령부의 주요 기지에 생산한 모든 R-7을 실전 배치하였으며, 언제든지 핵탄두를 장착한 R-7을 최소 10기 이상 동시 발사할 수 있도록 발사태세를 유지했다. 냉전기간 동안 미국을 비롯한 유럽의 서방국가들과 소리 없는 전쟁을 지속하기 위해 R-7의 발사태세 유지는 필연적이었으나, 이는 엄청난 예산 압박으로 이어졌다.

구소련이 R-7 발사기지 하나를 운용하는데 전체 국방예산의 5%가 투입돼 엄청난 비용이 소모됐다. 미국이 구소련 영공에서 U-2 정찰기를 운용하자 거대한 R-7이 그대로 적 정찰기에 노출되어 유사시 미 공군 전략폭격기의 첫 번째 먹이가 될 가능성이 컸다. 또 극저온의 액체연료와 산화제를 사용하는 R-7 1기를 발사하기 위해서는 20시간 가까운 준비시간이 필요했다. 결국 R-7 계열의 ICBM은 실전에 배치한 지 8년 만인 1968년 사라지게 되었고, 구소련은 2세대 ICBM의 개발을 서두르게 된다.

ICBM으로서 치명적인 결점과는 달리 R-7은 구소련의 우주발사체에 다양한 형태로 그 기술이 적용되었다. 구소련은 R-7A의 액체추진체를 사용하여 세계 최초의 인공위성 Sputnik-I을 발사하여 궤도에 올렸다. 이는 루나(Luna), 몰니야(Molniya), 보스톡(Vostok), 보스크호드(Voskhod) 등 소유즈(Soyuz) 우주선의 변형으로 잘 알려진 다양한 우주발사체의 근간이 되었다.

구소련은 R-7의 단점을 보완하여 1961년 R-16(SS-7 Saddler)을 개발해 190여 기를 실전에 배치하여 운용했다. 1960년대 말 RS-10(SS-11 Sego)을 개발·실전 배치한 이후 1970년대까지 가장 활발하게 대륙간탄도미사일을 운용했다. 구소련은 인류 역사상 최고의 핵탄도미사일로 평가받는 R-36M(나토명 SS-18 Satan)을 1974년 개발하여 현재까지 운용하고 있다. R-36M의 전신인 R-36 ICBM은 사일로에서 발사되는 핫런치(Hot Launch) 방식의 단일 핵탄두(TNT 2.4MT 위력) 미사일로

◉ R-36 Satan
www.military.com

1962년 개발이 시작된 후 1968년 실전 배치되었으며, SALT[43] II에 의해 1983년 1월 폐기됐다.

R-36M은 R-36과 유사한 형태로 전장 33.65m, 직경 3.0m, 중량 210.0톤의 2단 액체추진 ICBM으로, TNT 550~750kT 위력의 MIRV 10개 또는 20MT 이상의 위력을 가진 단일 핵탄두를 탑재할 수 있다. R-36M은 Mod 1부터 Mod 6에 이르기까지 MIRV의 탑재, 정확성의 향상과 사거리 개선 등 다양한 개량을 통해 현재에 이르렀고, 1974년 실전 배치된 이후 러시아의 주력 탄도미사일로 운용 중이다. 현재는 R-36M2 버전만 약 40기 가량 남아있으며, 2020년까지 운용 예정이다.

43 SALT: Strategic Arms Limitation Talks, 전략무기 제한협정. 미국과 구소련이 체결한 전략무기 제한협정으로 1972년 SALT I(ABM 규제, 발사기지 1개로 축소)을 체결하였으며, ICBM/SLBM의 수량을 제한(ICBM 미국 1천54/소련 1천618-SLBM 미국 710/소련 950)하였다. SALT II는 비준 이전(79년 말)에 소련의 아프가니스탄 침공으로 정식 발효되지는 않았다. 이후 1982년 6월 레이건 행정부에서 START(SALT III)라는 이름으로 재개되었다.

R-36M2는 최대사거리 1만6천km, CEP 220m로 매우 정밀하고 속력은 마하 23에 근접하며, 사일로에서 발사한다. 재진입체는 다양한 기만체를 장착해 생존성을 높였고, 탁월한 MIRV 성능을 적용하여 넓은 작전반경을 갖게 되었다. 핵분열-핵융합-핵분열의 3단계 핵반응을 통해 위력을 배가시켰다.

러시아의 최신형 ICBM은 RS-24 Yars(나토명 SS-27 Mod 2)이다. 1991년 구소련 붕괴로 냉전이 종식되고 두 절대 강국의 관계가 새로운 국면에 접어들게 되자, 러시아는 다시 ICBM과 핵탄두의 개발을 통해 또 다른 힘의 균형을 유지하고자 노력했다. 그 산물이 바로 ICBM, RS-24 Yars이다.

러시아는 지난 50년이 넘는 시간 동안 운용했던 인류 역사상 최강의 ICBM인 R-36을 대체하기 위해 신형 ICBM의 개발에 착수해 Yars를 완성했다. RS-24 Yars는 오랜 기간 비밀리에 개발됐으며, 2007년 러시아의 전략 로켓군이 발사시험을 하면서 베일을 벗게 되었다.

2007년 3월 29일, Yars는 차량형 TEL에서 처음으로 시험 발사되었다. 러시아는 플레세트스크 시험장에서 동쪽으로 약 6천km 떨어진 캄차카 반도의 쿠라(Kura)[44] 시험장으로 발사했다. 궤도비행에 성공한 Yars는 목표지점에 정확히 도달하였다. 같은 해 12월 25일과 이듬해 11월 26일, 2·3차 발사시험에 성공한 Yars는 2010년 7월에 실전 배치되었다.

44 러시아의 동쪽 끝, 캄차카반도에 위치한 ICBM 시험기지. 1955년에 설립하여 1957년부터 운용된 러시아의 대표적인 ICBM 시험기지로 최근에 Bulava와 Topol-M 발사시험을 성공적으로 실시했다.

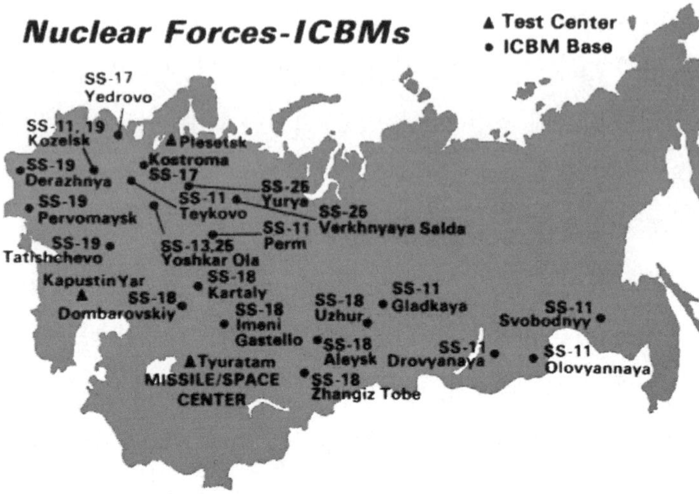

◉ 러시아의 탄도미사일 기지와 시험장
www.fas.org

Yars는 전장 20.9m, 직경 2.0m, 중량 49.0톤으로 차량형 TEL과 사일로에서 발사한다. 최대사거리는 1만2천km, 최소 사거리 2천km, 속력은 Mach 20에 육박하고, 정확도는 러시아의 GLONASS 위성 항법장치와 관성항법장치를 이용하여 CEP 150m로 매우 정밀하다. 3단 고체 추진 로켓을 이용하여 추진하며, 재진입체는 300~500kT 정도의 위력을 가진 MIRV 4개 이상을 탑재할 수 있다. 특히 미국의 ABM을 대응하기 위해 다양한 기만체를 적용함과 동시에, 종말 단계에서 기동이 가능하도록 구현하여 탁월한 생존성을 가졌다. 현재 러시아는 18기의 RS-24 Yars를 운용하고 있다.

또 다른 러시아의 대표적인 ICBM은 RT-2UTTKh Topol-M(나토명 SS-27 Sickle B)이다. Topol-M은 냉전 종식 이후 러시아가 처음으로 실전에 배치한 ICBM으로, 생존성과 성능 면에서 기존 ICBM에 비해

◉ Yars
www.rt.com

월등히 향상된 성능을 보유하였다. Topol-M ICBM은 과거 구소련의 ICBM과는 달리 핫 론칭(Hot Launching) 방식이 아닌 콜드 론칭(Cold Launching)[45] 방식으로 발사된다. 차량형 TEL이나 Silo에서 발사할 수 있고, 3단 고체로켓으로 추진하여 1만1천km까지 비행할 수 있다.

1980년대 말 개발에 착수한 이후 6년 만인 1994년 12월에 최초 발사시험에 성공한 Topol-M은 1998년에 사일로 기반의 Topol-M 부대가 전략 로켓군 예하에 창설되었으며, 2006년 12월 최초의 차량 발사형 Topol-M이 실전에 배치됐다. 2010년 이후 러시아의 전략 로켓군은 총 70기의 Topol-M 미사일을 운용하고 있다. 이 중 52기는 사일로 발사형이고 나머지 18기는 차량 발사형이다.

Topol-M은 전장 21.9m, 직경 1.9m, 중량은 47.0톤이며, 재진입

45 Cold Launch: 미사일을 지상·Silo 등 발사대로부터 별도의 가스발생기를 이용하여 사출하고, 사출이 끝난 후 일정 높이에서 로켓모터를 점화시켜 발사하는 방식이다. 참고로 Hot Launch 방식은 미사일의 로켓모터가 발사대 내에서 점화되어 추진하는 발사 방식이다.

◉ Topol-M
www.army-technology.com

◉ ICBM Yars와 TEL
narwhal8915.worldpress.com

러시아 대륙간 탄도미사일 현황 FAS(미 과학자협회) 2012

명칭 / 나토명	운용년도		최대사거리(km)	발사플랫폼	탄두7
	보유수	CEP(m)	유도방식	추진체(연료)	
R-7 / SS-6 Sapwood	1960 ~ 1968		8,800/14,000	지상	5~6Mt 단일탄두
	4	5,000	관성유도	2단 액체	
R-16 / SS-7 Saddler	1961 ~ 1976		11,000/13,000	지상, Silo	5~6Mt 단일탄두
	197기	2,700	관성유도	2단 액체	
R-9 / SS-8 Sasin	1964 ~ 1976		16,000	지상, Silo	2~3Mt 단일탄두
	23기	2,000	관성/자이로장착	2단 액체	
R-36 / SS-9 Scarp (Mod1 ~ Mod4)	1968 ~ 1980		10,200/15,200	Silo	5~10Mt 단일탄두/ 3 MIRV
	288기	900/1,900	관성유도	2단 액체	
RS-10 / SS-11 Sego (Mod1 ~ Mod4)	1968 ~ 1991		10,200/12,000	Silo	1Mt 단일/ 350Kt 3/6 MIRV
	1,410기	1,400	관성유도	2단 액체	
RT-2 / SS-13 Savage	1969 ~ 1991		8,800	Silo	350Kt 단일탄두
	60기	1,900	관성유도	3단 고체	
MR-UR-100 / SS-17 Spanker (Mod1 ~ Mod3)	1975 ~ 1991		10,000/10,300	Silo	3.4Mt 단일/ 400Kt 4MIRV
	300기	-	관성유도	2단 액체 + 1단 고체	
R-36M / SS-18 Satan (Mod1 ~ Mod5)	1974 ~ 현재		10,200/16,000	Silo	18~24Mt 단일탄두/ 750Kt 10MIRV
	498기/186기	220/700	관성유도	2단 액체	
UR-100N / SS-19 Stilleto (Mod1 ~ Mod3)	1975 ~ 현재		9,650/10,000	Silo	5Mt 단일탄두/ 750Kt 6MIRV
	500기/170기	350/550	관성유도	2단 액체	
RT-23 Molodets/ SS-24 Scalpel (Mod1 ~ Mod4)	1987 ~ 현재		10,000/11,000	Silo, Railway	550Kt 10 MIRV
	92기/46기	500/250	관성유도	2단 액체 + 1단 고체	
RT-2PM Topol / SS-25 Sickle	1985 ~ 현재		10,000	TEL(Road)	800Kt 단일탄두
	369기/360기	200	관성유도	3단 고체	
RT-2PM2 Topol-M /SS-27 Sickle B	1997 ~ 현재		11,000	Silo, TEL(Road)	800Kt 단일탄두
	24기 추정	200	관성유도 (GLONASS)	3단 고체	
RS-24 Yars/ SS-27 Mod 2	2010 ~ 현재		11,000	Silo, TEL(Road)	250Kt 4 MIRV
	18기 추정	150/250	관성유도 (GLONASS)	3단 고체	

체는 현재 TNT 800kT 위력의 단일탄두를 탑재하고 있으나 필요시 6개의 MIRV와 기만체를 탑재할 수 있는 것으로 확인된다. 최대사거리는 1만1천km, 최소 사거리는 2천km, 최대 속력은 7.3km/s이다. GLONASS 수신기가 장착된 관성 유도장치를 적용하여 CEP 350m로 높은 정확도를 가진 것으로 알려져 있다.

현재 러시아는 현존하는 세계 최고의 탄도미사일로 인정받는 R-36(SS-18 Satan)과 RT-2PM Topol 미사일의 개량형인 RT-2PM2 Topol-M 및 RS-24 Yars를 주력 ICBM으로 운용 중이다. 또한 미국의 '글로벌스트라이크 프로젝트(Global Strike Project)'에 대항하여 RS-24 Yars를 탑재하는 TEL을 2019년까지 실전배치할 계획이다. TEL은 6기의 RS-24 미사일을 탑재할 예정이며, 열처리를 통해 첩보위성에 노출되지 않도록 설계되었다.

눈부시게 비약하는 중국

중국은 1950년대 중반 구소련의 든든한 지원 하에 탄도미사일 기술을 습득, 1956년 구소련의 R-12 IRBM을 역설계하여 중국 최초의 탄도미사일인 DF-1[46]을 제작하였다. 1960년 구소련과 중국의 관계가 껄끄러워지자 구소련의 지원이 중단되고, 중국의 탄도미사일 개발은 주춤하게 된다.

그러나 중국의 풍부한 인적 자원과 모방 기술, 정부의 전폭적인 지

46 DF-1: 중국 최초의 단거리 탄도미사일. RD-101 로켓을 장착한 사거리 550km의 1단(연료: 알콜, 산화제: 액화산소) 단거리 탄도미사일로 1960년대에 폐기되었다.

CHINA'S BALLISTIC MISSILES
36m/118ft
China has the most active and diverse ballistic missile development program in the world, upgrading its missile forces in number, type, and capability. China is modernizing its ICBMs, developing multiple independently-targetable reentry vehicles and maneuvering boost-glide vehicles, and has begun deploying a new fleet of nuclear ballistic missile submarines. Short- and medium-range cruise and ballistic missiles form a critical part of its regional anti-access and area denial efforts.
CSIS
DF-21D | 1,500km
DF-21C | 1,750km
HN-2 (Cruise) | 1,800km
DF-21/21A | 2,150km
HN-3A (Cruise) | 3,000km
DF-26 | 3,500km
JL-2 (SLBM) | 8,500km
DF-31A | 11,000km
DF-41 | 13,500km
DF-5A/5B | 13,000km

◉ 중국 탄도미사일 현황
Missile Threat, CSIS

원으로 중국의 탄도미사일 기술은 미·소에 버금가는 수준으로 진전됐다. 1966년, 중국은 최초의 준중거리미사일(MRBM)인 DF-2[47]를 실전 배치하였으며, 1970년 사거리 3천300km의 IRBM DF-3[48]를 개발하여 실전 배치하였다.

1970년대 경제개혁을 실시한 이후 괄목할 만한 경제성장을 이룬 중국은 1981년 중국 최초의 ICBM DF-5(CSS-4)를 실전 배치했고, 1999년부터 DF-31을 배치하여 운용하고 있다. 또한 1987년 DF-3를 DF-3A[49]로 개량하였고, DF-31A, DF-5A 등 지속적인 탄도미사

47 DF-2: 나토명 CSS-1, 중국 최초의 준중거리 탄도미사일. 사거리 1천250km, 15~20Kt 핵탄두를 탑재할 수 있는 준중거리 탄도미사일로 1980년대에 폐기되었다.

48 DF-3: 나토명 CSS-2, 중국 최초의 중거리 탄도미사일. 사거리 2천650km, 1~3Mt 핵탄두를 탑재할 수 있는 중거리 탄도미사일로 중국은 현재 DF-3를 DF-3A로 개량하여 운용 중이다.

일 성능개량을 통해 미사일 전력을 확장하고 있다. 이와 더불어 차세대 ICBM DF-41을 개발하는 등 압도적인 미 군사력에 대응하느라 전략무기를 폭발적으로 늘리고 있다.

중국 최초 ICBM은 DF-5(CSS-4)이다. DF-5는 중국이 개발한 탄도미사일 중에서 미국에 위협이 되는 최초의 탄도미사일이다. 이전까지 중국 탄도미사일은 러시아 일부 지역이나 아시아 미군 기지를 겨냥하는 수준에 불과하였다. 그러나 DF-5는 미 본토를 타격할 수 있는 중국 최초 ICBM이다.

중국은 1965년부터 DF-5의 개발에 착수했다. 당시 중국의 낮은 기술력으로는 상당히 오랜 준비기간이 필요했다. 6년이 지난 1971년에야 간신히 지상 발사시험을 실시했으며, 사일로에서의 첫 발사시험은 1979년에서야 가능했다. 1979년 사일로 발사시험에 성공한 DF-5는 1981년부터 실전 배치됐다.

DF-5는 전장 36.0m, 직경 3.35m, 중량 183톤으로 1~4MT 위력의 핵탄두 1기를 2단 액체추진체로 추진하여 최대사거리 1만2천km까지 운반할 수 있고, CEP는 800m이다. DF-5는 다양한 기만체를 함께 장착해 생존성을 높였으며, 적 MD 체계를 회피할 수 있도록 다양한 기술을 적용하였다. 중국은 1986년부터 DF-5의 성능을 개량하여 DF-5A를 생산하였다.

DF-5A는 DF-5와 크기와 중량이 동일하며 사일로에서 운용하고, 2단 액체추진체를 사용한다. DF-5A는 기존 DF-5보다 월등히 향상된 성능의 기만기를 장착하여 생존성을 높였다. 또한 신형 관성항법

49 DF-3A: DF-3의 개량형 IRBM. 사거리 4천km, CEP 1천m, 1~3Mt 위력의 핵탄두를 탑재할 수 있는 액체로켓 탄도미사일로 현재는 DF-21A로 대체 중이다.

장치를 장착하여 CEP를 500m 이내로 줄여 명중률을 향상시켰다. 게다가 탄두중량을 줄여 최대사거리를 1만3천km까지 늘였다.

2015년 미 국방부 보고서에 의하면 중국은 DF-5 시리즈에 단일탄두를 MIRV로 개량한 것으로 확인된다. DF-5의 4MT 위력 단일탄두를 150~350kT 위력의 MIRV 3~8개를 탑재하도록 개량하여 DF-5B 버전으로 출시하였으며, 2015년 9월 베이징에서 열린 제2차 세계대전 승전 70주년 열병식에서 첫 선을 보였다. 미 국방부는 현재 중국이 DF-5/5A ICBM을 각각 20기 이상, DF-5B는 10기를 보유한 것으로 판단하고 있다.

현재 중국의 대표적인 ICBM은 DF-31(CSS-9)이다. DF-31은 중국이 개발한 최초의 고체추진 ICBM으로, 고체추진제를 사용함으로서 연료의 취급과 보관이 용이하다. 더구나 연료와 산화제를 로켓에 적재한 채 미사일을 보관할 수 있어 신속한 발사가 가능하게 되었다.

◉ DF-5
www.armscontrolwonk.com

DF-31은 열차와 차량형 TEL과 사일로에서 운용하는 ICBM으로, 중국이 자신들의 IRBM인 DF-4를 대체하기 위해 개발에 착수했다. 1970년대 개발을 시작한 DF-31은 모두 11차례의 발사시험을 거쳐 1999년에야 비로소 실전에 배치했고, 1999년 국경일 열병식에서 첫 선을 보였다.

DF-31은 전장 13.0m, 직경 2.0m, 중량 42톤으로 최대사거리는 약 1만1천km로 추정된다. 3단 고체추진체로 추진하며, 1MT 위력의 핵탄두 1기 또는 150KT 위력의 MIRV 3~4개를 운반할 수 있다. 또한 다양한 기만 장치를 장착하여 생존성을 향상시켰고, ABM의 요격 위험을 회피하여 정확하게 목표물을 타격할 수 있다. 특히 개선된 관성항법장치와 더불어 중국의 신형 GPS 위성인 바이두(Beidu) 위성신호로 오차를 수정하여 CEP 100m 정도로 명중률을 크게 향상시켰다.

중국은 DF-31을 개량하여 DF-31A을 개발했다. DF-31A는 DF-31의 3단 추진체를 크게 늘여 전장이 18.4m에 이르며, 전체 중량 또한 64.0톤으로 DF-31보다 크다. 특히 DF-31A는 DF-31의 사거리를 획기적으로 늘여 1만4천km를 비행할 수 있는 것으로 추정되어 미 전역을 타격할 수 있는 수준이다. 또한 DF-31A는 다양한 기만체와 경로변경이 가능한 기동탄두 재진입체(MaRV) 기술이 적용된 것으로 확인된다.

DF-31A는 이미 중국이 DF-31을 실전에 배치하기 전인 1990년대 중반 비밀리에 개발을 시작했으며, DF-31을 실전에 배치하고 오래지 않아 DF-31A 역시 실전 배치하였다. DF-31과 DF-31A의 보유량은 정확히 알려져 있지 않다. 중국은 DF-31A를 개량하여 JL-2[50] SLBM을 개발한 것으로 추정된다.

◉ DF-31A
www.asian-defence-news.blogspot.com

DF-41(CSS-X-10)은 중국이 현재 개발 중인 차세대 ICBM이다. 중국은 DF-5를 대체하기 위해 DF-41을 개발 중이다. 이를 열차와 차량형 TEL, 사일로 등 다양한 플랫폼에서 운용할 예정이다. DF-41의 개발과 관련된 모든 내용은 비밀리에 진행 중이며, 공개되어 있는 DF-41 정보 역시 추측에 불과하다.

DF-41은 전장 21.0m, 직경 2.25m, 중량 80톤으로 1MT 위력의 핵탄두 1기 또는 20KT, 90KT, 150KT 등 위력을 선택할 수 있는 10개 이상의 MIRV를 3단 고체추진제를 사용하여 최대사거리 1만 5천km까지 운반할 수 있을 것으로 추정된다. DF-41의 유도·조종장치는 관성항법장치와 바이두 위성신호를 이용하며, CEP 100m 정도로 예상된다.

중국은 1986년부터 DF-41의 개발에 착수했고, 2002년 일시적으로 개발을 잠정 중단했다가 재개한 것으로 확인된다. 2009년 미 국

50 JL-2: 나토명 CSS-NX-4, 중국의 최신형 잠수함 발사 탄도미사일. 진급 잠수함에서 운용하는 탄도미사일로 사거리 7천200km, CEP 150m인 3단 고체추진형 탄도미사일이다.

방부 보고서는 중국이 DF-41의 개발이나 존재 유무에 대하여 어떠한 언급도 없음을 명시하면서도 머지않은 시기에 중국이 DF-41을 완성할 것으로 예상했다. 그러면서 중국의 세계 최정상급 탄도미사일 기술이 DF-41에 그대로 녹아있을 것으로 추측한다.

최근 들어 가장 많은 주목을 받는 중국의 탄도미사일은 바로 DF-21이다. 정확히는 DF-21D가 세계의 이목을 집중시키며, 전혀 다른 차원의 위협으로 급부상하고 있다. DF-21(CSS-5)은 중국이 1991년에 실전 배치한 MRBM으로, 차량형 TEL과 사일로에서 운용한다. DF-21은 1980년대 초에 도태한 DF-2를 대체하기 위해 개발되었으며, 중국은 DF-21을 개량하여 SLBM, JL-1을 개발하였다.

DF-21은 중국이 개발한 최초의 고체추진 탄도미사일이다. 중국은

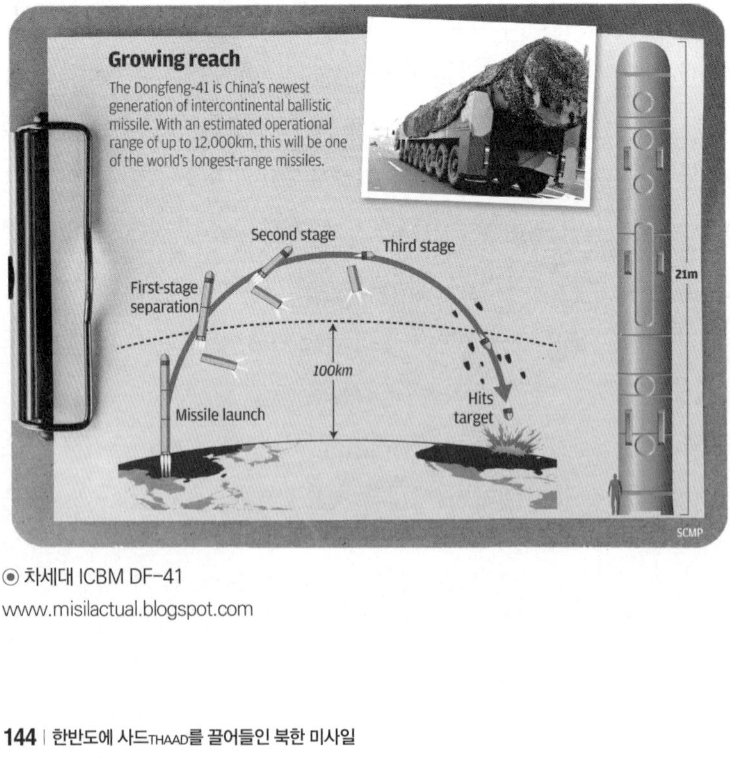

◉ 차세대 ICBM DF-41
www.misilactual.blogspot.com

DF-21부터 그 동안 사용해 오던 액체연료에서 탈피하여 고체연료를 이용한 탄도미사일의 개발로 완전히 전환했다.

DF-21은 기동성이 매우 우수한 차량형 TEL에서 운용한다. 적재와 수송이 간편해 기민하게 이동·발사·회피가 가능하고, 고체 추진제의 특성상 발사에 소요되는 시간이 매우 짧아 신속하게 목표물을 공격할 수 있다. 특히 지형·지물을 이용하여 은폐할 경우 전술적인 활용도는 상당히 높을 것으로 추정된다.

DF-21은 전장 10.7m, 직경 1.4m, 중략 14.7톤이며, 2단 고체추진으로 최소 500km, 최대사거리 2천km를 비행할 수 있다. 250KT 또는 500KT 핵탄두 1기를 운반할 수 있고, 재래식 탄두 600kg 또는 분산자탄, 생화학무기 등 목표에 따라 다양한 종류의 무기를 선별하여 운용할 수 있다. 관성항법장치를 사용하며, CEP는 700m 정도이다. 중국은 지난 1982년 DF-21의 첫 발사시험에 성공한 뒤 1991년부터 실전에 배치하여 운용하고 있다.

DF-21은 현재까지 4가지의 버전으로 개량되었다. DF-21A는 DF-21의 탄두부를 개선한 것으로, 탄두의 길이를 1.5m 늘여 EMP 공격이 가능한 NEMP 탄두를 장착하였다. 관성항법장치를 개선하여 CEP 50m로 명중률도 획기적으로 향상시켰다.

DF-21B는 DF-21A와 형태와 크기가 동일하다. 그러나 기존의 관성항법장치에 더하여 종말 유도장치를 장착함으로서 CEP를 10m 이내로 명중률을 개선하였다. 또한 재진입체에 Pop-Out 핀을 장착하여 제한적이나마 대기권 재진입 후 공력을 이용한 기동이 가능하도록 개선했다. 게다가 탄두를 침투형으로 제작하여 함정의 레이더 또는 통신장치, 지하 벙커 등을 공격하는 데 유리하다.

◉ DF-21
China Daily

DF-21C는 이전 버전에 비해 탄두중량을 2천kg까지 늘여 폭발력을 강화시켰으며, 사거리는 감소되었다. DF-21C의 CEP는 40m 가량이다. DF-21D는 중국이 미국의 항공모함을 공격하기 위해 개발하였다. 중국은 DF-21B를 개량하여 기동하는 표적을 공격하기 위한 탄도미사일 개발에 착수했으며, 그 산물이 DF-21D이다. DF-21D는 개발단계에서 철저히 베일에 가려져 있었다. 중국은 언론을 통해 DF-21D의 최대사거리가 2천700km, CEP는 20m이고, 미국의 항공모함을 공격하도록 개발했다고 보도한 바 있다.

탄도미사일의 목표물은 주로 적의 육상기지, 부대의 거점, 무기·탄약의 보관시설 등 고정된 표적에 국한된다. 궤도비행을 하는 탄도미사일의 비행특성과 재진입체에 종말 유도장치를 탑재하기 어려워 정밀성이 결여되기 때문이다. 움직이는 표적을 명중시키기 위해서는 표적의 침로·속력 등 기동 특성을 예측하여 지속적으로 비행궤도를 수정해야 한다. 하지만 탄도미사일은 발사 후 초기단계에서 로켓의 연소가 종료되면 제어능력을 상실하는지라 기동하는 표적을 맞추는 것이 불가능하다.

기동 표적에 제한되는 탄도미사일의 특성

1. 유도·조종장치(INS/GPS)의 한계로 인한 정밀성 결여
2. 대기권 재진입 시 공기저항에 의한 불규칙적인 나선형 운동으로 인한 오차 증가
3. 추진력의 한계로 인한 중간·종말단계 궤도 및 자세 제어 불가
4. 원거리 표적 공격 시 비행시간 증가 및 표적 기동으로 인한 오차 증가
5. 종말단계 탐지 센서(Seeker) 부재
6. 탄도미사일에 지속적으로 표적 정보를 제공하기 위한 네트워크 구축 한계

탄도미사일이 다양한 제한사항을 극복하고 기동하는 표적을 명중시킬 수 있다면, 탄도미사일의 목표와 그에 따른 위협은 광범위하게 확대될 것이다. 특히 은폐·엄폐가 불가능한 해상의 수상함은 탄도미사일의 치명적인 위협에 노출될 수밖에 없다. 이는 탄도미사일의 압도적인 속력에 의한 것으로 순항미사일과 비교해 탄도미사일이 수상함에 월등한 위협을 미치게 된다.

대함 탄도미사일(ASBM)은 냉전이 한창이던 1960년대 구소련이 가장 먼저 개발에 착수하였다. 구소련은 미국의 압도적인 해군력을 상대하기 위한 비대칭무기로 ASBM을 선정하고 개발해왔다. 하지만

다양한 문제에 봉착하자 ASBM 대신 극초음속 순항미사일의 개발로 선회했다. 탄도미사일은 고정된 표적을 목표로 핵탄두 투발수단으로서 ICBM만 지속적으로 개발했다.

중국도 다시 ASBM의 개발에 뛰어들었다. 지속적인 경제성장에 고무된 중국은 G2로 급부상한 경제력을 바탕으로 아시아의 패권을 차지하고, 나아가 전 세계적으로 미국과 버금가는 영향력을 행사하기 위해 강한 중국 건설을 위한 투자를 아끼지 않았다. 특히 해군력의 증진에 힘을 쏟고 있다

특히 중국으로서는 압도적인 미 해군의 항공모함 전력이 큰 부담이다. 중국은 이를 극복하기 위한 방안으로 수립한 반접근 지역거부 A2AD[51] 전략을 관철시키기 위해 ASBM, 항공모함[52], 극초음속 활강 비행체(HGV) 등 다양한 첨단무기를 보유하고자 노력한다. 이 중 ASBM은 중국이 미 해군의 항모전단을 견제하기 위한 핵심 전력으로 삼아 아낌없는 투자를 하고 있다.

중국은 2011년 최초의 ASBM인 DF-21D(나토명: CSS-5 Mod4)를 공개하였다. DF-21D는 1991년에 실전 배치한 지대지 탄도미사일 DF-21의 개량형이다. 중국은 핵탄두를 탑재하는 DF-21을 개량하여 재래식 탄두 장착형 ASBM DF-21D를 개발하였으며, 유도비행이 가능한 MaRV를 장착하여 사거리를 2천700km까지 늘였다.

DF-21D는 지상의 TEL에서 발사하는 IRBM으로 항공모함을 공격하기 위해 개발되었다. 움직이는 표적을 목표로 하는 최초의 탄도

51 A2AD: Anti-Access Area Denial
52 중국은 항공모함을 최소 6척 이상 보유하여 2개 이상의 항공모함 전투전단을 운용하고자 추진 중이다.

◉ 중국의 A2AD 전략
breakingdefense.com

미사일인 것이다. 문제는 시간이다. SRBM이 500km를 비행하기 위해서는 약 400초 가량이 소요되며, DF-21D처럼 2천700km를 날아가기 위해서는 아무리 빠른 탄도미사일이라 할지라도 800초 이상을 비행해야만 도달할 수 있다. 13분이 넘는 시간이다. 바다 위를 떠다니는 함정일지라도 시속 50km 정도로만 항속해도 원래 위치에서 10km를 벗어날 수 있는 시간이다.

그렇다면 어떻게 탄도미사일로 움직이는 표적을 명중시킬 수 있는 것일까? DF-21D에는 종말단계 유도를 위한 탐색기가 장착되어 있다. 일반적으로 탄도미사일은 관성항법장치와 GPS 등 위성항법장치로 유도·조종된다. 사전에 컴퓨터에 저장된 표적정보를 이용하여 초기 추력으로 비행궤도를 결정하고 탄도비행하며, 이후 표적을 향해 낙하한다. 엄청난 속력으로 대기권에 재진입하므로 재진입 시 공기 마찰로 인한 고온의 영향으로 표적 쪽으로 정확하게 움직이지 못하는 경우가 많다.

DF-21D는 일반적인 탄도미사일과 동일하게 관성항법장치를 이용하여 중간 비행단계까지 유도·조종된다. 그리고 재진입체에 능동형 레이더 탐색기 또는 적외선 탐색기를 장착해 종말 단계가 되면 자체적으로 RF 송신기가 전파를 방사해 표적을 탐색하거나, 적외선 탐색기가 열 영상을 추적해 보다 정밀하게 표적으로 유도된다.

DF-21D에 사용되는 능동형 레이더는 재진입체의 무게와 크기를 줄이기 위해 소형화가 가능한 밀리미터파(MMW)[53] 레이더를 사용한다. 뛰어난 내열성과 내구성으로 종말 단계 유도장치가 손상되지 않게 설계했음은 물론이며, DF-21D가 최대사거리 3천km의 IRBM인 점도 ICBM 등 사거리가 더욱 긴 탄도미사일에 비해 탄두에 미치는 열이 작아지기에 현재 기술로 안전하게 재진입시킬 수 있다.

또한 OTH 레이더[54]와 무인항공기, SAR[55] 위성을 이용하여 표적을 추적하고, 탄도미사일의 중간 비행단계에서 지속적으로 표적의 위치와 침로·속력정보를 DF-21D에 전송하여 미사일을 표적으로 유도한다. 특히 중국의 OTH 레이더는 송신기와 수신기가 분리된 안테

53 Millimeter Wave: 주파수 30~300GHz 대역, 1~10mm 파장의 전자기파. 밀리파 또는 EHF(Extremely High Frequency)로 불리는 전파로 현재 사용되고 있는 무선 주파수대와 전회선(파장 약 0.1mm)의 중간에 위치하는 전파이다. 빛에 아주 가까운 전파로 고해상도 레이더나 마이크로파 분광학 등에 사용되며, 마그네트론 또는 클라이스트론과 후진파관 등의 특수한 발진장치로 만들 수 있다. 특히 이 전파는 파장이 짧아 회로·부품 등의 소형화가 가능한 장점이 있다.

◉ 중국의 최신 탐지자산(왼쪽부터 OTH Radar, UAV, Yaogan 위성)
Indian Defence Analysis

나를 사용하고 상호간 거리가 있는 바이스태틱(Bistatic) 레이더로, 초장거리 대공 및 수평면 탐색과 스텔스 탐지가 가능한 탐지거리 최대 3천500km의 초수평선 레이더이다.

DF-21D는 발사 이후 중간 비행단계에서 다양한 탐지자산에 의해 지속적으로 표적정보를 수신하여 자체의 추진력으로 비행궤도와 자세를 수정한다. 종말 단계에서는 MMW 레이더 또는 적외선 탐색기를 이용하여 자체적으로 표적을 탐지, 표적을 명중시킨다. 생존성 향상을 위해 종말 단계에서 지그재그 기동을 하도록 설계되었으며, 별도의 추력기를 장착한 MaRV가 Pull-up 기동을 통해 표적의 상공

54 OTH 레이더: Over-The-Horizon Radar, 초장거리 대공 및 해면 탐색레이더. 기존의 레이더 수평선을 넘어 탐지와 추적능력을 증대시키기 위한 새로운 방식의 레이더로 전자파의 전리층 반사원리를 이용하는 방식과 지표파를 이용하여 HF(3~30MHz) 대역에서 운용하는 방식 등 두 가지가 있다. 전리층 반사레이더의 경우 탐지거리는 수천 km 이상이지만, 가까운 지역에 대한 탐지 불가, 전리층의 조건과 먼 거리에 의한 낮은 분해능력 등의 단점이 있다. 지표파는 수직편파 신호가 도체표면을 따라 전파되는 원리를 이용한 것으로, 탐지거리는 주파수에 따라 다르다. OTH는 인접국의 해상 및 공중활동 감시와 스텔스 물체 탐지를 위해 운용되는 레이더로 현재 미국, 영국, 호주, 프랑스, 중국, 러시아 등에서 개발·운용 중이다.

55 SAR: Synthetic Aperture Radar, 전파를 쏘아 지상에 맞고 돌아오는 전파를 해석하여 지형지물을 파악하는 위성. 광학위성과 달리 기상의 영향을 전혀 받지 않아 장거리, 야간, 악천후에서도 정보수집이 가능하고, 이동하는 물체를 식별할 수 있다. 그러나 영상의 정밀도가 떨어지는 단점이 있어, 정확한 정보 수집을 위해서는 전자 광학센서와 상호 보완하여 사용해야 한다.

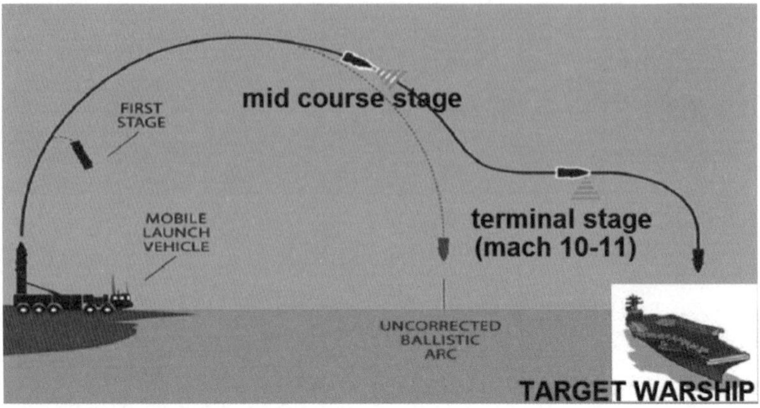

◉ DF-21D 비행궤도
Indian Defence Analysis

에서 높은 강하각으로 낙하해 표적을 명중시킨다. 이것이 바로 DF-21D가 '항모킬러'로 불리는 이유이다. DF-21D의 최대사거리는 2천700km이며 속력은 마하 7, CEP는 20m 이내이다.

중국은 대함 탄도미사일의 개발과 더불어 극초음속 활강 비행체(HGV)를 개발 중이며, 이미 완성단계에 접어든 것으로 확인된다. 중국의 신형 HGV(Hypersonic Glide Vehicle)인 DF-ZF(미 국방부 코드명: WU-14)는 마하 10 이상의 속력으로 비행하는 극초음속 활강비행체로 탄도미사일 발사체에 실려서 비행하다가 종말 단계에서 분리, 자체 날개와 추력으로 수평궤적을 그리며 활강하는 비행체이다.

중국은 2014년 1월부터 2016년 4월까지 모두 7차례 발사시험을 실시했고, 2014년 1월 9일 최초 발사시험을 제외하고는 모두 성공한 것으로 확인된다. Jane's Defence Weekly는 DF-ZF를 정밀 타격용 전술무기로 예상하며, 핵을 장착할 것으로 전망했다. DF-ZF는 극초음속으로 대기권 내를 비행해 탄도미사일 탐지 위성이나 조기경보 레이더가 추적하기 어려워 현재의 MD 체계로 요격하기가 불가능하다.

또 일반적인 탄도미사일의 경우 대기권 재진입 시 탄도비행에 따른 비행궤적을 유추할 수 있기에 대응이 가능하다. 그렇지만 HGV의 경우 대기권 재진입 시 Pull-up 기동을 수행하여 활강비행을 통해 접근하므로 탐지, 추적, 요격이 극히 어렵다. 따라서 최초 교전에 실패할 경우 추가적인 교전 자체가 불가능하다. HGV의 개발로 탄도미사일의 사거리와 파괴력이 월등히 향상될 것이며, 현재의 요격체계로는 효과적인 대응이 어려워 뛰어난 생존성을 가질 것으로 예상된다.

미국의 대표적인 싱크탱크인 헤리티지(Heritage)재단[56]을 비롯한 전문가들은 DF-ZF를 미국을 직접 타격할 전략 폭격체계가 아닌 전술무기로 규정하며, 미 항모 또는 이지스함 등 기동하는 표적을 공격하기 위해 SRBM을 포함한 IRBM 이하급 탄도미사일에 가장 먼저 적용할 것으로 분석하고 있다. 중국 남동부와 북동부 연안지역에 실전배치된 DF-21D에 DF-ZF를 탑재할 경우 약 500~1천km 이상의 사거리 확장을 얻을 수 있어 3천500km 정도의 배척거리를 갖게 된다.

이란은 2012년 7월 Fateh 110 전술 지대지 탄도미사일을 개량한 신형 지대함 탄도미사일 Khalij Fars(Persian Gulf)의 발사시험에 성공하였다. 페르시아 만에서 실시한 발사시험에서 기동 중인 소형 선박을 종말 단계에서 자체 유도장치인 EO/IR(전자광학/적외선) Seeker로 추적하여 명중시켰다. Khalij Fars는 사거리 300km의 단거리 전술 탄도미사일로, 최대 5분여의 비행시간 동안 무인항공기(UAV) 또는 항공기

56 1973년 설립된 보수주의 성향의 대표적인 학술연구재단. 본부는 워싱턴 D.C에 위치하며 정치·경제·외교·안보 등과 관련한 정책을 연구·개발하는 싱크탱크이다.

◉ 중국 HGV WU-14 이미지
www.popsci.com

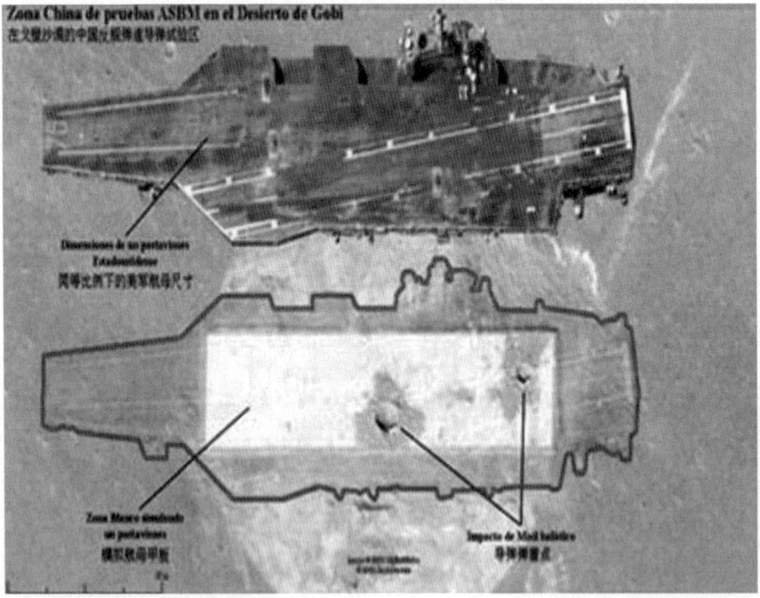

◉ 미 항모 형태의 모의 표적(고비사막)
Business Insider

중국 대륙간 탄도미사일 현황
Jane's Strategic Weapon Systems, 2012

명칭 / 나토 명	운용년도		최대사거리(km)	발사플랫폼	탄두
	보유수	CEP(m)	유도방식	추진체(연료)	
DF-2 (CSS-1)	1966 ~ 1980		1,050	지상발사대	15KT/20KT 단일탄두
	20	2,000	관성유도	1단 액체	
DF-3/3A (CSS-2)	1970 ~ 현재		2,650/4,000	지상발사대	1~3Mt 단일탄두
	150/20	1,000	관성유도	1단 액체	
DF-4 (CSS-3)	1980 ~ 현재		4,750	Silo, TEL	1~3Mt 단일탄두
	20~35	1,500	관성유도	2단 액체	
DF-5/5A (CSS-4)	1981 ~ 현재		12,000	Silo	4Mt 단일탄두 / 150Kt 3/4 MIRV
	20~50기	800	관성유도	2단 액체	
DF-21/21D (CSS-5)	1991 ~ 현재		2,000/2,700	Silo, TEL	250/500Kt / HE 600kg / Chemical
	-	700/20	관성/GPS/Link	2단 고체	
DF-31/31A (CSS-9)	1999 ~ 현재		8,000~11,700	TEL (Road/Rail)	1.5Mt 3/4 MIRV
	50기 이상	100	관성/GPS	3단 고체	
DF-41 (CSS-X-10)	개발 중		12,000~15,000	TEL (Road/Rail)	3.75Mt 단일탄두
	20기 생산	100~500	관성/GPS	3단 고체	

로부터 표적정보를 전송받아야 한다.

이란은 지난 10여 년 동안 국방 분야에서 비약적인 발전을 해왔으며, 주요 군사 장비와 체계 생산 자급자족 능력을 갖게 되었다. 특히

Khalij Fars ASBM의 개발로 해상 공격능력을 월등히 강화했다. 이란과 중국의 대함 탄도미사일 개발은 탄도미사일의 전술적 운용분야의 획기적인 사건으로, 더 이상 탄도미사일의 표적이 특정 지역이나 거점 등 고정 표적에 국한된 것이 아니라 다양한 표적과 목적으로 운용할 수 있음을 의미한다.

이란과 중국, 북한은 오랜 기간 미사일 개발 기술을 공유해왔다. 특히 이란은 1980년대 후반부터 북한과 다양한 방법으로 탄도미사일 기술을 제휴했다. 이는 이미 ASBM을 보유하고 있는 이란과 중국의 기술이 멀지 않은 시기에 북한에 제공될 것이며, 오래지 않아 북한도 ASBM을 보유하게 될 것을 의미한다. 삼면이 바다인 한반도의 특성상 해군력이 전쟁의 승패에 결정적인 영향을 미칠 수밖에 없으므로, 북한의 ASBM 개발에 대하여 촉각을 곤두세워 심각하게 고려하고 대비해야만 한다.

동남아시아의 신흥 강국, 인도

인도도 탄도미사일 강국으로 부상하고 있다. 인도 국방력 강화에 빼놓을 수 없는 것이 바로 파키스탄과의 관계이다. 오래 전 파키스탄과 인도, 방글라데시는 원래 하나의 국가였다. 그러나 파키스탄은 이슬람교를, 인도는 힌두교를 국교로 삼았기에 끊임없는 종교적 대립을 피할 수 없었고, 영국의 식민통치에서 독립한 뒤 양국 갈등은 더욱 심화되었다.

1947년 영국의 식민통치에서 인도와 파키스탄으로 분리 독립 후 인도 북서부의 카슈미르(Kashmir) 지역을 둘러싼 양국의 영유권 분쟁은 두 차례 전쟁으로 이어졌다. 인도의 지배하에 있던 카슈미르 지역 인구의 80%를 차지하는 이슬람교도들은 파키스탄으로의 귀속을 원했으며, 파키스탄 정부는 이를 부추겨 반란을 일으켰다. 카슈미르 지역의 힌두교도 역시 반란에 대응하기 위해 인도에 군사 지원을 요청했고, 그로 인해 1947년 10월 제1차 인도-파키스탄 전쟁이 발발했다. 같은 문제로 1965년 7월 제2차 인도-파키스탄 전쟁이 발발했으며, 2차례 전쟁 모두 UN의 중재로 휴전에 이른다.

1971년에는 방글라데시의 독립을 둘러싸고 제3차 인도-파키스탄 전쟁을 치렀다. 3차례의 전쟁으로 양국의 관계는 돌이킬 수 없을 만큼 냉랭해졌다. 1972년부터 관계 개선을 위한 다양한 노력들이 있었지만 카슈미르를 비롯한 펀자브(Punjab), 아쌈 등지에서 계속된 크고 작은 분쟁과 유혈사태로 실효를 거두지 못했다. 특히 1989년 12월 카슈미르에서 발생한 폭동은 양국 관계를 다시 냉각시키는 계기가 되었다. 양국은 영유권 문제와 종교적 갈등으로 촉각을 곤두세워 서로를 견제하고, 군사력의 우위를 선점하기 위해 서로 다양한 전략·전술무기를 개발하고 있다.

인도의 지상 발사형 탄도미사일은 '아그니(Agni)'라는 이름으로 개발되고 있다. 운용은 인도 육군의 전략군사령부(SFC, Strategic Force Command)가 맡는다. Agni는 산스크리트어로 '불'을 의미한다. 인도는 MRBM부터 ICBM에 이르기까지 다양한 종류의 탄도미사일 개발에 착수했으며, 서서히 미사일 강국으로서의 면모를 갖춰간다. 특히 인도의 인재육성 정책과 눈부신 과학기술의 발전은 단기간에 인도를 세계에서 손꼽히는 군사 강국으로 만들고 있다.

인도가 가장 먼저 개발한 탄도미사일은 Agni-I이다. Agni-I은 전장 15.0m, 직경 1.0m, 중량 12.0톤, 1단 고체추진체로 추진하며, 1천kg의 재래식 탄두나 핵탄두, 그리고 다양한 기만체를 최대사거리 700~1천250km까지 운반할 수 있다. 인도는 지난 1989년에 Agni-I의 최초 시험발사에 성공한 이후 실전에 배치하여 운용 중이다.

인도는 Agni-I을 개량해 인도 최초 2단 추진 탄도미사일인 Agni-II를 개발했다. Agni-I의 추진체를 1단으로 사용하여 2단 고체추진의 Agni-II를 개발한 것이다. Agni-II는 전장 20.0m, 직경 1.0m, 중량 18.0톤으로, 최대사거리 2천~2천500km의 IRBM이다. 인도는 1999년 Agni-II의 최초 시험발사 이후 실전에 배치하여 운용했고, 지난 2013년 4월 7일에는 핵탄두를 장착한 시험발사에 성공했다.

Agni-III는 인도가 2007년에 개발한 탄도미사일이다. 인도는 지난 2006년 7월 9일, 처음으로 Agni-III를 발사시험했으나 당시에는 1단 로켓이 연소 후 정상적으로 분리되지 않아 실패했다. 그러나 뒤이어 2007년 4월 12일 실시한 2차 발사시험에서 최대사거리에 위치한 표적을 정확히 명중시켰다. Agni-III는 2단 고체추진 탄도미사일로 전장 17.0m, 직경 2.0m, 중량 22.0톤, 최대사거리 3천500~5천km의 IRBM이다.

Agni-III는 1천500kg 재래식 탄두 또는 200KT 위력의 핵탄두를 장착할 수 있으며, 다양한 기만체를 탑재하여 생존성을 향상시켰다. 또한 기존 유도장치인 링 레이저 자이로 관성유도시스템(Ring-Laser Gyro INS)과 영상 대조방식의 성능을 개선하여 CEP가 40m에 불과하다. 이는 세계의 동일한 사거리 전략 탄도미사일 중 가장 정밀하다는 것을 의미한다. 특히 인도는 Agni-III에 수소폭탄을 장착하여 운용함으로서, 동일한 탄두중량으로 열핵 폭탄 1~2MT 위력을 제공할 수 있다.

Agni-IV는 인도가 가장 최근에 개발을 끝낸 탄도미사일이다. Agni-IV는 전장 20.0m, 직경 1.1m, 중량 17.0톤, 2단 고체추진체로 추진하는 최대사거리 3천~4천km의 IRBM이다. 인도는 지난 2011년 11월 15일, 최초 발사시험에 성공하였고, 2012년 9월 19일 최대사거리인 4천km 발사시험 이후 Agni-IV를 실전 배치하였다.

Agni-V는 인도가 개발한 최초의 ICBM이다. Agni-V가 언론에 공개된 건 지난 2007년으로, DRDO는 Agni III의 업그레이드 버전이 개발단계임을 시사했으며, 2015년경 개발을 완료할 것으로 발표했다. Agni-V는 캐니스터에서 운용하며, TEL에서 발사하기에 신속하게 발사할 수 있다. 인도는 Agni-V와 동시에 개발 중인 MIRV를 장착하여 파괴력과 효용성을 극대화할 것이라고 발표했다.

Agni-V는 Agni-III의 1단 고체로켓을 그대로 1단으로 사용했다. 2단 로켓은 성능개량, 3단 로켓은 소형화하여 최대사거리 5천km 이상을 비행하도록 개발하였다. 2011년 9월, 지상에서의 성능시험 이후 2012년 4월 19일 최초 발사시험에 성공했다. 당시 1단 로켓의 연소시간은 90초, 총 비행시간은 1천130초였으며, 5천500km를 비행한 후 표적을 정밀 타격하였다. 인도는 Agni-V의 유도·조종장치로 신형 링 레이저 자이로스코프(Ring-Laser Gyroscope)와 가속도계, GPS/IRNSS, 종말 단계 영상 대조장치를 사용하여 정밀도를 향상시켰다. 프로젝트 책임자인 테시 토마스(Tessy Thomas)에 의하면 2차 발사시험에서 수m 이내의 명중률을 선보였으며, Agni-V의 명중률을 Pin-point 수준이라고 밝혔다.

Agni-V는 전장 17.5m, 직경 2.0m, 중량 50톤, 3단 고체추진제로 추진하며, 최대사거리 5천~8천km까지 1천500kg의 탄두를 운반할 수 있다. Agni-V의 최대사거리는 여전히 베일에 가려있지만, 중국의 전문가들은 Agni-V의 사거리를 8천km로 예상한다.

탄도미사일의 사거리를 증가시키기 위해서는 여러 가지 요소를 고려해야 한다. 대형의 로켓을 만들어 충분한 추진력을 낼 수 있어야 하며, 재진입체를 작고 가볍게 만들어야만 상대적으로 작은 추력으로도 멀리 보낼 수 있다. ICBM을 만들기 위해서는 재진입 시 발생하는 고열로부터 재진입체 즉, 탄두를 보호할 수 있어야 한다. ICBM의 재진입 시 발생하는 온도는 6천℃에 이른다.

인도 과학자들은 2008년 5월, 자신들의 인공위성과 탄도미사일의 사거리 증가 요인으로 크롬(Chromium) 코팅의 특수합금을 들고 있다. 특수합금으로 제작한 탄두부(Nose-Cone)가 대기권 재진입 시 발생하는 고열로부터 탄두와 재진입체의 손상을 차단하기에 완벽한 재진입

◉ ICBM Agni-V

기술의 구현이 가능하다는 것이다. 극초음속 이상의 속력으로 재진입 시 재진입체와 대기가 만나는 지점에 발생하는 얇은 가스층이 재진입체의 손상을 최소화시키며, 탄두가 안전하게 대기권을 재진입할 수 있다는 것이다.

Agni-V는 캐니스터에서 보관하며 발사한다. 캐니스터는 약 50톤의 Agni-V가 점화되어 사출될 때 발생하는 300~400톤의 추력을 흡수하여 발사가 안전하게 이뤄지게 한다. 인도는 앞으로 개발하는 모든 지상발사 탄도미사일을 캐니스터 내장형으로 개발할 계획이다. 또한 Agni-V는 인도 정부가 처음으로 개발한 MIRV를 장착할 예정이다. Agni-V에 2~10개의 핵탄두 MIRV를 장착함으로서 하나의 표적에 여러 개의 MIRV를 투하하여 공격력을 배가시킬 수 있고, 수백 km 떨어진 표적을 1기의 Agni-V로 타격이 가능하다. 이미 여러 차례 시험발사에 성공한 Agni-V는 머지않아 실전에 배치될 전망이다.

인도는 Agni-V의 개발에 이어 Agni-VI를 개발 중이다. Agni-VI는 인도가 개발 중인 신형 ICBM으로, '수라(Surya)'라고 이름 지었다. Surya는 산스크리트어로 '태양'을 의미한다. 2011년, 인도 정부는 Agni-V의 개발과 병행하여 신형 ICBM의 개발에 착수했다. 2011년 6월 20일, 인도의 Defence News는 '인도 사거리 1만km ICBM 고려(India Serious About 10,000km ICBM)'라는 제목으로 기사를 게재했다, 이는 인도 국방부와 DRDO가 사거리 1만km ICBM의 개발을 추진 중이라는 내용이었다.

당시만 해도 인도는 MTCR(Missile Technology Control Regime)에 가입하지 않아 미사일 개발과 부속의 수출입 등에 특별한 규제가 없었다. (2016년 6월, MTCR 회원국으로 가입했다.) 따라서 탄도미사일에 대한 세계

인도 탄도미사일 현황

명칭	Type / 직경(m)	전장(m) / 중량(ton)	최대사거리(km) / 유도방식	발사플랫폼 / 추진체(연료)	탄두(kg)
Agni-I	MRBM	15.0	700~1,250	TEL(Truck)	핵, 화학, 고폭탄 1,000
	1.0	12.0	Ring-laser Gyro/INS	1단 고체로켓	
Agni-II	IRBM	21.0	2,000~3,000	TEL(Truck)	핵, 화학, 고폭탄 750~1,000
	1.0	16.0	Ring-laser Gyro/INS	2단 고체로켓	
Agni-III	IRBM	17.0	3,500~5,000	TEL(Truck)	핵, 화학, 고폭탄 2,000~2,500
	2.0	48.0	Ring-laser Gyro/INS	2단 고체로켓	
Agni-IV	IRBM	20.0	3,000~4,000	TEL(Truck)	핵, 화학, 고폭탄 800~1,000
	1.1	17.0	Ring-laser Gyro/INS	2단 고체로켓	
Agni-V	ICBM	17.5	5,000~8,000	TEL(Rail, Truck)	MIRV 3~10 1,500
	2.0	22.0	Ring-laser Gyro INS, DSMAC	3단 고체로켓	
Agni-VI	ICBM	20~40.0	8,000~10,000	TEL(Rail/Truck) 잠수함	MIRV 10/ MaRV 1,000
	2.0	55~70.0	Ring-laser Gyro INS, DSMAC	4단 고체로켓	

의 이목으로부터도 어느 정도 자유로울 수 있었다. 그러나 당시 인도의 탐색기 기술은 ICBM을 제작하기에는 회의적인 수준이었으며, 러시아의 기술지원으로 인해 해결됐다는 소문이 지배적이다. 물론 러시아가 MTCR의 규정을 어긴 것으로 생각하긴 어렵지만, 인도와 러시아의 'BrahMos' 기술 제휴 등을 고려할 때 전혀 가능성이 없는

것은 아니다.

2013년 1월, 인도 정부는 Agni-V의 개발과 병행하여 신형 ICBM을 개발하고 있음을 공식적으로 발표했다. Agni-VI는 전장 20.0~40.0m, 직경 2.0m, 중량 55.0~70.0톤, 4단 고체추진으로 3천kg의 탄두를 최대사거리 8천~1만2천km까지 운반할 수 있을 것으로 예상된다. 인도는 Agni-VI를 차량형과 레일형 TEL에서 운용할 계획이다. Agni-VI는 최소 10기의 MIRV를 장착할 예정이며, 그와 더불어 MaRV를 장착하여 사거리를 연장할 것으로 추정된다. 또한 인도 정부는 Agni-VI를 아리한트(Arihant)급 잠수함에서 운용하기 위해 SLBM으로 개발하고 있다. 이 신형 SLBM은 3단 고체로켓으로, 사거리는 6천km, 3천kg의 탄두를 운반할 것으로 예상된다. Agni-VI는 2017년경 비행시험을 위해 개발이 한창이다.

인도는 이미 18세기에 세계 최초로 강철 케이스 형태의 로켓을 실전에 사용했다. 전쟁에 패해 영국의 식민지가 되었지만 인도의 고도화된 로켓 기술은 영국에 의해 유럽 전역에 빠르게 퍼져나갔다. 그만큼 인도의 로켓 기술은 잠재력이 있어 독립과 함께 빠르게 그 명성을 회복해 갔다. 특히 1962년 중국과의 전쟁 후 국방의 중요성을 인식한 인도 정부는 특수 무기 개발팀을 격상하여 현재의 DRDO를 설치함으로서 미사일 개발이 급속도의 진전을 보이는 계기가 되었다. 중국처럼 인도 역시 폭발적인 경제성장과 인재육성 정책을 바탕으로 강대국의 반열에 오를 날이 머지않았다. 이것이 바로 세계가 인도를 눈여겨봐야 할 이유이다.

다연장 로켓의 효시, 조선시대 신기전(神機箭)

우리나라는 미사일 강국이다. 적어도 조선시대까지는 그랬다. 우리에게 처음으로 화약이 도입된 것은 고려 공민왕 때다. 1374년, 공민왕 23년에 명나라 태조로부터 최초로 화약을 도입했으며, 1377년 화약을 만들고 무기를 연구하던 화통도감을 설치하면서 본격적으로 화기의 개발을 시작했다. 그 결과 화전(火箭)과 주화(走火)를 개발하여 1378년에는 최초의 화기부대인 화통방사군을 편성하기에 이른다. 우리의 화기는 조선시대에 이르러 절정에 달한다. 1448년 세종 30년에 조선은 세계 최초의 다연장 로켓인 신기전을 제작했으며, 다양한 전투에서 그 위용을 떨쳤다.

현대에 들어 우리가 미사일 개발을 시작한 것은 닉슨 독트린 때문이다. 1969년 미국 대통령 리처드 닉슨은 베트남전의 혹독한 대가를 교훈으로 닉슨 독트린을 발표한다. 닉슨 독트린은 아시아 우방에 전하는 메시지로, 아시아 국가의 방위는 자체적으로 해결해야 하며, 미군사력의 개입은 일체 없다는 것이다.

이미 북한은 1960년대 초 4대 군사노선 정책을 시행하여 군사력의 급성장을 이루었으며, 중국의 107mm 다연장 로켓을 자체적으로 생산하기 시작했다. 1962년에는 구소련으로부터 SA-2 지대공 미사일을 도입했고, 1967년에는 구소련의 Styx(SS-N-2) 함대함 미사일과 Samlet(SSC-2)을 도입하는 등 남·북한의 군사력 차이는 점점 벌어졌다.

1954년, 한국과 미국은 제3국의 침략으로부터 상호 방위를 의무화하는 '한미 상호방위조약(ROK·U.S. Mutual Security Agreement)'을 체결했다. 전후의 복구와 경제성장에 몰두하던 박정희 정권으로서는 닉슨 독트린이 청천벽력과 같았다. 미군의 강한 군사력을 통해 북한의 남침을 방지하려던 계획을 더 이상 이어갈 수가 없게 된 것이다. 박정희 대통령은 '기술 주권에 의한 자주국방'이란 슬로건 아래 미사일 개발을 위한 준비를 시작하고, 1970년 국방과학연구소(ADD)를 설립했다. 1971년 '항공공업사업(Aerospace Industry Project)'이라는 이름으로 비밀리에 미사일의 개발에 착수했다.

미사일 개발을 주도한 것은 ADD 산하의 미사일 개발팀이었으며, 이들은 철저한 보안 속에서 비밀리에 탄도미사일을 개발했다. 그러나 미사일 기술이 전무했던 당시 기술력으로 독자 개발의 한계에 봉착한 미사일 개발팀은 미국의 지대지 미사일인 나이키 허큘리스(Nike-Hercules) 모방에 들어갔다

1972년 한국과 미국은 한국이 Nike Hercules 지대지 미사일을 역설계하는 것에 동의함과 동시에 한미 미사일 지침을 제정했다. 한미 미사일 지침은 한국이 미사일을 개발하기 위한 가이드라인으로, 한국은 최대사거리 180km, 탄두중량 500kg을 초과하지 않는 범위 내에서 탄도미사일을 개발할 것을 약속했다. 지미 카터 대통령은 닉슨 독트린 이후 박정희 정권의 '자주국방' 정책의 강화를 심히 우려했다. 특히 핵 개발과 관련하여 우리의 미사일 개발에 대한 제동을 걸기 위한 장치로 한미 미사일 지침을 제정하였다.

항공공업사업은 1975년부터 시작된 율곡사업과 함께 본격적으로 가속화되었다. 두 사업의 궁극적인 목적은 남북 간 군사력의 격차를 줄이기 위한 것이었으며, 자주국방의 실현을 위한 것이었다. ADD는 미국과 프랑스, 영국 등의 도움을 통해 미사일을 개발하기 위한 노력을 계속했다. 개발에 착수한지 7년만인 1978년에 그 결실을 맺었다.

NHK-1 백곰 미사일은 우리나라가 우리 손으로 직접 개발한 최초의 미사일이다.

NHK는 'Nike-Hercules Korea'를 의미한다. 이름에서도 알 수 있듯이 백곰 미사일은 미국의 Nike-Hercules 지대공 미사일을 역설계하여 개발한 것으로 1978년 9월 26일, 시험발사를 통해 그 성능을 입증하였다. 백곰 미사일은 사거리 180km, 탄두중량 500kg의 전술 탄도미사일로, 미국의 Nike-Hercules와 동일한 외형을 가졌다. 그러나 1950년대에 개발되어 이미 노후한 Nike-Hercules의 성능으로는 북한의 미사일 전력에 뒤쳐질 것이 불 보듯 뻔해 외형을 제외하고 모든 것을 현대화했다.

백곰은 1단 고체로켓으로 추진한다. 백곰의 추진체는 Nike-Hercules와 동일하게 나이키 미사일의 부스터로 사용되는 M42 Hercules 고체로켓 4개를 클러스터링한 형태이다. 아날로그 형태의 유도·조종장치도 모두 컴퓨터로 대체하여 명중률을 개선하였다. 또한 노후한 진공관 전자회로를 사용하던 Nike-Hercules와는 달리 전자회로를 모두 반도체로 교체하여 신뢰성을 높였다. 다시 말해 백곰 미사일은 외형만 Nike-Hercules와 유사할 뿐 거의 모든 면에서 전혀 새로운 탄도미사일인 것이다.

탄도미사일의 개발에 고무된 박정희 대통령은 핵개발을 계획하고, ADD의 주도 하에 핵을 개발할 것을 지시했다. 우리의 핵개발 의도를 알아챈 미국은 우리 정부에 강력하게 항의했고, 1972년에 비공식적인 구두 약속으로 지켜졌던 한미 미사일 지침을 1979년 정부 차원의 공식적인 협약으로서 체결하게 된다.

1978년, 우리는 백곰의 개발에 성공함으로서 세계에서 7번째 탄도미사일 보유국이 되었다. 북한보다도 5년이나 더 빠른 것이었다. 그러나 백곰 미사일은 불운하게도 양산단계로 전환되지는 못했다. 박정희 대통령이 서거하자 경제와 국방을 통합 운영하던 컨트롤타워를 잃어버렸고, 12·12 사태를 통해 들어선 신군부는 탄도미사일의 개발을 포기했다.

전두환 정부는 정권의 정당성을 얻기 위해 미국의 지지가 필요했으며, 미국의 압력에 따라 백곰 미사일을 폐기하기에 이른다. 전두환 대통령은 백곰 미사일을 "Nike-Hercules에 페인트칠만 새로 한 것"이라고 폄하했고, ADD의 미사일 개발팀을 해체하고 30명 이상의 미사일 전문가를 포함하여 1천여 명에 이르는 연구원을 해고했다.

1983년 버마 아웅산 테러가 발발하자 미사일 개발은 새 국면을 맞았다. 아웅산 테러에 적잖이 충격을 받은 전두환 대통령은 북한이 언제든 도발할 수 있으며, 북한의 도발을 방지하기 위해서는 미사일의 개발이 절실함을 깨닫게 되었다. 전두환 정권은 미사일 개발을 ADD에 지시했다, 특히 88서울올림픽의 성공적인 개최를 위해 미사일 개발 시기를 1988년 이전에 완료할 것을 명령했다. 백곰 미사일 개발팀은 다시 미사일 개발에 착수했으며, 백곰을 개량하여 현무-1(NHK-2)을 개발하였다.

현무-1은 백곰과 동일한 외형으로, 전장 12.53m, 직경 0.8m, 중량 4.58톤, 최대고도 45km, 최대사거리 180km까지 마하 3.65의 속도로 최대 600kg의 탄두를 운반할 수 있으며, CEP는 100m 정도로 매우 정밀하다. 현무-1의 외형은 백곰과 동일하며, 이는 개발 완료시기가 올림픽 이전까지로 시간이 촉박했기에 외형의 설계에 필요한 시간을 배제했기 때문이다.

현무-1은 2단 고체 추진제에 의해 추진한다. Nike-Hercules의 클러스터링 엔진의 단점을 보완하기 위해 대형 1단 로켓을 장착했다. 클러스터링 엔진은 여러 개의 로켓을 묶어 하나의 추력을 만들어내야 하기에 1개의 로켓만 오작동하더라도 추력의 불균형으로 인해 불발될 확률이 매우 높다. 따라서 현무-1은 클러스터링 엔진의 단점을 없애기 위해 1단 로켓은 더블베이스(Double-base)추진제[57]를, 2단 로켓은 복합(Composite)추진제[58]를 각각 사용했다. 또한 영국 GEC사의 관성항법장치를 도입하여 국내생산 후 장착함으로서 명중률을 향상시켰으며, 백곰의 단일 고폭탄두와 더불어 분산자탄을 선택적으로 장착할 수 있어 효율성을 높였다.

1985년 ADD는 현무-1의 시험발사에 성공했고, 1986년 공식적으로 현무-1의 개발을 완료했다. 1987년 10일 1일 국군의 날 행사를 통해 현무-1을 공개했으며 같은 날 실전에 배치했다. 1993년에는 현무대대를 창설하여 약 200기의 현무-1을 생산 배치했다. 1990년, 미국의 조사에 의하면 현무-1은 언제든지 사거리를 260km까지 확장할 수 있는 것으로 밝혀졌다.

1990년대 초 북한의 노동미사일 개발이 임박하자, 우리는 미국에 한미 미사일 지침의 개정을 요청했다. 1천km가 넘는 사거리의 노동미사일에 대응하기 위해서는 우리도 북한 전역을 타격할 수 있는 미사

57 2개의 서로 다른 추진제를 섞어 만든 추진제, 보통 니트로글리세린(Nitroglycerin, NG)과 니트로셀룰로오스 (Nitrocellulose, NC) 계통의 화약을 혼합한 후 강도와 물리적 특성을 맞추기 위해 첨가물을 추가한다.

58 독자적인 추진제가 될 수 없는 2개 또는 그 이상의 서로 다른 물질을 혼합하여 만든 것. 가장 널리 쓰이는 추진제이며, 주로 연료, 산화제, 결합제(binder), 용매(solvent), 경화제(curing agent) 등으로 구성된다.

◉ 현무-1 BSRBM

일이 반드시 필요하다는 논리를 피력했으나 미국은 단호히 거부했다.

노태우 정부는 미국에 한미 미사일 지침의 개정을 요청함과 동시에 러시아와의 관계 개선에 나섰다. 러시아에 3억 달러의 차관을 승인하고, 1992년에는 러시아와 한국이 쌍방 간 군사적 제휴협약을 체결했다. 이후 한국은 불곰사업(Operation Siberian Brown Bear)을 시작했다. 이는 러시아의 우주발사체 기술과 탄도미사일 기술을 제휴함으로서 우수한 로켓기술을 도입하기 위한 것이었다. 불곰사업을 통해 한국은 START I 조약에 의해 폐기된 러시아의 ICBM 1기와 미사일 엔진 2기를 확보한 것으로 추정된다.

미국은 이에 즉각 항의함과 동시에 한국이 MTCR의 회원국으로 가입할 것을 제안했다. 한국은 한미 미사일 지침의 부당함을 호소하고 지침 개정을 요구했다. 1995년부터 시작된 양국의 회담은 20여 차례가 넘는 고위급 실무자 회의를 했지만 진전이 없었다가 2001년에야 합의점을 찾아낼 수 있었다. 그해 3월 한국은 MTCR에 정식 회원국으로 가입함과 동시에 HCOC(Hague Code of Conduct against Ballistic

Missile Proliferation) 회원국으로 가입했다. 그 대신 1차 미사일 지침 개정을 통해 탄도미사일 사거리를 180km에서 300km까지 연장하게 된다.

우리는 미사일 지침 개정을 위해 미국에 우리 미사일 생산시설의 일제 점검에 동의했고, 300km 이상의 탄도미사일을 절대 개발하지 않기로 약속했다. 또 한국의 미사일 개발, 생산, 배치 등 모든 단계별 사전정보를 제공하기로 합의했으며, 민간 로켓 분야에 대한 개발 정보 역시 미국에 제공할 것을 약속했다. 지나치게 불합리한 합의였으며 우리의 로켓기술과 미사일 개발 기술이 정체되는 걸림돌이 됐다.

한국은 현무-1을 대체하기 위해 1998년부터 미국의 ATACMS Block I을 도입, 비밀리에 현무-2 개발을 시작했다. 현무-2는 기존 백곰 미사일과 현무-1과는 전혀 다른 기술로 개발됐다. 1990년대 중반 러시아로부터 확보한 구소련의 SRBM SS-21 Scarab의 기술이 현무-2의 개발에 상당한 영향을 미친 것으로 알려지고 있으며, 외형은 구소련의 SS-26 Iskander SRBM과 유사하다.

현무-2(NHN-2 PIP A/B)는 전장 6m, 직경 0.8m, 중량 3.0톤이며, 사거리와 탄두중량은 Blk A가 300km·500kg이고, Blk B는 500km·300kg이다. 1차 한미 미사일 지침 개정에 따라 사거리를 300km로 확장했으며, 언제든지 500km까지 사거리를 늘일 수 있도록 설계되었다. 현무-2의 가장 주목할 점은 바로 정밀도이다. 현무-2는 영국 GEC사로부터 도입한 INS를 국내에서 성능을 개선하여 장착함으로서 CEP 30~50m로 매우 정밀하다.

한국은 1999년, 현무-2 Block A를 개발하여 시험발사에 성공했고, 2000년대 초에 실전 배치했으며, 2005년부터 양산을 시작한 것으로 추정된다. 한국은 현무-2 Block A를 개량했다. 유도 장치를 개량하여 명중률을 향상시켰고, 탄두의 중량을 500kg에서 300kg으로 줄여 언제든 사거리를 300km에서 500km로 늘일 수 있도록 개량했다. 우리 군은 2006년경 현무-2 대대를 창설하여 2009년까지 현무-2B를 실전 배치했다.

연합뉴스

지난 2012년 10월 7일, 한국과 미국은 2차 한미 미사일 지침 개정을 통해 우리의 탄도미사일 사거리는 300km에서 800km로 늘어났다. 탄두중량은 그대로 500kg을 유지하게 되었다. 그러나 추가적으로 탄두중량을 사거리에 반비례해서 증가할 수 있다는 단서를 추가하였다. 단, 이는 자체개발에 의한 것이 아니라 미사일의 도입에 의해서만 가능하다는 전제 하에 결정되었다.

2015년 6월 3일 우리 군은 비밀리에 개발한 사거리 500km 이상의 현무-2 Block B의 시험발사를 언론에 공개했다. 박근혜 대통령이 참석한 가운데 ADD 안흥시험장에서 치러진 발사시험에서 성공적으로 발사되어 정상궤도 비행 후 표적을 명중시켰다. 2017년 4월 사거리 800km의 현무 개량형이 시험발사에 성공했으며, 군은 이를 연내 배치할 계획으로 알려졌다. 앞서 언급한 바와 같이 탄도미사일을 보유한 국가는 모두 31개국이다. 이들 31개 나라만이 탄도미사일을 갖고 있으며, 그 중에서도 오직 11개 국가만 사거리 1천km 이상의 IRBM을 보유하고 있다. 그러나 지금 이 시각에도 탄도미사일은 지속적으로 늘어나고, 특히 파키스탄과 같은 제3세계 국가들은 탄도미사일의 확보를 위해 적극적으로 매달린다. 그만큼 국제사회에 대한 위협 또한 꾸준히 늘어나고 있는 셈이다.

이 같은 현상은 탄도미사일이 갖는 여러 장점들 때문이다. 탄도미사일은 성능이나 효과에 비해 개발과 도입에 드는 비용이 상대적으로 저렴하다. 무엇보다도 순항미사일과 달리 기술적으로 개발에 많은 어려움이 없고, 일단 확보하기만 하면 적국에 심리적으로 엄청난 충격을 줄 수 있다. 또한 탄도미사일은 레이더 반사 면적(RCS)이 작아 탐지가 어려우며, 탐지하더라도 엄청난 속력으로 인해 요격이 어려워 생존성이 매우 높다.

북한은 1천여 기 이상의 탄도미사일을 보유한 세계 6번째 미사일 강국이며, 90여 기 이상을 동시에 발사할 수 있을 만큼 압도적인 전

◉ 현무-2 SRBM
www.tongilnews.com

한국의 탄도미사일 현황

<table>
<tr><th rowspan="2">명칭</th><th>Type</th><th>전장(m)</th><th>최대사거리(km)</th><th>발사플랫폼</th><th rowspan="2">탄두(kg)</th></tr>
<tr><th>직경(m)</th><th>중량(ton)</th><th>유도방식</th><th>추진체(연료)</th></tr>
<tr><td rowspan="2">백곰
NHK-I</td><td>BSRBM</td><td>12.53</td><td>180</td><td>TEL</td><td rowspan="2">고폭탄
500</td></tr>
<tr><td>0.8</td><td>4.85</td><td>INS</td><td>1단 고체로켓</td></tr>
<tr><td rowspan="2">현무-1
NHK-2</td><td>BSRBM</td><td>12.53</td><td>260</td><td>TEL</td><td rowspan="2">고폭탄/분산탄
450~600</td></tr>
<tr><td>0.8</td><td>4.58</td><td>INS</td><td>2단 고체로켓</td></tr>
<tr><td rowspan="2">현무-2
NHK-2
Blk A/B.</td><td>SRBM</td><td>6.0</td><td>300/500</td><td>강화기지/TEL</td><td rowspan="2">고폭탄/분산탄
500/300</td></tr>
<tr><td>0.8</td><td>3.0</td><td>INS</td><td>2단 고체로켓</td></tr>
</table>

한국 육군의 탄도미사일 현황

명칭	Type	사거리	탄두중량	배치현황	비고
백곰	BSRBM	180km	500kg	도태/폐기	Nike Hercules 개량형
현무-1	BSRBM	180	500	운용 중	백곰 개량형
현무-2A	SRBM	300	500	운용 중	현무-1 개량형
현무-2B	SRBM	500	300	운용 중	현무-2A 개량형
현무-2C	SRBM	800	500	배치예정	현무-2B 개량형
현무-3A	GLCM	500	500	운용 중	-
현무-3B	GLCM	500	1,000	운용 중	현무-3A 개량형
현무-3C	GLCM	500	1,500	운용 중	현무-3B 개량형
현무-3D/4	GLCM	500	3,000	개발 중	현무-3C개량형

력을 갖추고 있다. 우리는 그런 상대를 철책선 너머로 마주하고 있는 것이다.

보이지 않는 위협, 잠수함 발사 탄도미사일

세계에서 SLBM을 보유하고 있는 나라는 미국과 러시아, 프랑스, 영국, 중국, 인도 등 6개국이다. SLBM이 갖는 장점은 바로 은밀성과 생존성이다. 핵이 갖는 전쟁 억지력이 잠수함 플랫폼과 만날 때 그 장점은 더욱 배가 된다. 냉전 기간 동안 SLBM의 개발과 핵탄두의 폭발적인 증가가 이미 SLBM이 얼마나 중요한 전략적 위치를 선점하는지를 보여주는 좋은 증거라고 할 수 있다. 또한 SALT와 START를 통해 가장 먼저 SLBM과 핵탄두를 제한·감축한 것은 미·소 두 나라가 SLBM을 얼마나 두려워하는지를 그대로 드러낸다.

가공할만한 파괴력을 지닌 '절대무기' 핵의 보유는 상대국에 대한 절대적인 압박이 된다. 미국 등 강대국이 핵무기 경쟁에 나서는 이유다. 미국과 러시아가 보유하고 핵탄두의 수는 1만여 개를 훨씬 상회하며, 이는 세계를 파멸의 길로 인도할 만큼의 위력이다. 핵무기 경쟁에서 SLBM은 특별한 의미를 갖는다. 선제타격이 가능할 뿐 아니라 2차 보복 수단이 될 수 있어서다. 은밀하게 접근해 엄청난 파괴력을 지닌 핵미사일을 발사할 수 있기 때문이다

세계 최초로 잠수함 발사 미사일을 생각해낸 것 또한 독일이다. 제2차 세계대전 당시 나치 독일은 미국의 참전으로 전쟁의 양상이 기울게 되자 다양한 방법으로 미국 본토를 공격하기 위해 노력했다. 그러나 연합국에 의해 이미 제공권을 장악 당했으며, 수상함조차 연합국 함대를 당해 낼 재간이 없었다. 따라서 나치 독일은 당시 자신들이 가진 가장 우수한 전력을 활용하고자 했다. 바로 잠수함이었다. 나치 독일의 U-보트[59]는 제1·2차 세계대전을 통틀어 가장 막강한 해

◉ 독일의 U-보트, 로켓발사대 장착 모습
유용원 군사세계

상 전력이었다. U-보트의 정숙성과 기동성은 연합함대의 대잠 방어망을 완벽하게 뚫어내기에 손색이 없었다.

1942년 독일은 자신들의 자랑인 U-보트의 갑판에 포병의 로켓발사대를 설치하여 발사시험을 성공적으로 실시했다. 그러나 로켓의 짧은 사거리에 아쉬움을 느낀 독일은 U-보트에서 V-2를 발사할 것을 계획했고, 바로 이것이 본격적인 현대 SLBM의 시초이다. 제2차 세계대전의 패전과 함께 독일의 계획은 무산되었으나, 구소련이 독일의 계획을 그대로 입수하여 SLBM 개발에 착수했다.

59 U-boot: 바다 밑의 선박을 뜻하는 Unterseeboot 란 독일어의 약어로, 19세기 중반 독일 해군이 개발한 잠수함. 1·2차 세계대전을 통틀어 가장 강력한 해상 전력으로 군림했으며, 모두 5천150여척의 연합군 군함과 상선을 격침시켰다.

구소련은 세계 최초의 SLBM 보유국이며, 세계 최초의 SLBM은 구소련의 R-11 Scud-A를 개량한 R-11FM(SS-1B)이다. 1955년 9월 16일 소련은 R-11FM을 최초로 발사했고, 이는 인류 역사상 최초의 SLBM 발사였다. R-11FM의 시험발사를 위해 실험용 SSB[60]인 Project 611(Zulu IV급) 잠수함을 개량하였으며, 1기의 R-11FM을 장착하여 발사하였다.

소련은 Project V611(Zulu IV급)과 AV611(Zulu V급) 잠수함에 2기의 R-11FM을 탑재하여 1956년에 실전 배치하였다. R-11FM은 최대사거리 150km, 탄두중량 1천kg을 탑재할 수 있는 1단 액체추진 탄도미사일이다.

소련은 1955년 6월 연방최고위원회에서 Project 629(Golf급)[61]와 Project 658 (Hotel급)[62] 잠수함에 탑재하기 위한 SLBM의 개발에 착수했다. 1959년에는 R-13(나토명 SS-N-4 Sark)의 개발을 완료하고 같은 해 실전 배치하였다. R-13은 최대사거리 600km, CEP는 1.8~4.0km, 1.2~2.0MT 위력의 핵탄두 1개를 탑재할 수 있는 1단 액체추진 탄도미사일이다. 소련은 R-13을 모두 343회 발사했으며, 그 중 73%인 251회를 성공했다.

R-13을 대체하기 위해 소련은 R-21(나토명 SS-N-5 Sark/Serb)을 개발했다. R-21은 1963년부터 1989년까지 Golf급 잠수함과 Hotel급 잠

60 SSB: Strategic Submarine Ballistic Missile. 탄도 미사일 탑재 잠수함

61 소련의 탄도미사일 탑재 잠수함(1958~1990). 전장 98.9m, 만재톤수 3천553t, 최대속력 17kts, 잠항속력 12kts의 디젤 잠수함이다. Golf I(629)은 R-13 SLBM을 운용했으며, Golf II(629A)SMS R-21 SLBM을 운용했다. 소련은 Golf I 80척, Golf II 83척을 보유했었다.

62 나토명 Hotel II, 소련의 원자력 잠수함(1961~1990). 전장 114m, 만재톤수 5천588t, 최대속력 18kts, 잠항속력 26kts의 디젤 잠수함으로 주요무장은 R-21 SLBM을 운용했다.

수함에서 사용된 준중거리 SLBM으로, 최대사거리는 1천300km(개량형 1천650km)에 달하며, 최대속력 마하 10, CEP 2.8km, 800Kt 핵탄두를 탑재하는 1단 액체추진 미사일이다.

◉ SLBM R-13
유용원 군사세계

Golf급과 Hotel급의 잠수함은 각각 98.9m, 114m의 전장에 비해 흘수[63]는 7.85m와 7.31m로 상대적으로 낮은 것이 특징이다. 그러나 Golf급과 Hotel급 잠수함에서 운용하던 SLBM인 R-13과 R-21은 길이가 각각 11.8m와 13m로 낮은 선체의 잠수함에 탑재하기가 불가능했다. 따라서 SLBM을 탑재하기 위한 수직발사대를 설치하기 위해 잠수함 전망탑을 활용하였다. 전망탑을 기형적으로 높게 만들어 그 곳에 SLBM을 적재할 수직발사대를 장착한 것이다. 북한이 현재 SSB로 운용하려는 신포급 잠수함 또한 작고 낮은 선체에 SLBM을 적재하기 위해 기형적으로 높은 전망탑을 가지고 있다. Golf급과 Hotel급은 각각 3기의 SLBM을 탑재하였다. 신포급은 1기, 개조에 따라 최대 2기의 SLBM을 탑재할 수 있는 것으로 추정된다.

2004년 영국의 Jane's Defence Weekly는 북한이 1993년 일본의 고철 거래상으로부터 구소련의 Golf급 퇴역 잠수함 12척을 구매했으

63 선체가 물에 잠기는 깊이나 정도.

며, 잠수함의 R-21 발사 시스템으로부터 중요한 미사일 정보를 얻었다고 보도한 바 있다. 따라서 잠수함의 도입 시기를 고려했을 때, 비슷한 시기에 개발된 북한의 노동미사일과 소련의 R-21이 상당한 관련이 있을 것으로 예상된다. 실제 R-21 SLBM과 노동미사일은 중량과 직경, 사정거리 등이 매우 유사하다.

R-27(나토명 SS-N-6 Serb) SLBM은 노후된 R-13과 R-21을 대체하고, 미국의 UGM-27 Polaris와 균형을 맞추기 위해 1969년에 개발되었다. 총중량 14.2t, 탄두중량 650kg으로 1.0Mt급 핵탄두 1개를 탑재하며, 최대사거리 2천400km, CEP 3천m의 1단 액체추진 탄도미사일이다. 소련은 R-27을 신형 Yankee급[64] 잠수함에서 운용하였으며, 1974년부터 1990년까지 모두 61기를 발사하여 56기를 성공시켰다.

소련은 1973년 R-27을 개량하여 R-27U를 출시하였다. R-27U는 R-27의 탄두(1.0Mt급 핵탄두 1개)를 200Kt급 핵탄두 3개(MRV)로 대체한 형태이다. 그로 인해 사거리는 3천km로 증가되었고, 관성항법장치를 개선하여 CEP도 1천300m로 좋아졌다. 소련은 1975년 R-27U를 개량하여 수상함에서 발사하는 R-27K를 개발하였다. R-27은 북한이 1993년 R-21 도입 당시 함께 확보한 것으로 추정된다. 2015년부터 신포급 잠수함에서 실험 중인 북한의 SLBM 역시 소련의 R-27인 것으로 추정된다.

또한 북한은 소련의 '마케예프 로켓 설계국[65]'에서 R-27을 개발하였던 기술자들의 도움으로 R-27 SLBM을 무수단 미사일로 개조한

64 1970년에 개발된 구소련의 전략 SSBN. 전장 132m, 만재톤수 9천300t, 순항속력 13kts, 잠항속력 27kts의 핵잠수함이다. 소련은 모두 34척의 Yankee급 잠수함을 보유했다. 1척이 침몰하였고, SALR와 START 조약에 의해 나머지 33척이 폐기되었다. Yankee-I은 16기의 R-27 SLBM을 탑재하여 운용했다.

소련의 R-21과 노동미사일 비교

Jane's strategic weapon systems

명칭	구분	사거리(km)	CEP(m)	추진체	길이(m)
	탄두종류	탄두중량(kg)	속력	발사중량	직경(m)
R-21 SS-N-5 Sark/Serb	SLBM(MRBM)	300~1,300	2.800	1단 액체	13.0
	800Kt 핵탄두	1,200	마하 10	16.5t	1.2
KN-05 노동	MRBM	300~1,300	2,000	1단 액체	18.0
	HE, 핵, 화학/생물	1,200	마하 10	17.8t	1.35

것으로 확인된다. 사거리 증대를 위해 추진제 탱크의 길이를 1.7m 더 늘려 최대사거리를 4천km로 늘였다. 단일탄두의 이동식(TEL) IRBM으로 개조하여 2007년 시험발사 없이 평안남도와 함경남도 등 3개 기지에 배치한 것으로 추정된다.

1974년 소련은 R-29 SLBM을 실전에 배치하였다. R-29는 소련 최초의 ICBM급 SLBM으로 Delta급 잠수함에서 D-9 발사체계에 의해 운용되었으며, 디지털 컴퓨터와 개선된 천측 항법장치를 적용한 소련 최초의 SLBM이다. 또 기만체를 2단 추진체 내에 탑재하였다가 보호막(Shroud) 분리 시 기만체를 투하함으로서 생존성을 향상시켰다. 1970년 Hotel III급 잠수함에서 최초 시험발사를 실시한 R-29는 1972년 8월 Delta급 잠수함에 12기를 탑재하였다. 1973년에 성능평가 완료 후 1974년 실전 배치되었다.

1978년 소련은 R-29의 사거리를 늘려 Mod 2로 개량했으며, 이듬

65 Makeyev Rocket Design Bureau: 1947년에 설립된 소련의 SLBM 주 설계회사로 러시아의 Miass 소재한다.

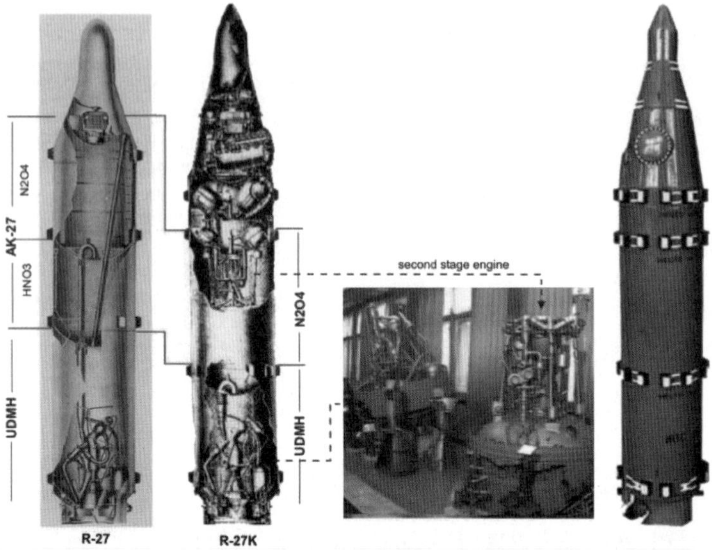

◉ SLBM R-27
http://m.blog.naver.com/korea213

해 단일탄두를 MIRV로 개량하여 R-29R을 선보였다. 특히 R-29R은 최초의 MIRV를 장착한 SLBM으로, PBV(BUS)를 장착하여 재진입체의 명중률을 향상시킨 최초의 SLBM이다.

1970년대 중반 소련은 R-27을 개량하여 R-31(SS-N-17 Snipe)의 개발에 나선다. R-31은 R-27과 동일한 성능의 고체추진 SLBM으로 소련 최초의 고체로켓 SLBM이다. 그러나 고체의 사용으로 취급이나 보관이 용이한 반면, R-27보다 명중률이 현저히 떨어졌다. R-29의 절반에도 미치지 않는 최대사거리로 인해 개발단계부터 회의적이었던 R-31은 1980년대 초반 Yankee급 잠수함에 탑재하여 운용한 지 몇 년 되지 않아 폐기되었다. 대신 소련은 R-29R을 개량하

ICBM급 SLBM R-29
Jane's strategic weapon systems

명칭	배치년도	사거리(km)	CEP(m)	추진체	중량(kg)
	탄두종류	탄두중량(kg)	탄두직경(m)	전장(m)	플랫폼
R-29 SS-N-8 Mod1	1974년	7,800	1,500	2단 액체	33,300
	0.6~1.5Mt 1RV	1,100	1.8	13.2	Delta I
R-29 SS-N-8 Mod2	1978년	9,100	900	2단 액체	33,300
	0.6~1.5Mt 1RV	1,100	1.8	13.2	Delta I/II
R-29R SS-N-18 Mod1	1979년	8,000	900	2단 액체	35,300
	0.45Mt 1RV	1,600	1.8	14.1	Delta III
R-29RK SS-N-18 Mod2	1979년	6,500	900	2단 액체	35,300
	0.2Mt 3MIRV	1,600	1.8	14.1	Delta III
R-29RL SS-N-18 Mod3	1979년	6,500	900	2단 액체	35,300
	0.1Mt 7MIRV	1,600	1.8	14.1	Delta III

여 R-29RM(SS-N-Skiff)을 개발한다.

R-29RM은 2단 액체추진 SLBM으로 4~10개의 MIRV를 장착한 ICBM이다. R-29RM은 전체중량 40.3t, 탄두중량 2천800kg, 사거리 8천300km로 R-29R에 비해 전체중량은 5t, 탄두중량 1천200kg, 사거리 300km가 각각 증가하였다. R-29RM은 1979년에 개량을 시작한 이후 1983년 개발이 완료되었으며, 1986년에 실전배치하였다. R-29RM의 발사체계는 R-29 발사체계 D-9의 개량형인 D-9RM 발사체계이며, 7척의 Delta IV급[66] 잠수함에 각각 16기를 탑재하여 운용하고 있다.

◉ SLBM R-29
www.globalsecurity.org

1988년 소련은 R-29RM의 현대화 계획을 발표하고, 개선된 탄두의 장착 및 Depress(낮은 정점고도) 비행이 가능하도록 했으며, CEP를 500m로 개선하였다. R-29RM의 성능 개량에 만족한 러시아는 R-29RM의 사거리를 연장하여 2007년 R-29RMU Sineva를 개발, 현재까지 운용 중이다. Sineva는 R-29RM과 동일한 성능의 SLBM으로 사거리만 8천300km에서 1만1천547km로 약 2천800km 늘였고, 바렌츠 해에서 2010년 3월 4일과 2010년 8월 6일 두 차례 실시한 시

66 1984년에 취역한 러시아의 핵탄도미사일 탑재 잠수함. 전장 158m, 전폭 12m, 톤수 1만3천717t, 최대 잠항심도 400m, 순항속력 24kts로 D-9RM 발사체계를 이용하여 Sineva SLBM을 운용한다. 러시아는 현재 6척을 운용 중이다.

험발사에 성공하였다.

1983년 소련은 Typhoon급 잠수함에서 운용하기 위해 R-39(SS-N-20 Sturgeon) SLBM을 개발하였다. Typhoon급 잠수함은 전장 172m, 전폭 23m, 톤수 2만6천925t, 최대 잠항심도 300m, 순항속력 27kts의 SSBN으로 1981년 취역했다. D-19 발사체계를 이용하여 20기의 R-39를 탑재·운용하였다. R-39는 0.1Mt 위력의 MIRV 10개를 장착하여 운용하였으며, 최대사거리 8천300km, CEP 500m의 3단 고체추진 SLBM이다.

2004년 R-39의 폐기를 결정하고, R-39의 현대화 계획에 따라 1996년 R-39M (SS-NX-28)을 개발할 계획이었다. 그러나 Typhoon급 잠수함의 도태와 맞물려 신형 SSBN[67]의 개발이 시급했던 러시아는 R-39보다 우수한 성능의 R-29RM의 개량(R-29RMU Sineva)과 Borei급 잠수함의 개발을 계획하고, Borei급 잠수함에서 운용할 최신 Bulava SLBM의 개발에 착수한다.

Borei급 SSBN은 전장 170m, 전폭 13.5m, 톤수 2만3천621t, 최대 잠항심도 450m, 순항속력 30kts의 잠수함으로, 1996년 Project 955로 사업에 착수한 이후 Borei라는 이름으로 개발을 진행하여 2010년에 취역하였다. 2011년 6월 28일 Borei I급 잠수함에서 처음으로 R-30의 시험발사에 성공하였다. 2009년 12월 15일, 러시아는 Project 955A라는 이름으로 Borei II급 SSBN 개발에 착수했으며, 2014년 2척의 Borei II급 SSBN을 취역, 지속적으로 확보 예정이다.

R-30 Bulava(RSM-56, SS-N-32)는 러시아의 최신형 SLBM으로

67 SSBN: Strategic Submarine Ballistic Nuclear, 탄도 미사일 탑재 원자력 잠수함

◉ Delta·Typhoon급 SLBM 잠수함
en.wikipedia, Industry Tap

2004년 개발이 시작된 이후 2009년까지 13번의 테스트 중 7차례에 성공하였다. 2010년 10월에는 Typhoon급 핵잠수함을 개수한 후 발사 테스트를 실시하여 성공했다. 이후 7차례의 추가적인 발사 테스트 성공 후 2013년 1월에 실전 배치되었다. Bulava는 현재 시험발사를 위해 개수공사를 끝낸 Typhoon급 1척과 Borei급 핵잠수함에서 운용하고 있으며, Typhoon급에서 30기, Borei-I급 잠수함에서 16기를 운용 중이다. 이후 개선된 Borei-II급에서는 20기를 탑재하여 운용할 계획이다.

Bulava는 다양한 기만장치를 통해 회피기동이 가능한 TNT 150kT 위력의 MIRV 10개를 탑재할 수 있으며, 현재는 6개의 MIRV를 장착하여 운용 중이다. 사거리는 8천 ~ 8천300km, 최대속도는 마하 19 이상이며, CEP는 350m이다. Bulava의 유도장치는 관성항법장치와 GLONASS를 사용하며, 3단 고체·액체 로켓을 이용하여 추진한다. 1단과 2단은 고체 추진제를 사용하며, 3단은 액체 추진제를 사용한다. 3단 로켓에 액체 추진제를 사용함으로서 탄두 분리 시 고속의 기동성과 정밀성을 갖게 되었다.

러시아는 R-30 Bulava와 함께 차세대 SLBM으로 운용하기 위해

◉ Borei급 SLBM 잠수함
Military-Today.com

◉ SLBM R-30 Bulava
글로벌디펜스뉴스

R-29RMU Sineva를 개량하여 R-29RMU2 Layner(Liner)를 개발했다. Layner는 Sineva를 대체하기 위한 SLBM으로 Delta Ⅳ급 잠수함에서 운용한다. 2011년 5월과 9월 쿠라[68] 시험기지에서 성공적으로 발사 테스트를 수행한 Layner는 2012년에 개발을 완료, 2014년에 실전 배치되었다. 러시아는 Delta급 함정의 퇴역 예정 시기인 2030년까지 Layner를 운용할 계획이다.

Layner는 Sineva의 3단 액체추진제를 개량한 고성능의 3단 액체 추진제를 사용하며, TNT 100kT MIRV를 최대 12개까지 탑재할 수 있다. 특히 Layner는 대탄도미사일 요격에 대비하여 다양한 기만체를 탑재하고 있다. 경우에 따라 MIRV 10개와 기만체를 함께 탑재하거나 MIRV 8개와 2배 이상의 기만체 장착, 또는 4개의 중급 핵탄두와 다수의 기만체를 장착하는 등 다양한 방법으로 Penaids와 탄두를 조절할 수 있어 탁월한 생존력을 가지게 되었다. 최대사거리는 1만 2천km이며, CEP는 약 300m이다. 러시아는 Bulava와 Layner를 주력 SLBM으로 운용할 계획이다.

구소련의 SLBM 개발 소식에 다급해진 미국은 해군에 SLBM 개발을 독촉한다. 로켓 기술의 발전과 함께 장거리 탄도미사일의 개발이 가속화되자 미 해군 역시 SLBM의 개발에 박차를 가한다. 1955년 미 해군과 육군은 공동으로 MRBM 개발을 계획하고 1956년 IRBM인 PGM-19 Jupiter[69]의 개발에 착수했다. 그러나 Jupiter의 지나칠 만큼 큰 크기(전장 18.3m, 직경 2.67m)는 공간의 제약에서 자유로울 수 없

68 러시아의 동쪽 끝, 캄차카반도에 위치한 ICBM 시험기지. 1955년에 설립하여 1957년부터 운용된 러시아의 대표적인 ICBM 시험기지로 최근에 Bulava와 Topol-M 발사시험을 성공적으로 실시했다.

는 잠수함의 특성에 부합하지 않으며, 특히 액체추진제(연료: Kerosene, 산화제: Liquid Oxygen)를 사용하므로 발사 전에 함정 내부에서 유독성의 액체 추진제를 충전해야 하는 등 SLBM으로서의 조건에 적합하지 않아 미 해군은 Jupiter 사업에서 발을 빼게 된다. 대신 1956년 미 해군은 Polaris 개발 프로젝트를 독자적으로 시작하게 된다.

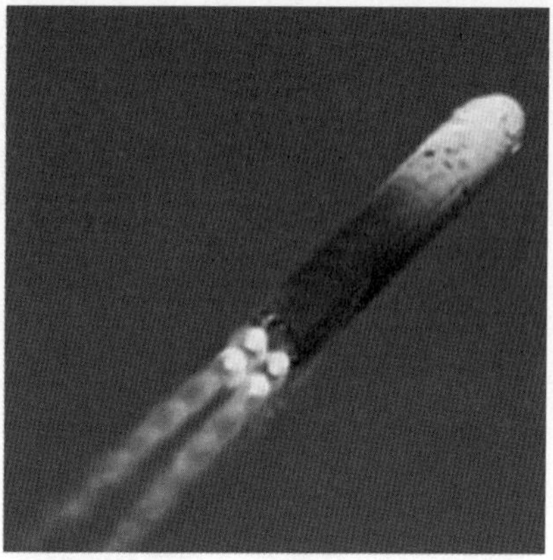

◉ SLBM Layner
글로벌 디펜스 뉴스

UGM-27 Polaris는 미 해군 최초의 SLBM이다. 이전까지 미 해군은 전략 핵무기로 Regulus[70] 순항미사일을 운용해 왔다. 적국의 선제 핵공격에 대응한 보복수단으로서 핵을 운반하기 위해 Regulus를 잠수함에 배치하였으며, 따라서 정밀성보다는 압도적인 폭발력에 초점을 두었다. 그러나 Regulus는 아음속의 순항미사일로 느린 속력으로 인해 레이더에 노출될 경우, 적의 방공망을 뚫기가 불가능한 단점을 피할 수 없었다. 구소련의 SLBM 개발에 위협을 느낀 미국은 Regulus를 대체하기 위해 Polaris를 개발하였다.

69 1956년 Chrysler사에서 개발한 미 공군 최초의 MRBM. 중량 49.8t, 전장 18.3m, 직경 2.67m, 최대사거리 2천400km, CEP 800m의 액체추진 중거리 탄도미사일로 미 공군과 이탈리아·터키 공군에서 운용하였다.

70 SSM-N-8 Regulus 순항미사일. 미국이 1955년에 개발하여 1964년까지 운용한 핵탑재 순항미사일. 전장 9.8m, 직경 1.4m, 최대사거리 926km의 아음속 미사일로 MK 5 또는 MK27 핵탄두를 장착하였다.

1960년 1월 7일, Polaris는 미 플로리다의 케이프 커네버럴 미사일 시험장에서 역사적인 첫발의 발사시험을 성공시켰다. 같은 해 7월 20일에는 SSBN 조지 워싱턴함이 최초로 수중에서 Polaris를 발사하였다. Polaris는 1961년에 실전 배치된 이후 1996년까지 30여 년간 미 해군의 대표적인 SLBM으로 활약하였다.

Polaris는 초기 버전인 A-1부터 A-2, A-3까지 세 가지 모델로 개발되었다. A-1은 중량 13.1t, 전장 8.7m, 직경 1.4m, CEP 1천800m, 최대사거리 1천800km의 MRBM급으로 600kt 위력의 W-47[71] 핵탄두 1개를 탑재하여 운용하는 2단 고체추진 SLBM이다. 1961년 조지 워싱턴함을 시작으로 1966년까지 41척의 SSBN에 각각 16기의 Polaris A-1을 탑재하였다.

미 해군은 1962년 Polaris A-1을 A-2로 개량하였다. A-2는 중량(14.7t)과 전장(9.4m)을 키워 사거리를 2천800km까지 늘였다. Polaris의 마지막 버전인 A-3는 사거리를 4천600km까지 늘이기 위해 중량(16.2t)과 전장(9.9m)을 키웠으며, CEP 900m로 명중률을 향상시켰다. 또한 200kt 위력의 W58[72] 핵탄두 3개를 장착하고, 다양한 기만체를 탑재하여 ABM으로부터 생존성을 확보하였다.

Polaris는 영국에서도 운용하였다. 1950년대 영국은 자신들이 운용하던 'V Bomber' 전폭기의 도태에 대비하기 위해 움직인다. V

71 Polaris A-1에 장착된 미국의 열핵폭탄. 1960년 Lawrence Radiation 연구소에서 개발하여 1970년까지 사용했다. W47은 직경 46cm, 길이 1.2m, 중량 330kg이며, 초기 모델인 Y-1은 600kt, Y-2는 1.2Mt의 위력을 지녔다.

72 Polaris A-3에 장착된 미국의 열핵폭탄(수소폭탄). 1962에 개발하여 1982년까지 사용했다. W58은 직경 40cm, 길이 1.0m, 중량 117kg으로 200kt 위력을 지녔으며, A-3에 3개를 장착하였다.

Bomber는 1950년대와 1960년대에 Skybolt[73] 탄도미사일을 탑재하여 운용했던 영국 공군의 주력 폭격기였다. 위성 발사 로켓과 새로운 핵 탄도미사일의 플랫폼이 필요했던 영국은 1955년 자신들의 독자적인 중거리 탄도미사일 확보 계획인 Blue streak[74]계획에 돌입한다. 그러나 탄도미사일 개발에 필요한 막대한 예산과 핵무기 개발에 대한 비난적인 여론으로 인해 영국은 Blue streak 계획을 취소하게 된다.

◉ 미국 최초의 SLBM Polaris

1963년 4월 6일 영국 의회는 미국으로부터 Polaris의 도입을 승인하고, 1964년 Polaris를 탑재하여 운용할 신형 SSBN의 건조에 들어갔다. HMS Resolution함[75]은 영국 해군 최초의 SSBN으로 1967년 10월에 취역한 이후 1968년 2월에 처음으로 Polaris SLBM을 탑재하여 작전에 투입되었으며, 1994년까지 영국 해군의 주력 SSBN으로 활약했다.

73 미국의 ALBM. 중량 5t, 전장 11.7m, 직경 0.89m 크기의 ALBM으로 1Mt 위력의 W59 핵탄두 1개를 장착하였으며, 관성항법으로 비행하며, 최대사거리는 1천850km이다.

74 1955년에 시작된 영국의 독자적인 MRBM 개발 계획이다. 막대한 예산의 압박으로 인해 1960년 취소되었다.

75 영국의 Resolution급 SSBN. 전장 130m, 전폭 10m, 만재톤수 8천400t, 순항속력 20kts, 잠항속력 25kts의 핵잠수함으로 Polaris SLBM을 운영했다.

◉ HMS Resolution
Military-Today.com

미국은 Polaris의 성공적인 개발 이후 Polaris 개량 계획에 착수한다. Polaris의 발사관을 최대한 활용하면서도 최대사거리를 늘이기 위한 것으로, 1963년 Polaris B3 프로젝트를 시작했다. 그러나 후에 Polaris의 개량으로 보기에는 전혀 다른 기술이 반영된 SLBM의 개발이라는 점에 의의를 두어 프로젝트명을 Poseidon C3로 변경하게 된다.

UGM-73 Poseidon은 1971년에 개발되어 1979년 Trident-I이 개발될 때까지 미 해군에서 운용한 SLBM으로, 중량 29.2t, 전장 10.4m, 직경 1.9m, 최대사거리는 Polaris A-3와 동일한 4천600km이다. Poseidon은 미 해군 최초로 MIRV를 장착한 SLBM이다. 40kt 위력의 W68 핵탄두를 최대 14개까지 장착하여 운용할 수 있고, 각각의 탄두를 14개의 목표로 유도하는 MK3 재진입체가 개별 목표의 공격을 위해 탄두를 투하한다. 1968년 4월 16일 최초 발사시험 성공 이후 1970년 8월 3일, SSBN James Madison함에서 처음으로 수중발사에 성공했으며, 1971년에 실전 배치되었다. 미국은 모두 12척의 Poseidon 탑재 SSBN을 운용하였다.

1979년 미국은 Poseidon을 대체하기 위해 UGM-96 Trident-I(C4)을 개발하였다. ICBM급 SLBM의 개발이 최우선 목표였던 미국은 사거리 연장에 초점을 두어 Trident-I의 개발을 시작했다. 그러나 조지 워싱턴함을 비롯하여 Poseidon을 탑재·운용하던 Lafayette급[76] SSBN에 Trident-I을 탑재해야 했기에 크기와 직경을 늘리는 방법으로 사거리를 연장시킬 수 없었다.

따라서 MIRV 수를 Poseidon의 14개에서 8개로 줄여 중량을 줄임으로서 사거리를 늘였다. 그리고 Poseidon의 W68 대신 폭발력이 향상된 W76을 장착하여 MIRV의 수는 줄였지만 위력은 동일하게 유지하였다. 또한 Poseidon의 2단 추진제에 1단을 늘여 3단으로 제작하였으며, Aero-Spike를 미사일 끝에 장착하여 발사 직후 가속단계에서 공기저항을 감소시켜 사거리 연장에 기여했다.

Trident-I은 중량 33.1t, 전장 10.4m, 직경 1.9m, CEP 380m, 최대사거리 7천400km이다. 100kt 위력의 W76 핵탄두 8개를 장착하였으며, MK 4 PBV를 장착하여 보다 정밀하게 조종함으로서 명중률을 향상시켰다. 1977년 1월 18일, 플로리다 케이프 커네버럴 미사일 시험장에서 첫 번째 시험발사를 성공시킨 이후 1979년에 Lafayette급 SSBN에 탑재되었고, 초기 Ohio급 8척에 탑재하여 2005년까지 운용하였다.

76 미국이 1963년에 개발하여 1994년까지 운용한 세계 최초의 전략 원잠. 전장 130m, 전폭 10m, 만재톤수 8천400t, 순항속력 16kts, 잠항속력 21kts의 핵잠수함으로 Polaris와 Trident-I을 운영했다. 모두 9척이 건조되었으며, 1994년 모두 은퇴하였다.

◉ Poseidon과 Trident-I
en.wikipedia, US Naval Institute

1981년 미국은 주력 SSBN으로 Ohio급 잠수함을 개발했다. Ohio급 SSBN은 전장 170m, 전폭 13.0m, 톤수 1만8천750t, 순항속력 12kts, 잠항속력 25kts의 최신 원자력 잠수함으로, 1981년에 SSBN Ohio함을 취역한 이래 현재 18척이 임무 수행 중이다. 초기 8척인 SSBN-726부터 SSBN-733 네바다함까지는 Trident-I SLBM 24기를 탑재하여 운용하였다. 2003년에 SSBN-726부터 SSBN-729 조지아함까지 4척은 Trident-I을 토마호크로 대체하여 운용 중이고, 1990년 Trident-II 개발 이후 SSBN-730 잭슨함부터 SSBN-743 루이지애나함까지 14척은 Trident-II SLBM 24기를 탑재하여 운용 중이다. 미국은 Ohio급 잠수함을 2029년까지 운용할 예정이며, 추후 Virginia급 핵잠수함을 개발할 계획이다.

1990년 미국은 Trident-I을 대체하기 위해 UGM-133A Trident-II(Trident D5)를 개발하였으며, 현재 미국과 영국 해군에서 주력

◉ Ohio급 SSBN
www.sinodefenceforum.com

SLBM으로 운용하고 있다. 미국은 1990년 3월 USS 테네시(SSBN-734)함을 시작으로 가장 최근인 2015년 11월 켄터키(SSBN-737)함까지 14척의 Ohio급 SSBN에 24기의 Trident-II를 탑재하여 운용 중이다.

Trident-II는 미국의 6번째[77] SLBM이다. 미국은 기존 Trident-I의 사거리 확장과 명중률 향상에 중점을 두어 Trident-II의 개발에 착수했다. 또한 'New START[78]'에 부합하면서도 탄두의 성능 향상을 통한 핵전력의 우위를 선점하는 것에 초점을 두었다.

Trident-II는 여러 가지 면에서 Trident-I에 비해 향상된 기술력이

77 1956년부터 시작한 미 해군의 FBM(Fleet Ballistic Missile) 프로그램에 따라 제작된 SLBM 개발순서로, 1세대 Polaris A1, 2세대 Polaris A2, 3세대 Polaris A3, 4세대 Poseidon C3, 5세대 Trident-I(C4), 그리고 가장 최근 6세대 Trident-II(D5)이다.

78 New START(STrategic Arms Reduction Treaty): 2010년 4월 8일, 미국과 러시아가 체결한 전략무기 감축협정. 2011년 2월 5일부터 2021년 2월 5일까지 10년간 양국이 보유 중인 전략 핵무기와 핵탄두, 발사 플랫폼을 절반으로 줄이는 것으로 2009년에 종료된 START I의 후속 조치이다.

◉ Vanguard 급 SSBN
www.defenseindustrydaily.com

적용되었다. Trident-I과 같이 3단 고체추진제를 사용하면서도 사거리를 1만2천km 이상으로 향상시켰다. 사거리 향상을 위해 전체중량(58.5t)과 전장(13.4m), 직경(2.1m)을 늘였으며, 무게를 줄이기 위해 3단 로켓 전체를 가벼운 소재의 탄소섬유로 제작했다. 또한 Trident-I의 Aero-spike보다 확장된 Aero-spike를 사용하여 공기저항을 50% 이상 감소시킴으로서 추력과 사거리를 향상시켰다.

Trident-II는 최대 14개의 핵탄두 W88(475kt) 또는 W76(100kt) MIRV를 탑재하거나 MaRV를 탑재할 수 있다. 사거리는 최대 페이로드 적재 시 7천840km, 페이로드 조절에 따라 최대 1만2천km 이상을 비행할 수 있으며, 최대속도는 마하 24(8,060m/s)에 이른다. 그리고 GPS 업데이트 방식의 신형 천측-관성항법장치 MK 6를 적용하여

1만2천km 이상의 사거리에도 불구하고 CEP는 90m에 불과할 정도로 정밀성이 우수하다.

Trident-II는 발사명령이 생성되면 미사일 튜브 내에 팽창가스가 유입되어 미사일을 잠수함 밖으로 사출시키고, 수 초 내 미사일이 수면 위로 솟아오르면 1단 로켓의 TVC가 점화된다. TVC가 정해진 궤도비행을 위해 1차로 미사일의 자세를 수정하면 1단 로켓이 점화된다. 그래서 약 65초 동안 연소하고, 연소가 종료된 후 1단 로켓이 분리됨과 동시에 2단 로켓의 추력편향노즐(TVC)이 2차로 미사일의 자세를 수정한다. 2단 로켓 역시 점화 후 약 65초 연소하며, 연소 종료 시 미사일 제일 꼭대기의 탄두 보호용 Nose Fairing이 벗겨지고, 3단 로켓의 TVC가 자세를 수정함과 동시에 2단 로켓이 분리된다. 3단 로켓이 점화하여 약 40초 연소한 이후 분리되면 PBCS(Post Boost Control System)가 점화되어 탄두를 목표물 상공까지 조종한다. PBCS는 천측-관성유도장치를 이용하며, 1개의 카메라를 장착하여 지속적으로 별(또는 위성)의 위치를 측정하면서 비행궤도를 수정한다.

표적 상공에 도착하면 PBCS는 재진입체(RV) 방출을 준비, 각각의 목표물 상공을 통과할 때마다 PBCS가 정해진 MIRV를 방출한다. 각각의 탄두는 재진입 단계에서 PAM(Plume Avoidance Maneuver)을 작동하여 명중률을 향상시킨다.

Trident-II는 인류 역사상 가장 강력한 SLBM이며, 가장 정밀한 ICBM이다. 미 해군은 1983년 Trident-II의 개발을 시작한 이래 1990년 개발을 완료하여 실전 배치, 현재까지 주력 SLBM으로 운용 중이다. New START 조약에 따라 미국은 현재 288기의 Trident-II SLBM과 1천152개(1기의 Trident-II에 최대 4개의 MIRV 장착)의 Trident-II

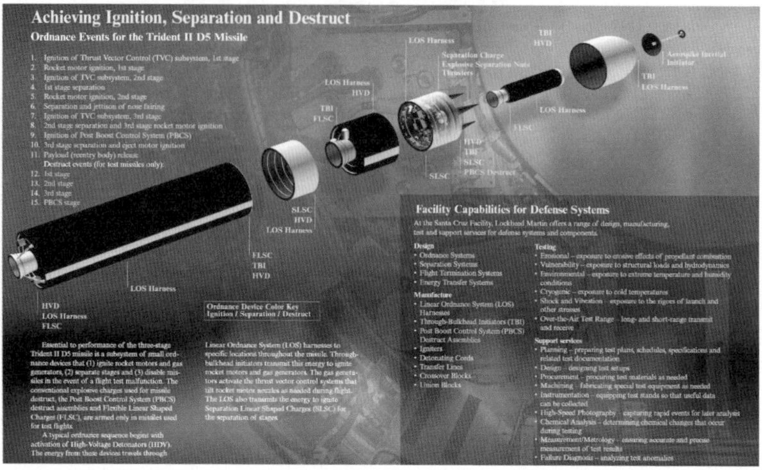

◉ Trident-II
www.dmitryshulgin.com

탑재용 핵탄두를 보유 중이다. 미 해군은 Trident-II를 추후 Trident D5LE(Life-Extension) 버전으로 개선하여 2042년까지 운용할 계획이다.

중국은 1960년대에 들어 SLBM의 개발을 계획한다. 1967년, NPT 가입국 중 가장 늦게 SLBM 개발에 뛰어든 중국은 1970년대부터 박차를 가하여 1970년대 말 최초의 SLBM인 'JL-1(JuLang, 巨浪)'을 개발했다. 1982년 4월 30일 처음으로 육상 발사시험에 성공한 JL-1은 그 해 10월 12일 프로젝트 629A(Golf급) 잠수함에서 역사적인 첫 수중 발사시험에 성공했다. JL-1은 모두 12기가 제작되었으며, Type 092 시아(Xia)급 핵잠수함 1척에 모두 탑재되었다. 중국은 JL-1을 개량하여 지상 발사형 MRBM인 DF-21을 개발하였다.

JL-1(나토명 CSS-NX-3)은 중국이 개발한 최초의 고체추진 탄도미사일이다. 중량 14.7t, 전장 10.7m, 직경 1.4m, 1단 고체추진제를 사용하며, CEP 700m, 최대사거리는 1천770km 이다. JL-1은 관성항법유

◉ JL-1·JL-2
Pakistan Defence, Indian Defence News

도와 컴퓨터를 이용하여 비행궤도를 수정하며, 500kt 위력의 핵탄두 1개를 탑재하여 운용한다. 중국은 JL-1의 탄두중량을 조절하여 사거리 2천500km의 JL-1A를 개발했다.

JL-2(나토 명 CSS-NX-A4)는 중국의 차세대 SLBM이다. 중국은 지상발사형 ICBM인 DF-31을 개량하여 사거리 8천km의 JL-2를 개발하였다. 1983년 DF-31에 장착할 2단 로켓모터의 개발에 성공한 중국은 1985년부터 DF-31과 JL-2의 개발을 동시에 시작했고, 2001년 처음으로 Golf급 잠수함을 개량하여 JL-2의 수중 발사시험을 실시했다. 2004년까지 거듭된 수중 발사시험의 실패 이후 2005년과 2008년 두 차례 발사시험에 성공했다. 2009년에 중국의 신형 SSBN인 Type 094 진(Jin)급 잠수함에 탑재되어 2012년과 2015년 1월 발사시험 후 실전에 배치되었다.

JL-2는 중국 최초의 ICBM급 SLBM이다. 3단 고체추진체로 최대

◉ Jin급 SSBN

중국 SSBN 제원
Jane's strategic weapons systems

구분	배치년도	크기	최대속력(kts)	탑재 SLBM	보유척수
		톤수(t)	최대잠항심도(m)	SLBM 수량	
Xia Class	1987년	120m×10m	22	JL-1	1척 (406)
		6,640	300	12기	
Jin Class	2007년	135m×12.5m	22 이상	JL-2	4척 (411~414)
		11,000	300 이상	12기	

사거리는 8천km이며, 250kt~1Mt 위력의 핵탄두 1개 또는 90kt 위력의 MIRV 4개를 장착하였다. 전체중량은 42.0t, 전장 13.0m, 직경 2.0m이며, 관성유도와 중국의 독자적인 GPS 위성인 Beidu(北斗) 위성 신호를 이용하여 명중률을 향상시켰다.

중국은 현재 신형 SLBM인 JL-3를 개발 중이며, JL-3를 탑재하여 운용할 신형 SSBN인 Type 96 핵잠수함도 개발 중이다. JL-3는 사거리 1만1천km이며, 지난 2014년 4월에 서해에서 실시한 수중 발사시험에서 8천km 떨어진 고비사막의 표적에 정확히 명중했다고 중국 언론이 보도했다. Type 096 신형 SSBN은 미국의 오하이오(Ohio)급 잠수함에 대응하기 위해 개발 중인 잠수함으로 모두 6척을 보유할 계획이다. 각각 24기의 JL-3를 탑재하여 운용할 예정이다.

Chapter 3

미사일 잡는 미사일

●●● 북한은 ICBM의 4대 핵심기술인 핵의 소형화와 기폭장치 기술, 미사일의 장사정화에 모두 성공했다. 수차례 장거리 미사일 발사시험으로 축적된 단분리(staging) 기술을 적용하여 추진체를 2단 이상으로 확장하고 대기권 재진입 기술만 확보한다면, 북한은 미국 본토를 위협할 수 있는 대륙간탄도미사일(ICBM)을 만들 수 있을 것으로 추정된다. ●●●

미사일 방어체계의 역사

8개국만 방어체계 구축

창과 칼은 방패로 막아낼 수 있다고 생각한다. 총포는 엄폐물이나 참호 속에서 피할 수 있다. 미사일이라면 얘기가 좀 다르다. 미사일은 끈질기다. 용케 도망가면 따라오고 숨어 있어도 찾아낸다. 건물 안에 숨으면 건물 속으로 들어오고, 피할 곳조차 없도록 수백~수천 개 자탄을 흩뿌리기도 한다. 핵을 장착한 탄도미사일이라면 회피나 은폐를 언급하는 것은 사치가 될 수 있다. 압도적인 폭발력은 견고한 지하 벙커로도 막아내기가 쉽지 않다. 미사일을 막을 수 있는 방패가 존재하지 않는 것처럼 보인다.

그렇다하더라도 적의 미사일 공격은 막을 방법을 찾아야 한다. 그래서 나온 것인 미사일 방어체계이다. 미사일은 미사일로 막아야 한다. 즉, 적 미사일을 아군 미사일로 공격해 무력화해야 한다. 요격용 미사일(ABM)의 등장은 미사일을 막기 위한 것이다.

미사일 방어체계(MD)는 미사일이 표적에 도달하기 전에 요격하는 것을 목표로 개발되었으며, 미사일 탐지자산과 요격용 무기를 총칭한다. 초기 미사일 방어체계는 핵을 탑재한 ICBM을 요격하기 위한 것이었다. 점차 그 개념이 넓어져 단거리 전술 탄도미사일을 포함한 모든 사거리의 미사일을 방어하는 개념으로 확대됐다. 미사일 방어체계를 구축해놓았거나 개발 중인 나라는 미국과 러시아, 중국, 프랑스, 이탈리아, 인도, 이스라엘, 일본 등 8개국에 불과하다. 유럽은 미국 MD를 전적으로 수용하는 모양새를 취하고 있고, 우리나라는 북한의 탄도미사일 위협에 대응하기 위해 한국형 미사일 방어체계(KAMD)를 준비하고 있다.

미사일 방어는 미사일 공격이 시작되었던 곳에서 출발했다. 인류 역사에서 미사일이 등장한 시기는 100년이 채 되지 않는다. 세계 최초 미사일은 독일이 개발하였고, 역시 독일이 가장 먼저 전쟁에서 미사일을 사용했다.

독일의 V-1과 V-2는 각각 순항미사일과 탄도미사일의 시초로, 제2차 세계대전에 사용된 최초의 미사일들이다. 제2차 세계대전이 막바지로 치닫던 시기에 나치 독일은 프랑스와 독일 해안을 따라 V-1의 사출장치를 설치하고, 1944년 6월 13일부터 V-1을 발사했다. 영국에 9천500여 기, 벨기에의 앤트워프에 2천450여 기를 발사했으며 폭격은 1945년 3월 29일까지 계속되었다.

독일은 1944년 9월 8일부터 1945년 3월 27일까지 약 4천300여 발의 V-2를 발사했다. 런던을 향해 1천300발, 앤트워프를 향해 1천

600발이 발사됐다. 당시 낮은 기술력으로 미사일이 높은 명중률과 엄청난 폭발력으로 전쟁의 양상을 바꿀 만큼 압도적인 위력을 보이지는 않았다. 그러나 보이지 않는 곳에서 고속으로 날아와 살상력을 발휘해 충분히 위협적이기는 했다. 연합군, 특히 도버해협[1]을 사이에 두고 대치해 있던 영국으로서는 미사일이 공포의 대상이었다.

미사일은 그 만큼 장점이 많았다. 먼 거리를 폭격할 수 있으면서도 조종사를 잃을 위험으로부터 자유로웠다. 구스타프와 같은 거대 열차포처럼 많은 설비와 인력을 필요로 하지 않으면서도 300km나 비행하여 목표물을 공격할 수 있었다. 사거리 47km의 구스타프를 위해 1천359톤의 중량과 전용 철로, 약 3천명에 달하는 운용요원이 필요했다. 반면 미사일은 수십 명의 인력만 있으면 발사할 수 있을 만큼 획기적인 것이었다.

나치 독일의 미사일 공격에 적잖은 충격을 받은 연합군과 영국은 미사일 방어체계를 가동한다. 그 첫 번째가 V-1 순항미사일을 요격하는 것이었다. V-1은 펄스제트엔진을 장착한 무인비행기에 폭약 900kg을 적재한 형태이다. 당시 엔진의 기술력에 비해 많은 폭약을 장착함으로서 속력이 시속 640km에 불과했다. 그 무렵 영국 공군의 전투기 '스피트파이어(Spitfire)[2]' 보다 속력이 느려 Spitfire의 훌륭한 먹잇감이 됐다. 세계 최초의 순항미사일을 요격하기 위한 미사일 방어체계는 전투기였다. 첩보를 통해 순항미사일의 공습 징후를 파악하

1 Strait of Dover: 영국의 남동쪽과 프랑스 북서쪽 사이의 해협. 북해와 영국해협을 연결하며, 프랑스에서는 칼레해협이라고 부른다. 영국 해협 중 가장 좁고 낮으며, 영국의 도버와 프랑스의 칼레 사이는 35.4km에 불과하다.

2 Spitfire: 1940년부터 1956년까지 영국의 주력 전투기. 영국 공군의 단좌 프로펠러 전투기로 우수한 기동성과 성능으로 미 공군까지 사용하였으며, 한국전쟁에도 투입되었다.

◉ 폭격 당한 런던
Life Images, Wikimedia Commons(Toni Frissell), IWM Imperial War Museum

고 V-1의 중간 비행단계에서 전투기가 요격했다.

V-2는 최대 중량이 12.5톤이지만 마하 2.5의 속력으로 320km를 비행할 수 있었다. V-2를 전투기로 요격하기는 불가능했고 마땅한 대응수단을 찾기가 어려웠다. 그래서 연합군은 발사 징후가 있는 적 V-2 기지를 선제공격한다. 킬 체인(Kill Chain)을 발동하는 것이다. 제공권을 확보한 연합군이 나치 독일의 V-2 기지를 찾는 것은 어려운 일이 아니었다. 연합군 폭격기가 V-2의 발사기지와 생산시설을 파괴하면서 발사 횟수는 점차 줄어들었지만, 전쟁이 끝날 때까지 1만여 명의 사상자가 더 발생했다. 제2차 세계대전에서 V-1과 V-2 미사일에 의한 사상사는 3만 명을 넘었다.

1950년대부터 시작된 미·소 양국의 군비경쟁은 탄도미사일과 거기에 장착할 핵탄두의 폭발적인 증가를 가져왔다. 서로의 탄도미사일 전력에 심대한 위협을 느낀 양국은 누가 먼저랄 것도 없이 탄도미사일을 요격하기 위한 미사일인 요격미사일(ABM: Anti-Ballistic Missile) 개발에 착수한다.

미국은 1950년대 후반 나이키 프로젝트를 진행했다. 나이키 프로젝트는 원래 적 폭격기를 겨냥한 방공 프로그램이었으나, 소련의 탄도미사일 위협이 점점 증가하자 ABM 개발 프로그램으로 전환됐다. 탄도미사일 요격을 위한 세계 최초의 ABM 개발이었다. 나이키 미사일은 상단 로켓의 종류에 따라 나이키-아이아스(Nike-Ajax), 나이키-허큘리스(Nike-Hercules), 나이키-제우스(Nike-Zeus) 등으로 구분된다. 나이키-허큘리스가 바로 세계 최초의 탄도미사일 요격용 미사일이다.

나이키-허큘리스는 ICBM을 제외한 탄도미사일에 대해 제한적인 요격 성능을 보였다. 미국은 나이키-허큘리스를 개량하여 나이키-제우스를 개발하였다. 나이키-제우스는 구소련의 ICBM에 대응하기 위해 개발되었다. 핵탄두를 장착하여 100km 이상의 고고도에서 탄도미사일을 요격하도록 설계되었고, 1960년대 초까지 직격타격(Hit-to-Kill)이 가능한 최초의 ABM이었다.

◉ 나이키 허큘리스
www.fas.org

그러나 나이키-제우스는 적 탄도미사일의 신속한 식별과 추적에 한계를 드러냈으며, 탄도미사일에 장착되어 운용되는 기만장치에 쉽게 교란당했다. 특히 핵탄두를 사용하므로 탄도미사일을 요격하더라도 핵폭발과 방사능 방출, 낙진 등에 의한 피해와 전자기 장애에 노출되는 등 2차적인 피해를 극복할 수 없었다. 그로 인해 미국은 1960년대 초 나이키-제우스를 폐기하였다.

1967년, 미국은 '센티넬(Sentinel)' 프로그램을 진행했다. 이는 나이키-제우스 미사일을 장거리 스파르탄(Spartan)[3] 미사일로 대체하고, 단거리 스프린트(Sprint)[4] 미사일을 추가하여 ICBM에 대응하기 위한 다층 방어개념이다. 장거리·단거리 미사일을 이용하여 다층 방어를 형성하고, 정밀한 컴퓨터 시스템과 레이더를 연동하여 명중률을 높이기 위한 계획으로 시작되었다. 그러나 예산문제와 정치적인 문제로 취소되었다.

1969년, 이 프로그램은 '세이프가드(Safeguard)'라는 이름으로 재개된다. Safeguard 프로그램은 Sentinel과 동일하게 장거리 스파르탄 미사일과 단거리 스프린트 미사일을 사용하며, 동일한 레이더 기술을 적용하면서도 방어구역을 미국 내 ICBM 사일로에 집중하여 소요되는 ABM 수량을 줄임으로써 예산을 절감하도록 개선되었다. 그러나 Safeguard 역시 Sentinel 프로그램과 동일한 이유로 보류된다.

1972년, 미국은 구소련과 ABM 협정을 체결하게 된다. 이는 자국 내 특정 구역의 탄도미사일 방어를 위해 하나의 ABM 시스템만을 배

3 Lim-49 Spartan: 미국이 1975년에 실전배치한 ABM. 3단 고체추진으로 최대사거리 740km, 최대 요격고도 560km의 Silo 발사 미사일이다. 5Mt 위력의 W71 핵탄두를 장착하여 탄도미사일 요격에 사용되었다.

4 Sprint: 1972년에 개발된 단거리 ABM. 2단 고체추진으로 최대사거리 40km, 최대 요격고도 30km의 Silo 발사 미사일이다. Low Yield 위력의 W66 핵탄두를 장착하여 탄도미사일 요격에 사용되었다.

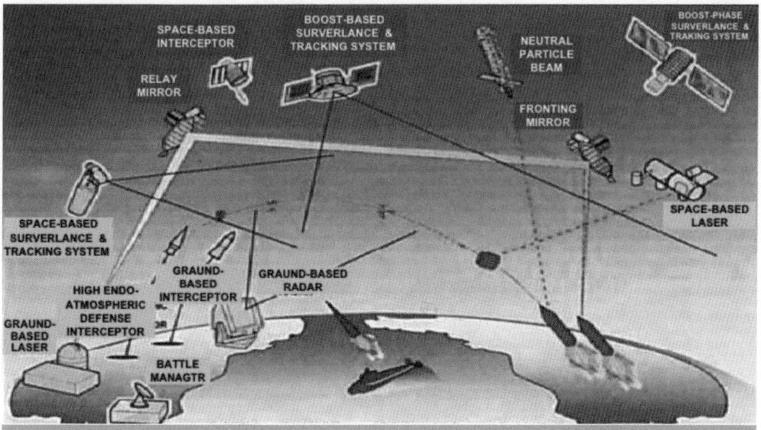

The purpose of SDI program was to create a Missile Defense System protecting the USA and its allies from a Soviet nuclear missile strike .

◉ ICBM을 레이저로 요격하는 SDI
GlobalSecurity.org

치해야하며, 요격미사일의 수량도 100기로 제한하는 것이다. 구소련은 모스크바의 방호를 위해 A-35 시스템을 배치하였고, 미국은 당시 ICBM 'Minuteman'의 발사기지가 있던 노스 다코다 소재 그랜드 폭스 공군기지의 방호를 위해 Safeguard 시스템을 배치하였다.

1983년 3월 23일, 로널드 레이건 대통령은 전략방위구상(SDI, Strategic Defense Initiative)이라는 새로운 미사일 방어 프로그램을 발표했다. 'Star Wars'로 더 유명한 이 프로그램은 인공위성에 레이저 무기를 탑재하여 적의 ICBM을 우주 공간에서 요격하는 개념이다. 미국은 SDI의 개발에 막대한 예산을 쏟아 부으며 노력했지만 Sentinel 프로그램보다 더욱 강한 반발과 비난 여론에 부딪혀 포기할 수밖에 없었다.

1991년 구소련이 붕괴되고, 걸프전을 통해 탄도미사일의 위협이 범세계적으로 확산되자 조지 W 부시(George Herbert Walker Bush) 행정부는 제한된 공격에 대응한 범세계적 방위(GPALS: Global Protection Against Limited Strikes)를 제창했다. 냉전기간 미국은 적대관계에 있던 구소련의 ICBM만이 유일한 위협이었다. 그런데 소련의 붕괴로 다양한 탄도미사일이 여러 공산권 국가로 퍼져 나가자, ICBM만이 방어대상이 아니라 다양한 탄도미사일의 위협에 대처하기 위한 방안을 모색하게 된 것이다. 미국은 이란과 북한, 시리아 등 제3세계 국가의 탄도미사일이 새로운 위협으로 떠오르자 미 본토와 해외 주둔 미군을 보호하기 위해 새로운 미사일 방어체계의 개발을 시작하였다. 고고도 미사일 방어체계 사드(THAAD)와 패트리엇(PAC-3) 미사일의 개발도 이 시기에 착수됐다.

클린턴 정부는 부시 행정부의 GPALS를 세분화하여 자국의 방어를 위한 NMD(National Missile Defence)와 전역 미사일 방어체계인 TMD(Theater Missile Defence)로 구분해 개발을 진행했다. NMD는 미국을 향해 ICBM이 발사될 경우 고성능 요격 미사일을 발사해 공중에서 요격함으로써 미 본토를 방어한다는 미사일 방어계획이며, TMD는 단거리·중거리 탄도미사일로부터 해외 주둔 미군이나 미국의 동맹국을 보호한다는 계획이었다. 이 시기를 통해 미 본토 방어를 위한 지상요격체계(GBI)의 개발이 시작되었다.

그러나 조지 부시 대통령은 ABM 협정을 일방적으로 파기하고 TMD와 NMD가 통합된 새로운 미사일 방어체제 개념을 발표한다. MD(Missile Defense)로 알려진 미국의 새로운 미사일 방어체계는 탄도미사일의 비행과정을 단계별로 세분화하여 비행 특성에 따라 차별화된 ABM을 발사하여 탄도미사일을 무력화시키는 것이다. 이 계획은

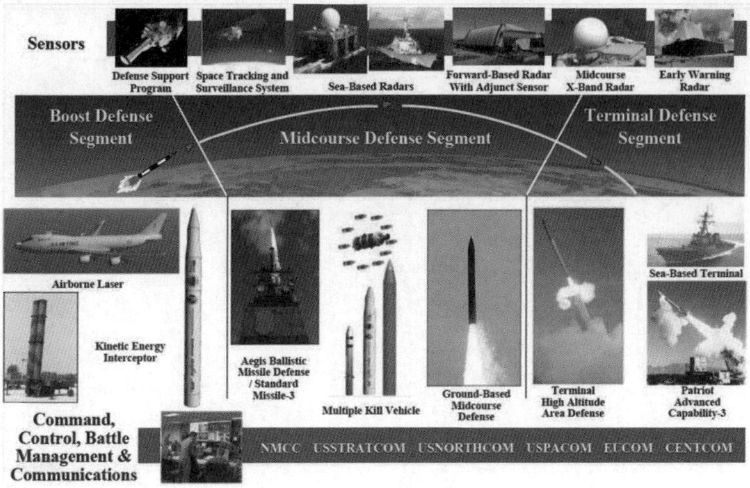

◉ 미국의 MD 개념
www.stealawscribe.com

현재까지 미국의 탄도미사일 방어계획으로 진행되고 있으며, 다양한 탐지체계와 요격체계를 개발하여 탄도미사일의 위협으로부터 완벽하게 벗어나기 위해 노력하고 있다.

러시아의 대표적인 탄도미사일 방어체계는 A-135 ABM 시스템이다. 러시아는 모스코바를 비롯한 주요 도시와 거점을 방어하기 위해 1995년 기존 미사일 방어체계였던 A-35를 개량하여 A-135 신형 미사일 방어체계를 실전 배치하였다. 1972년 SALT I을 통해 미·소 양국이 추진했던 ABM 규제에 따라 전역 방어가 아닌 주요 도시와 거점 방어에 국한된 형태로 개발되었다.

A-135 시스템은 레이더와 방공시스템은 우수했지만 요격미사일의 기동성은 현저히 떨어졌다. A-135의 ABM인 53T6(나토명: SH-11)는 1960년대에 사용되던 방식인 핵탄두를 적용한 요격미사일로 10kt

◉ 탄도미사일 탐지레이더 5N20 DON-2N
mmet.livejournal.com

위력의 핵탄두를 이용하여 강력한 핵폭발과 EMP[5] 공격을 통해 탄도미사일을 무력화시키는 방식으로 제작되었다. 그러나 핵폭발에 의한 탄도미사일의 요격은 요격에 성공하더라도 EMP와 방사선 등에 의해 자신에게도 피해가 불가피하다는 단점이 있었다. 러시아는 A-135 시스템의 성능을 개량하여 탐지거리를 향상시킨 Hit-to-kill 방식의 A-235 시스템을 개발하고 있다.

A-235 시스템의 핵심인 탄도미사일 탐지체계는 '5N20 DON-

5 EMP: Electro-Magnetic Pulse, 전자파펄스. EMP는 핵폭발에 의하여 생기는 전자기 충격파이다. 핵폭발이 일어나면 전자기파와 중성자가 생성되는데, 이 때 생성되는 강력한 에너지를 지닌 전자기파인 감마선 광자가 대기 중으로 확산되면서 Compton 효과가 발생한다. 감마선 광자로부터 에너지를 받은 전자의 이동으로 강력한 전기장과 자기장이 형성되고, 이런 과정을 통하여 방출된 고에너지 전자가 물결 형태의 진동운동을 하면서 강력한 EMP를 발생시킨다. EMP는 엄청나게 큰 과전류를 발생하여 전자회로, 통신장비, 컴퓨터, 전산망 등을 마비시킨다.

2N' 레이더이다. 거대한 피라미드 형태의 위상 배열 레이더인 5N20 DON-2N 레이더는 탄도미사일을 탐지·추적하며, 사격 통제임무를 수행한다. 최대 탐지거리는 6천km, 최대 탐지고도는 4만km이며, 500기의 탄도미사일과 위성을 탐지할 수 있다. 36개의 탄도미사일과 동시 교전이 가능하도록 개발 중이다.

러시아는 현재 S-400 신형 미사일 방어체계를 주력으로 운용 중이다. S-400은 S-300PMU의 개량형으로, 1999년 개발에 착수하여 2007년에 실전 배치되었다. 기존 S-300PMU의 약점으로 지적되던 정보처리 성능을 개선한 것으로, 디지털 컴퓨터를 사용하여 표적 동시 처리량을 크게 늘려 반응속도를 줄이고 동시 교전능력을 늘렸다. S-400은 탐지거리가 700km 이상이며, ECCM 기능을 적용하여 전자전 상황에서도 유효한 성능을 발휘한다. 최대 300개 표적을 포착할 수 있고, 24개의 표적과 자동 교전할 수 있다. 탄도미사일 탐지·요격을 위해 조기경보 위성과 조기경보기와의 네트워크를 구축해 탐

◉ 차세대 MD 체계 S-500
survincity.com

지거리를 비약적으로 늘렸다. 또 이동에서 발사까지 5분밖에 걸리지 않아 매우 신속한 대응이 가능하다. 최대 초속 5km에 달하는 탄도미사일과 순항미사일을 요격할 수 있다. 최소 사정거리는 1km, 최소 고도 5m, 최대 요격 가능 고도는 30km이다. 제작사는 항공기 90%, 탄도미사일 80%, 탄두는 70% 이상의 최소 명중률을 가졌다고 주장한다.

러시아는 탄도미사일 방어를 위해 지난 2012년부터 신형 방공무기 체계인 S-500을 개발하여 완성단계에 있다. S-500의 최대사거리는 약 600km 정도이며 최대 10개의 탄도미사일을 추적할 수 있다. 5km/s 이상의 속력을 가진 탄도미사일에 대응할 수 있을 것으로 추정된다.

미국의 미사일 방어체계

탐지 체계의 발전

미국은 수백 기의 인공위성을 통해 24시간 세계를 감시하고 있다. 그 중에서도 특히 몇 대의 위성은 탄도미사일의 발사 징후를 포착하고, 발사된 탄도미사일을 탐지·추적하여 ABM으로 요격하기 위해 사용된다.

인공위성은 탄도미사일을 탐지하는데 가장 효율적이다. 탄도미사일은 발사 초기에 로켓의 추진력으로 일정한 궤도와 방향을 잡아 상승하여 대기권을 벗어난다. 로켓의 추진제가 모두 연소되면 중력을 원심력으로 보상하여 포탄의 탄도와 같은 비행궤도를 그리며, 목표 지점에서 높은 강하각으로 자유 낙하한다.

대기권을 벗어난 탄도미사일은 탐지위성에 그대로 노출된다. 탄도

◉ 탄도미사일 비행단계별 미 MD 체계

※ NMCC: (National Military Command Center: 국방부 지휘센터) USSTRATCOM: (US Strategic Command: 미 전략사령부)

미사일은 대기권을 벗어나기 위해 중력을 거슬러 공기저항을 뚫고 상승해야하므로 엄청나게 많은 열과 자외선을 발생할 수밖에 없어 인공위성의 눈을 피하기 어렵다. 탄도미사일의 사거리가 길어지면 길어질수록 인공위성에 노출되는 시간은 더욱 길어지게 된다.

탄도미사일 탐지위성은 굳이 RF 송·수신 장치 따위를 탑재할 필요도 없다. 인공위성이 탄도미사일을 탐지하기 위해선 적외선 탐색기만 있으면 된다. 대기권을 벗어난 우주 공간은 빛이 거의 없는 공간이라 빛의 산란이나 굴절이 없고, 탄도미사일은 적외선과 자외선을 방출하면서 상승하기에 적외선 탐색기만으로도 충분히 탐지할 수 있다.

미국의 대표적인 탄도미사일 탐지 위성은 DSP(Defense Support

Program) 위성이다. DSP는 1970년 이후 40년간 미 공군이 운영해온 탄도미사일 조기경보용 정지궤도[6]위성이다. DSP는 6천 개의 검파기가 장착된 적외선 망원센서를 이용해 탄도미사일 발사 징후를 감시하며 비행궤도를 추적한다. 미국은 1970년부터 모두 24기의 DSP 위성을 발사하였으며, 현재는 DSP-19부터 DSP-24까지 6기의 인공위성만이 남아 24시간 지구를 감시하고 있다.

◉ 탄도미사일 탐지위성 DSP
en.wikipedia

정지궤도 위성이란 정지궤도인 고도 3만5천786km에서 궤도운동을 하는 위성이다. 지구의 자전 속도와 동일한 속도로 궤도 운동을 할 때 지구에서 보면 마치 정지해 있는 것처럼 보이므로 정지궤도 위성이라 부른다. 위성의 시야각을 고려할 때 3기의 정지궤도 위성만 있으면 지구를 24시간 감시할 수 있다. 그러나 정지궤도가 워낙 고고도여서 웬만한 성능으로는 사물을 식별할 수 없다. 우리나라의 무궁화-5호[7] 위성도 정지궤도 위성이며, 승용차를 구분할 수 있는 정도의 성능을 지녔다.

6 정지궤도: GEO, Geostationary Earth Orbit. 적도 상공 3만5천786km 지점. 'Clarke Belt'라고도 부른다. 지구의 자전속도와 동일한 속력으로 24시간 비행하면 동일한 구역을 지속적으로 감시할 수 있다.

미국은 도태되는 DSP 위성을 대체하기 위해 새로운 인공위성을 쏘아 올릴 것을 계획했다. SBIRS(Space Based Infra-Red System)가 바로 그것으로, 다양한 고도에 SBIRS 위성을 쏘아 올려 24시간 지구를 감시할 계획이다.

SBIRS는 장거리 및 중·단거리 탄도미사일을 모두 탐지할 수 있는 위성체계이다. 지상기지인 미 콜로라도 버클리(Berkeley) 공군기지의 임무 통제센터(MCS: Mission Control Station)에서 위성을 통제하며, 예비 MCS는 콜로라도 쉬리버(Schriever) 공군기지가 수행한다. 또한 SBIRS가 획득한 모든 정보는 JTAGS(Joint Tactical Ground Station)를 통해 모든 MD 관련 부대에 제공된다.

SBIRS는 SBIRS-High와 SBIRS-Low로 구분한다. SBIRS-High는 4기의 정지궤도 위성과 2기의 타원궤도 위성으로 구성된다. 복합형 적외선 센서를 이용하여 탄도미사일 조기경보 및 정밀 영상에 의한 분쟁 감시, 실종 또는 격추 항공기 수색 등의 임무를 수행한다. 특히 고성능 적외선 센서를 이용하여 탄도미사일의 발사 징후 포착 및 발사, 탄두의 방출과 대기권 재진입 등 탄도미사일의 모든 비행단계를 빠짐없이 추적할 수 있을 것으로 예상된다.

SBIRS-Low는 우주배치 감시·추적 시스템으로 저궤도인 고도 약 1천350km에서 궤도운동을 수행하며, 탄도미사일의 정밀 감시·식별·추적을 통한 조기경보 임무를 맡는다. 미국은 모두 24기의 SBIRS-Low 위성을 궤도에 쏘아 올려 지구 전체를 감시할 계획이다.

7 한국통신에서 개발한 정지궤도 통신위성. 2006년 8월 22일에 발사하였으며, 임무 기간은 15년이다. 우리나라 최초의 민군 겸용 통신위성으로 약 고도 3만6천km에서 궤도운동을 하고 있다.

SBIRS-Low 위성의 다른 이름은 STSS(Space Tracking & Surveillance)이며, 미사일방어국(MDA: Missile Defence Agency)에서 관리한다. STSS는 지축과 58° 기울어진 경사로 120분에 한 바퀴 지구를 완주하며, 탄도미사일 추적뿐만 아니라 탄두와 부속물, 파편물의 식별이 가능할 정도로 정밀하다.

탄도미사일 발사 초기 단계에서 STSS는 적외선 스캐닝 센서를 이용하여 탄도미사일을 탐지하고, 중간·종말 단계에서는 적외선 추적 센서를 이용하여 탄도미사일 탄두를 추적한다. 2009년 9월 25일, 미국은 MDA의 주도 아래 NASA에서 2기의 STSS를 발사하여 궤도에 올리는데 성공하였다.

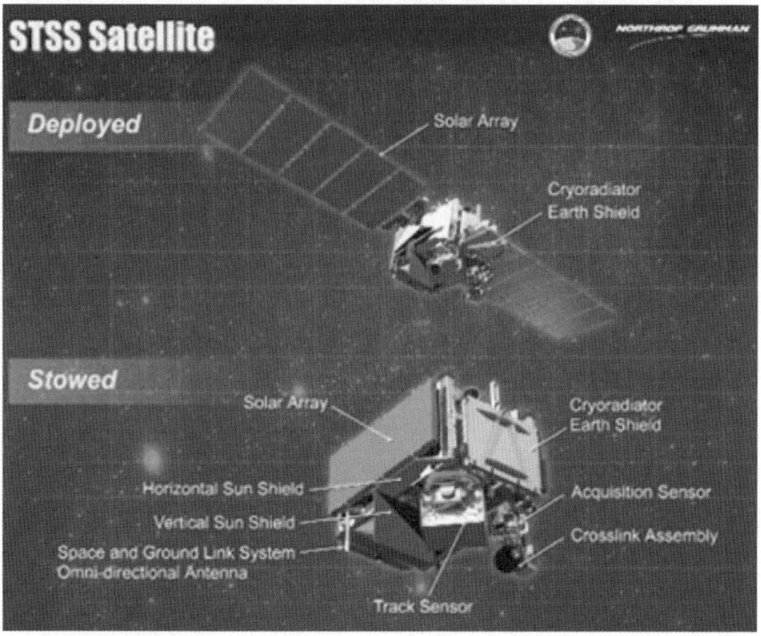

◉ 탄도미사일 탐지위성 STSS
www.satnews.com

미국은 탄도미사일 탐지·추적을 위한 다양한 지상 기반 조기경보 레이더를 보유하고 있다. 최초의 조기경보 레이더는 Avco 474N SLBM 탐지·경고 시스템(SLBM Detection &Warning System)으로, 1965년 6월부터 미국의 태평양과 대서양 해안에 설치되어 적 SLBM 탐지임무를 시작하였다. 1973년, 구소련이 델타급 잠수함과 사거리를 비약적으로 증가시킨 R-29(SS-N-8) SLBM을 개발했다. 이에 위협을 느낀 미국은 1974년, 노후된 Avco 474N 시스템을 대체하기 위해 새로운 SPARS(SLBM Phased Array Radar System) 개발을 제안하였다.

1974년 8월부터 개발에 착수된 SPARS는 1975년 2월 18일, PAVE PAWS (Precision Acquisition of Vehicle Entry-Phased Array Warning System)로 이름이 바뀌어 개발이 진행됐다. 1976년 10월 27일 케이프 갓(Cape Cod) 공군기지(매사추세츠)에서 기공식을 시행하고, 1980년 4월 15일 완공되어 임무를 시작하였다. PAVE PAWS는 미 공군에서 관리하는 최초의 반도체 위상 배열 레이더로, 4천km 이상을 탐지할 수 있는 성능을 가졌다.

PAVE PAWS는 냉전 시기 동안 개발된 것으로 모델명은 AN/FPS-115 EWR(Early Warning Radar)이다. EWR은 ICBM 및 SLBM과 위성의 탐지·추적정보를 제공하는 조기경보 레이더 시스템으로, 모두 5대가 설치되어 있다. 설치 위치는 미 캘리포니아의 비엘(Beale) 공군기지, 매사추세츠의 케이프 갓(Cape Cod) 공군기지, 알래스카 쉐마섬의 클리어(Clear) 공군기지와 그린란드의 튤(Thule) 공군기지, 영국의 필링데일즈(Fylindales)이다.

현재 미국은 EWR을 AN/FPS-132 UEWR(Upgrade)로 개량하고 있다. 이미 3기(Beale 공군기지, 그린란드 Thule 공군기지, 영국 Fylingdales)는 성

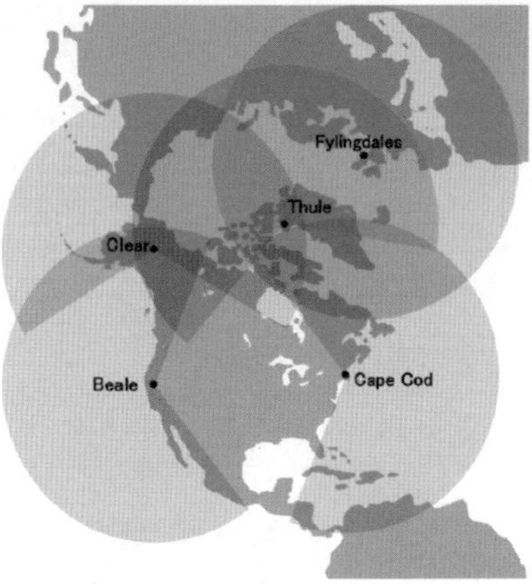

◉ EWR 위치 및 탐색범위
en.wikipedia

능 개량을 완료하였으며, 2기 (Cape Cod 공군기지, Shemya 섬 Clear 공군기지)는 2016년 현재 개량이 진행 중이다. UEWR은 약 5천km 이상을 탐지할 수 있으며, UHF[8] 대역의 주파수 밴드를 사용한다. UEWR은 광범위한 구역에 대한 탐색·추적능력을 제공하고, ABM의 교전을 위한 우수한 교전 정보를 제공한다.

미국은 PAVE PAWS 개발의 일환으로 알래스카에 AN/FPS-109 Cobra Dane 조기경보 레이더를 설치하였으며, EWR보다 이른 시기인 1977년 7월부터 임무를 시작하였다. 구소련의 동쪽 끝단에 위치한 캄차카 반도는 당시 구소련의 미사일 시험장으로 사용되고 있었고, 미국령 알래스카와 매우 인접한 곳에 위치해 있다. 미국은 구소련의 탄도미사일 개발 현황을 지속적으로 확인해야 했다. 따라서 알래스카는 지리적으로 구소련의 탄도미사일 정보를 얻어낼 수 있는 최적의 위치였으며, 그 역할을 Cobra Dane이 수행했다.

Cobra Dane은 미 공군의 관리 하에 알래스카의 쉐마 섬에 설치됐다. 구소련의 SLBM과 ICBM, 그리고 재진입체를 탐지·추적하고, 사격 통제체계에 실시간 교전정보를 제공하며, ABM을 중간 유도한다.

8 UHF: Ultra High Frequency, 극초단파. 주파수가 300MHz~3GHz의 전파로 텔레비전 방송, 통신위성, 아마추어 무선 등에 사용한다.

세계 각국의 탄도미사일 비행단계별 ABM 현황
MDA Fact Sheet

설치위치	레이더 면	탐색범위		최대탐지거리	Ant 직경 (ft)
		선회	고각		
Beale	2면 고정	126°~ 006°	3°~ 85°	5,556km	73
Flyingdales	3면 고정	전방위	3°~ 85°	5,556km	84
Thule	2면 고정	297°~177°	3°~ 85°	5,556km	84

미국 캘리포니아, Beale

영국, Fylingdales

덴마크 그린란드, Thule

◉ 지상 기반 조기경보 레이더
AN/FPS-132 UEWR
Airforce Technology

Cobra Dane은 1면 고정형 위상 배열 레이더로 탄두와 분리체를 식별할 만큼 정밀하며, L-Band[9] 주파수를 사용하여 약 5천km를 추적할 수 있다. 안테나 1면은 고각 90°, 선회 136° 범위를 탐색할 수 있고, 안테나의 크기는 직경 약 95ft, 전체 레이더 크기는 120ft이다.

육상 기반 조기경보 레이더는 여러 가지 제한 사항이 불가피하다.

9 L-Band: 390MHz~1.55GHz 대역의 주파수. 주로 위성통신과 마이크로파 통신에 사용된다.

◉ 알래스카 Shemya의 Cobra Dane
www.radartutorial.eu

첫 번째는 전방위 탐색이 불가하다. 육상기반 장거리 탐색레이더는 위협지역을 향해 대형 안테나를 1면 또는 2면만 설치한다. 따라서 현재의 위상배열 기술을 고려할 때(1면 당 약 120° 전후의 탐색범위) 전방위 탐색이 불가하다. 또한 육상기반 레이더는 장거리 탐색을 위해 높은 출력이 필요해 인체 등 생명체에 악영향을 미치며, 다양한 환경적인 문제를 유발한다.

따라서 인구 밀집 지역에 설치할 수 없고, 주로 해안가 또는 적국의 접경지역에 설치하여 자국의 위험을 최소화한다. 일반적으로 최소 탐지고도를 3° 이상으로 조정하여 고주파가 지표면에 미치는 영향을 최소화하여 운용하기 때문에 저고도 탐지에 불리하다.

육상기반 레이더는 고정된 위치에서 운용하므로 기동이 가능한 탐지체계에 비해 효율성이 떨어진다. 성능이 우수한 레이더일지라도 지구의 곡률과 전파의 직진성에 의해 일정거리를 넘어서면 지표면 탐지가 불가능하다. 표적 거리가 멀어질수록 그에 비례해 고도가 높아져야만 탐지가 가능하다. 따라서 먼 거리일수록 일정 고도 이상 비

◉ 해상 기반 조기경보 레이더 SBX
MDA Fact Sheet

행하지 않으면 탐지가 불가능하다. 특히 고출력의 레이더는 환경에 유해한 영향을 최소화하기 위해 탐지고도를 약 3°또는 5° 이상 올려서 운용하므로 저고도 표적을 탐지하기가 불가능하고, 탄도미사일의 신속한 파악이 힘들다.

이러한 문제점을 보완하기 위해 미국은 해상기반 조기경보 레이더를 개발하였다. SBX(Sea Based X-Band)는 해상에 배치하는 X-Band[10] 조기경보 레이더이다. SBX가 장착되어 있는 대형 수송함은 반 잠수가 가능한 선체에 레이돔을 설치할 타워를 올려놓은 형태로 자체 추진이 가능하며, 거친 해상 환경에서도 안정성을 제공한다. SBX 레이더는 대형 수송함에 장착되어 세계 어느 지역이든 이동하여 신속하게 탄도미사일을 탐지할 수 있다. X-Band 주파수를 사용함으로서 정밀성이 매우 높아 탄도미사일의 탄두와 기만체를 구분할 수 있고, 탄도미사일의 중간 비행단계에서 요격이 가능하도록 ABM을 유도할 수 있다.

10 X-Band: 8~12.5GHz 대역의 주파수. 확실하게 정해진 일정한 주파수 범위가 있는 것은 아니며, 관습적으로 사용되는 주파수대의 명칭. 미국이 주로 우주 탐사에 사용하는 주파수대를 말한다.

SBX는 안테나 면적 384m², 방사소자 4만4천개, 출력 12MW이며, 미 MDA는 탄도미사일의 탄두 크기 정도인 RCS 0.1m²의 표적을 2천 km 이상에서 탐지할 수 있는 것으로 발표했다. 레이더 성능 확인을 위한 시운전에서 SBX는 야구공(RCS 0.1m²) 크기의 표적을 4천23km에서 탐지·추적했으며, 실제 성능은 더욱 우수한 것으로 추정된다.

수송함 선체는 폭 240ft, 길이 390ft, 높이는 레이돔의 꼭대기까지 280ft이다. 배수량은 5만 톤에 이른다. 축구장보다 더 큰 규모의 선체에는 레이더를 운용하기 위한 설비와 다양한 부수시설, 교전통제를 위한 통신설비 등이 빠짐없이 구비되어 있다. SBX는 2011년 12월 22일, 미 해군에 인도되었다. 수송함은 해군 해상수송사령부에서 관할하고, X-Band 레이돔은 MDA가 통제한다.

미국의 또 다른 해상기반 조기경보 레이더는 이지스 함정의 AN/SPY-1D(V) 레이더이다. SPY 레이더는 수동형 위상 배열 레이더로

◉ AN/SPY-1D(V)와 이지스 함정
MDA Fact Sheet

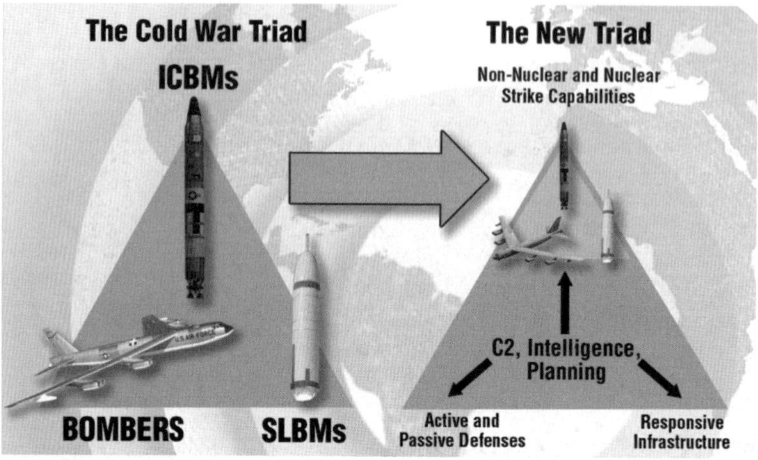

◉ 3원 전략의 변화
The Nuclear Secrecy Blog

전방위 탐색, 표적 탐지·추적 및 Standard 계열 미사일의 중간유도를 수행하는 다기능 레이더이다. 최초에 개발된 AN/SPY-1은 1983년 CG-47 Ticonderoga함에 장착됐다. SPY 레이더는 이지스 함정의 핵심 전투체계이자 세계에서 가장 우수한 수상함 레이더로 뛰어난 방공 성능을 보유하고 있다.

SPY 레이더는 러시아의 순항미사일에 대응하기 위해 개발되었다. 미국은 탄도미사일 탐지 성능을 극대화하기 위해 SPY 레이더의 수신단, 즉 신호처리단을 MMSP[11]로 개량하였으며, SM-3가 탄도미사

11 MMSP: Multi-Mission Signal Processor, 다기능 신호처리단. 레이더를 간단하게 구분하면, 전파를 생성하는 송신단, 생성된 전파를 공간에 방사하는 안테나(어레이), 표적에 반사된 전파를 수신하는 수신단으로 구분된다. SPY 레이더는 수신단을 신호처리단(Signal Processor)이라 부르며, 특히 대공전과 탄도미사일 대응을 동시에 수행할 수 있는 수신단을 MMSP라고 부른다.

일을 대응할 수 있도록 무장 통제체계 성능을 향상시켰다.

이지스 함정의 SPY 레이더와 SM-3는 미 MD의 핵심으로 자리 잡았다. SPY 레이더는 S-Band 레이더로 1천km 이상을 탐지할 수 있다. 뛰어난 추적성능으로 탄도미사일의 탄두를 추적하고, 탄두와 분리체, 파편들을 식별한다. 미 해군은 2016년 현재 33척의 이지스 함정을 탄도미사일 방어가 가능하도록 개수하였으며, 지속적으로 추가 확보할 예정이다.

소련의 붕괴, 탈냉전, 북한·파키스탄·시리아 등 새로운 탄도미사일의 위협 등 1990년대 급변하는 세계정세에 따라 미국의 부시 행정부는 기존의 3축 체제에서 새로운 개념의 위협에 대비해야 할 필요성을 느낀다. 그로 인해 다양한 위협에 대응하기 위한 사드와 패트리엇 등 미사일 방어시스템 개발에 착수한다.

사드는 미국이 중·단거리 탄도미사일을 종말단계에서 차단할 목적으로 만들어낸 고고도 상층(Upper Tier) 방어 ABM이다. 이는 Scud 계열의 단거리 탄도미사일이나 이와 유사한 MRBM 이하의 사거리를 가진 탄도미사일을 대응할 때, 효과적인 방어 수단이다. 레이더는 AN/TPY-2로 1면 고정형 육상기반 조기경보 레이더로, 지상·공중·해상 수송이 가능한 세계 최대 규모의 X-Band 레이더이다. 높은 출력의 X-Band 주파수를 사용하여 정밀성을 향상시켰으며, 뛰어난 분해력으로 탄두와 분리체, 기만체를 식별할 수 있다.

그러나 AN/TPY-2 역시 지상에 배치하는 고출력 레이더로 전파 영향에 따른 환경적인 요소를 고려하지 않을 수 없다. 특히 우리나라처럼 군사적 접경지 인근에 레이더를 배치할 수 없고, 내륙 지역에 배치해야할 경우 기본적으로 해발 고도 500m 이상에 배치해야 하

◉ THAAD의 레이더 AN/TPY-2
MDA Fact Sheet

며, 고각을 3~5° 정도 들어서 운용해야 안전하다. 물론 이는 탐지고도에 있어 불리하게 작용한다.

AN/TPY-2 레이더는 FBM(Forward Based Mode)와 TBM(Terminal Based Mode)의 2가지 모드로 운용된다. 최대 탐지거리는 FBM 모드가 약 1천800km 이상이며, TBM이 약 600km이다. 레이더 전문가들은 사드 안테나 성능을 RCS 0.1m^2를 800km에서 탐지할 수 있는 수준으로 평가한 바 있다. FBM은 적국 또는 탄도미사일 발사 가능성이 농후한 지역의 인접한 위치에 전진 배치하여 운용하며, TBM은 사드 포대를 배치한 곳에서 함께 운용한다.

FBM 레이더는 탄도미사일의 발사 즉시 탐지·추적하여 인공위성, SBX, 이지스함, TBM 레이더 등 미국의 모든 MD 자산에 탄도미사일 정보를 전송한다. TBM 레이더는 네트워크를 통해 탄도미사일 정보를 수신한 후 적 탄도미사일이 탐지권 내에 진입하면 자체 추적하여 사드 화력통제소(FCS)에 표적정보를 제공한다. 미국은 모두 11대의 AN/TPY-2를 보유할 예정이다.

AN/MPQ-65는 PAC-3를 위한 레이더이다. PAC-3를 위해 종말단계에서 탄도미사일의 탄두를 정밀 추적한다. AN/MPQ-65는 주파수 가변이 가능한 G-Band 대역의 레이더로, 244m 직경의 소형 어레이에 동전 크기의 약 5천161개 소자가 전파를 방사하여 70km까지 탐지·추적한다. 탐색 범위는 방위·고각 모두 90° 범위이며, 표적을 추적하게 되면 방위각은 120°까지 추적 범위가 증가한다. AN/MPQ-65는 다양한 운용모드를 가지고 있다. 100개 이상의 표적을 추적할 수 있고, 9개의 PAC-3 미사일을 유도할 수 있다.

◉ PAC-3의 레이더 AN/MPQ-65
MDA Fact Sheet

미국은 인공위성과 UEWR을 비롯한 모든 센서의 정보를 C2BMC에서 취합하여 Data-link를 통해 재분배함으로서 탄도미사일과 관련된 모든 정보를 타격 자산들이 공유할 수 있도록 네트워크를 구축하고 있다.

사드 개발에 박차를 가한 미국

미국의 미사일 방어체계는 자국의 방어와 전역 방어를 통합하는 개념으로, 고도 10~1천km 이상의 광역에 대한 다단계·다층 방어개념이다. 탄도미사일의 비행과정을 단계별로 세분화하여 비행 특성에 따라 차별화된 ABM을 발사하여 탄도미사일을 무력화시키는 것이다. 우주공간, 지상, 해상에 다양한 탐지체계를 배치하여 탄도미사일을 발사 초기에 탐지·추적하고, 구축된 네트워크를 통해 탄도미사일 정보를 공유한다. 탄도미사일 비행의 전 과정을 탐지·추적하며, 단계별로 요격무기를 발사하여 탄도미사일을 무력화시킨다.

탄도미사일의 비행단계는 세 단계로 분류된다. 첫째는 발사 플랫폼에서 로켓이 점화되어 중력을 거스르며, 공기저항을 뚫고 상승하는 발사·추진단계이다. 대기권을 벗어나 추진력을 거의 잃은 상태에서 비행경로를 결정하여 탄도 비행하는 것이 중간 비행단계이며, 궤도비행이 종료되어 지구의 중력에 의해 높은 강하각으로 대기권에 재진입하는 세 번째 종말단계로 구분할 수 있다. 사거리가 먼 ICBM의 경우 중간 비행단계가 20분 이상 소요되어 중간 비행단계를 다시 상승 중간 비행단계, 하강 중간 비행단계로 구분하기도 한다.

탄도미사일을 요격하기에 가장 좋은 시기는 발사·추진단계이다. 발사·추진단계의 탄도미사일은 무거운 로켓을 이끌고 상승하기 때문에 RCS가 크고, 상대적으로 속력이 느리며, 대기와의 마찰로 인해 다량의 자외선이 발생하여 탐지·추적이 용이하다. 대기권을 벗어나기 전으로 채프 등 기만체를 살포할 수 없어 식별이 용이하며, 로켓 어느 부분을 공격해도 쉽게 파괴할 수 있으므로 작은 운동 에너지로도 무력화시킬 수 있다. 적의 상공에서 요격할 경우 2차적인 피해를 적에게 줄 수도 있어 탄도미사일 요격을 위한 최적기라고 할 수 있다.

그러나 발사·추진단계는 탄도미사일의 사거리에 관계없이 구간이 극히 짧아 현실적으로 요격이 불가능하다. 가장 오래 비행하는 ICBM도 발사·추진단계는 1~2분 이내로 극히 짧다. 또 탄도미사일 발사기지 및 저장소 등과 같은 탄도미사일 관련 시설은 가장 중요한 시설로 분류되어 사일로와 같은 곳에 은폐되어 있다. 또한 탄도미사일은 위성발사체와 달리 주로 이동식 발사대를 사용하기 때문에 정확한 발사 위치를 알기 어렵다.

여러 가지 제한사항에도 발사·추진단계가 갖는 요격시기로서의 이점은 명백하다. 미국은 이 매력적인 이점을 놓칠 수 없어 발사·추진단계에서의 요격체계 개발에 착수한다.

미국은 전역 작전용 즉응기체 개발사업(RAPTOR)으로 불리는 무인항공기 개발사업을 시작했다. 1990년대 초 발사·추진단계 요격을 위한 무인기와 미사일의 개발에 착수한 미국은 1993년 RAPTOR 사업의 첫 시범 기체인 'D-1'을 개발했다. D-1에 장착돼 탄도미사일을 요격할 미사일은 '탈론(Talon)'이라는 이름으로 개발이 진행되었다. 미국은 D-1의 개발에 있어 작전 요구성능(ROC)을 2기의 Talon 미사

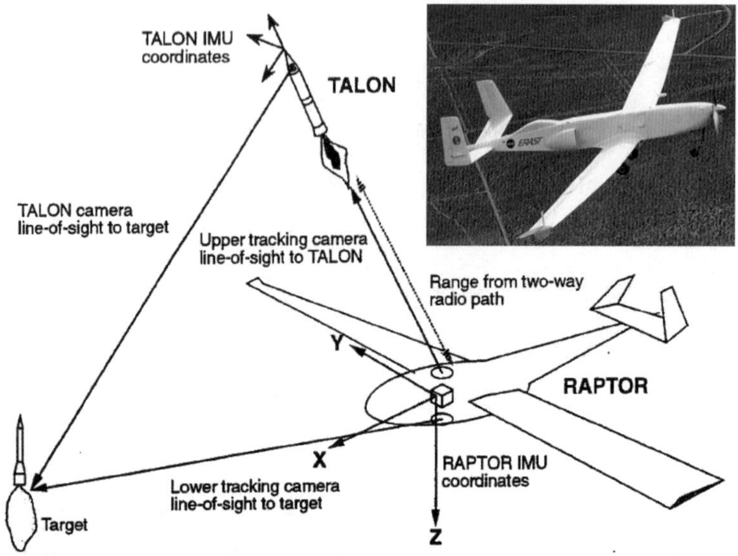

◉ RAPTOR/TALON 운용
RAPTOR/TALON PROGRAM, Scaled Composites

일을 장착하고도 6만ft (1만8천288km) 상공에서 48시간 이상 체공할 수 있는 능력을 요구했다.

적국 상공에서 체공해야 하는 D-1의 비행특성에 따라 적 방공무기에 공격받지 않아야 하며, 약 3만~3만5천ft에 형성되는 제트기류에 영향을 받지 않기 위함이다. Talon 미사일은 최대사거리 145~200km, 최대속도 3km/s의 속도, 중량은 18kg을 넘지 않아야 했다.

이 사업은 Talon 미사일의 개발에 기술적인 어려움을 겪게 되고, 진전을 거두지 못하게 되자 1990년대 중반 추진단계 요격체로 항공기 탑재 레이저(ABL)개발로 전환된다.

ABL은 레이저를 이용한 탄도미사일 요격체계이다. 대형 항공기에 고출력의 레이저 무기를 탑재하고, 탄도미사일이 추진·상승하는 과정에서 레이저를 발사하여 탄도미사일을 요격하는 것이다. 2000년대 초 미국은 레이저를 이용하여 최대 약 500km까지 물리적인 영향력을 줄 수 있는 레이저 무기를 개발하였으며, 실제 탄도미사일에 사용할 수 있을 만큼 성과를 보였다.

당시 기술력으로는 고출력의 레이저를 이용하여 견고한 탄도미사일을 파괴할 만큼의 물리적인 파괴력을 얻기가 어려웠다. 레이저를 발사하여 탄도미사일을 격추할 수 있는 정도의 파괴력이 아니라, 탄도미사일에 장착된 유도장치와 전자회로를 손상시키는 정도에 불과하였다. 따라서 레이저 공격에 성공하더라도 공격을 받은 탄도미사일은 마지막 기동특성에 따라 비행하므로 오히려 비행궤도의 예측이 어려워진다. 이는 비행궤도를 예측할 수 있을 때 보다 더욱 위협적인 결과를 초래할 가능성이 있었다. 이러한 이유로 ABL을 연구개발 과제로 전환했다가 재추진하고 있다.

2013년 9월, 미 해군은 USS 폰스함(LPD-15)에 신형 레이저 무기 'LaWS'를 장착하여 운용 중이다. LaWS는 절단기 등에 사용되는 고

◉ 보잉 YAL-1
www.pinterest.com

출력 레이저 발진기 6개에서 나오는 광선을 한 곳에 집중시키는 방식으로, 미 해군의 기술연구기관인 해양시스템 사령부에서 약 4천만 달러의 예산으로 7년에 걸쳐 제작하였다.

LaWS는 출력 33kW, 유효 사거리 1.6km이며, 1회 발사비용이 1달러가 채 되지 않을 정도로 저렴하다. 미 해군은 LaWS를 출력 100kW, 유효 사거리 5km로 성능을 향상시켜 2020년 Arleigh Burke급 이지스함에 실전배치할 계획이다. 2015년 말 애리조나대학교는 레이저 무기의 사거리를 11배 늘리는 기술을 개발하는데 성공, 미 공군연구소에 기술을 이전하였다. 기존의 레이저 무기는 출력이 100kW인 경우 유효 사거리는 5km에 불과하였으나, 새로운 기술의 개발로 100kW 출력 시 55km의 유효 사거리를 얻을 수 있게 되었다.

미국은 지속적으로 레이저 무기의 성능을 향상시켜 다양한 플랫폼에서 발사가 가능하고, 적은 출력으로도 높은 효율을 얻을 수 있는 레이저 무기의 개발을 위해 노력하고 있다. 사거리 500km 이상의 레이저 무기를 장착한 ABL을 보게 될 날이 머지않았다.

현재까지 발사·추진단계의 탄도미사일 요격체계는 세계 어디에도 없다. 그러나 발사·추진단계 요격이 주는 다양한 이점으로 인해 요격체계의 개발은 꾸준히 지속될 것이며, 오래지 않아 개발이 완료될 것으로 보인다.

중간 비행단계는 로켓의 추진력이 종료된 구간으로 탄도미사일의 비행궤도 예측이 용이한 장점이 있다. ICBM급 탄도미사일은 중간 비행단계가 20분 이상 지속되므로 충분한 요격 시간과 요격기회를 가질 수 있다. MIRV의 경우 재진입체의 분리 이전에 외기권에서 요격하기 때문에 1기의 요격 미사일로도 탄도미사일을 무력화 시킬 수 있다. 발사·추진단계에서 이미 사용이 끝난 로켓을 단 분리를 통해 제거했더라도, 중간 비행단계의 탄도미사일 RCS가 종말단계에서 탄두가 가지는 RCS에 비해 상대적으로 크기 때문에 탐지·추적이 용이하다.

중간단계에서의 탄도미사일이 종말단계보다 탐지·추적이 용이하다 하더라도, 어디까지나 탄도미사일을 탐지할 수 있는 고성능의 레이더가 있을 때에나 가능한 것이다. 특히 ICBM을 탐지하기 위해선 1천km 이상을 탐지할 수 있는 탐지자산이 반드시 필요하다.

무엇보다도 중간단계 요격의 가장 어려운 점은 채프 등 기만장치를 사용하는 기만술에 취약하다는 것이다. 이는 대다수 ABM의 탐색기가 적외선 탐색기만 사용하기 때문이다. 공기가 없는 우주 공간에서는 빛의 굴절이나 산란 등에 영향을 받지 않으므로 적외선 탐색기가 가장 우수한 성능을 발휘한다. 그러나 현재 기술력으로는 적외선 탐색기가 기만장치와 탄두를 구분하기 어려우며, ABM의 탐색기가 주로 적외선 탐색기 하나만 장착하여 운용하므로 기만을 당하더라도 대체할 수 있는 탐색기가 없어 요격이 어렵다.

미국의 대표적인 중간 비행단계 요격체계는 지상 기반 요격체계(GBI)와 SM-3 미사일이다. GBI 미사일은 미국이 개발 중인 지상 기반 중간 비행단계 방어(GMD) 시스템의 ABM이다. GMD는 클린턴 행정부의 NMD(National Missile Defense) 계획에 의해 개발되었다. SBIRS 위성과 해상 및 지상형 X-Band 레이더, UEWR, C2BMC로 구성된다. GBI 미사일은 추진로켓인 BV(Boost Vehicle)와 직격 요격체인 EKV(Exo-atmospheric Kill Vehicle)로 구성된다.

GBI는 최대사거리 5천km, 최대 고도 2천km, Silo 발사형의 3단 고

◉ GBI와 EKV
en.wikipedia

체추진 미사일이다. Silo에서 발사된 GBI는 모든 센서 정보를 통합하는 C2BMC로부터 탄도미사일의 위치를 수신하고, 종말단계에서 EKV를 사출한다. 사출된 EKV는 적외선 탐색기를 작동하여 탄두를 식별·요격한다. 중간 비행단계에서의 요격이 가장 어려운 점은 적외선 탐색기가 기만기와 탄두를 제대로 구별할 수 없다는 것이다. 특히 새로이 개발되는 탄도미사일들은 비행궤도의 변경과 탄두의 냉각 등 다양한 기술을 적용하여 ABM의 사정권을 벗어나기 위해 노력하고 있다.

미국은 2013년, 알래스카의 포트 그릴리 공군기지에 26기, 캘리포니아의 반덴버그 공군기지에 4기의 GBI를 배치하였고, 2017년까지 14기를 추가로 배치할 예정이다. 현재 미국은 개별목표 재진입체인 MIRV를 효과적으로 대응하고자 GBI의 탄두인 EKV를 다중 요격체로 개발하기 위해 연구하고 있다. GBI는 2006년 9월 2일, 북한의 대포동 2호와 유사한 시험용 탄도미사일을 요격하는 데 성공했다. 이후 2015년까지 총 17회의 요격시험 중 9차례 요격에 성공하여 53%의 명중률을 획득하였다.

미국의 또 다른 중간 비행단계 요격체계는 SM-3 미사일이다. 1990년, 소형 경량 외기권 발사체(LEAP) 사업을 통해 시작된 해상 기반 탄도미사일 방어체계의 결실이 SM-3 미사일이다. SM-3 미사일은 이지스 BMD 시스템이 운용하는 ABM이다. 미 해군은 성능이 검증된 SM-2 Blk IV를 활용하여 SM-3 개발 결정을 내렸고, SM-2 Blk IV의 고체로켓 부스터와 2단 추진체를 그대로 적용하였다. 대기권 내 비행을 위한 중간 유도장치와 방향 조종장치 역시 SM-2 Blk IV의 것을 그대로 사용하였다. SM-3에 적용된 독자적인 기술로는 외기권에서의 기동을 위한 3단 추진로켓과 이중 펄스로켓 등이다.

SM-3는 3단 고체추진 로켓을 사용한다. 1단 추진체 로켓은 SM-2

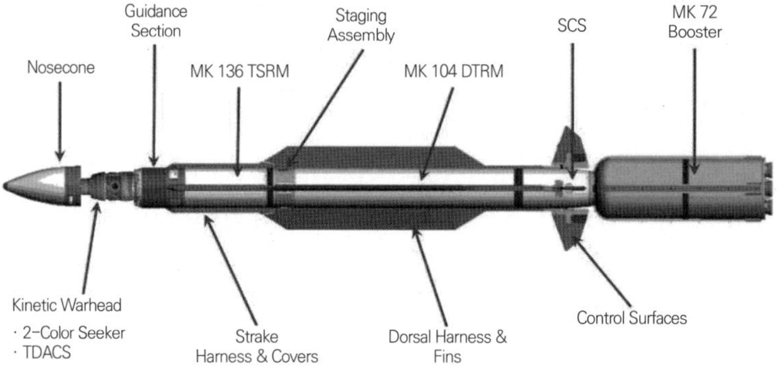

◉ SM-3 구성
Missile Defense Advocacy Alliance

Blk IV와 동일한 MK 72 Booster이며, 2단 추진체는 MK 104 DTRM이다. 3단 추진로켓은 신형 MK 136 TSRM으로 외기권에서 작동하며, 탄두와 탐색기를 보호하는 Nosecone이 미사일의 전면에 부착되어 있다. SM-3의 탄두는 지향성 탄두(Kinetic Warhead)라고 부르며, 궤도 변경 및 자세 제어 시스템(DACS)에 장착되어 탄도미사일로 유도된다.

SM-3 미사일은 이지스함에서 이지스 전투체계에 의해 발사된다. 이지스 함의 MK 41 수직발사대(VLS)에 적재되어 있던 SM-3는 발사 명령이 내려지면 1단 추진체인 MK 72 Booster가 점화되어 발사된다. 부스터의 연소가 종료되어 분리되면, MK 104 DTRM이 점화돼 대기권 밖까지 미사일을 추진·상승시킨다. SM-3가 대기권을 이탈하면 SM-3의 탄도를 보호하는 원뿔모양의 두부(Nosecone)가 떨어져 나가고, 연소가 끝난 MK 104 DTRM도 분리된다.

SM-3는 발사 이후 SPY 레이더로부터 지속적으로 표적정보를 수신하며, 수신된 표적정보와 SM-3에 탑재되어 있는 GPS 정보를 이용하여 스스로 표적을 향해 기동한다. 3단 로켓인 MK 136 TSRM이 분리된 이후에도 DACS는 SPY 레이더가 제공하는 표적정보를 이용하여 표적 쪽으로 기동시킨다. 표적에 접근되면 탄두는 적외선 탐색기를 작동하여 표적을 탐지하고, DACS의 조종에 따라 탄도미사일을 직격한다. SM-3의 탄두는 운동에너지 요격체로서 장약에 의한 폭발력이 아닌 순수한 운동에너지만으로 탄도미사일을 요격한다. 직격 시 운동에너지는 125MJ[12]에 달한다. 이는 10톤 트럭을 시속 1천km로 날려 보내는 힘과 맞먹는 것으로, 강력한 운동에너지를 이용하여 탄두를 직격함으로서 핵물질 또는 생화학물질에 의한 2차 피해를

SM-3 타입 별 성능
www.mda.mil

구분	SM-3 Blk IA	SM-3 Blk IB	SM-3 Blk IIA
전장 / 직경	6.55m / 0.34m	6.55m / 0.34m	6.55m / 0.53m
최대사거리	700km	700km	2,500km
최대요격고도	70~200km	70~500km	~1,500km
속력	마하 13.5	마하 13.5	마하 15.2
탐색기	MWIR	MWIR / LWIR	MWIR / LWIR
대응범위	SRBM / MRBM	SRBM / MRBM	SRBM~Limited ICBM
DACS	SDACS	TDACS	HDACS
BMD 버전	3.6.1 / 4.0.1	4.0.2 / 5.0	5.0 / 5.1

없애버린다.

미 해군은 SM-3 Blk IB를 개량하여 SM-3 Blk IIA를 개발, 2015년에 시험발사에 성공하였다. SM-3 Blk IIA는 1단 추진로켓을 확장하여 사거리를 최대 2천500km까지 확장하였다. 최대 고도 또한 1천500km에 이르러 제한적인 ICBM의 대응이 가능토록 개선하였다. 또한 적외선 탐색기의 성능을 향상시켜 기만체와 탄두를 식별할 수 있도록 개선하였으며, KW의 크기를 늘려 기존의 TDACS를 HDACS로 대체하였다.

12 메가 줄(MJ): 1J은 1N(뉴턴)의 힘으로 물체를 힘의 방향으로 1m 만큼 움직이는 동안 하는 일, 또는 그렇게 움직이는 데 필요한 에너지. 1W의 전력을 1초간 소비하는 일의 양과 동일함. 1MJ은 10의 6승 J로 1톤 트럭이 시속 160km로 달리다 벽에 부딪힐 때 발생하는 에너지와 같다.

SM-3 타입 별 특징

www.mda.mil

구분	특징
SM-3 Blk IA	· 티타늄 재질의 Nosecone: 고도 약 90km에서 분리 · 항재밍 GPS 기능 · 미사일 두부의 진동에 의해 Nosecone 분리 · Kinetic Warhead - Single-Color 적외선 탐색기(3~5㎛ 파장 탐색) - SDACS(Solid Divert Attitude Control System) 방식 제어 - 요격속도: 마하 13.5 이상(외기권) - 300km이상 탐색 · 2011년 작전 배치(Launch On Remote) · SRBM/MRBM 요격 가능, IRBM 요격 제한적 가능
SM-3 Blk IB	· 향상된 Kinetic Warhead - Two-Color 적외선 탐색기 (3~5, 8~13㎛ 파장 탐색으로 탄두와 기만기 구분능력 향상) - TDACS(Throttleable Divert Attitude Control System)방식 자세제어 (추력 제어방식, 기동성 향상/조종능력 강화로 광범위 요격가능) · 2014년 작전 배치(Launch On Remote) · SRBM/MRBM/IRBM 요격 가능, ICBM 요격 불가
SM-3 Blk IIA	· 유도탄 직경 증가(13.5 → 21인치)로 사거리 및 속력 증가 · 저고도 요격능력 향상 * 요격 최저고도를 최대 33km까지 낮추기 위해 개발) · Nosecone이 2개로 분리되는 Clam-Shell 타입으로 변경 · Kinetic Warhead - 적외선 탐색기 성능 향상 - 개량된 신호처리기 - HDACS로 요격능력 향상 · 2018년 작전배치(Engage On Remote) · SRBM/MRBM/IRBM 요격 가능, ICBM 요격 제한적 가능

HDACS(High Divert DACS)는 SM-3의 가장 획기적인 개발로, 종말 단계에서 KW를 장착하고 탄도미사일을 요격하기 위해 기동하는 DACS의 추력을 자유자재로 조정할 수 있다. 또한 급격한 궤도 수정이 가능하고, 극초음속 이상의 탄도미사일을 보다 빠른 속도로 요격할 수 있다. 특히 HDACS를 통해 SM-3는 조기 요격이 가능해 탄도

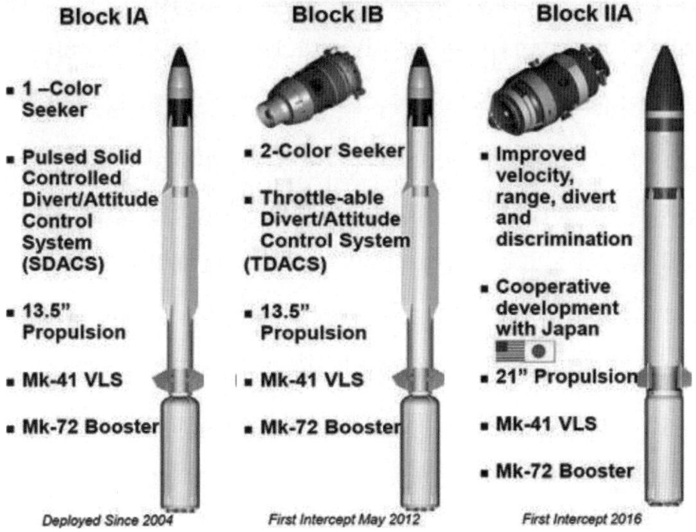

◉ SM-3 Blk 별 특성
www.mda.mil

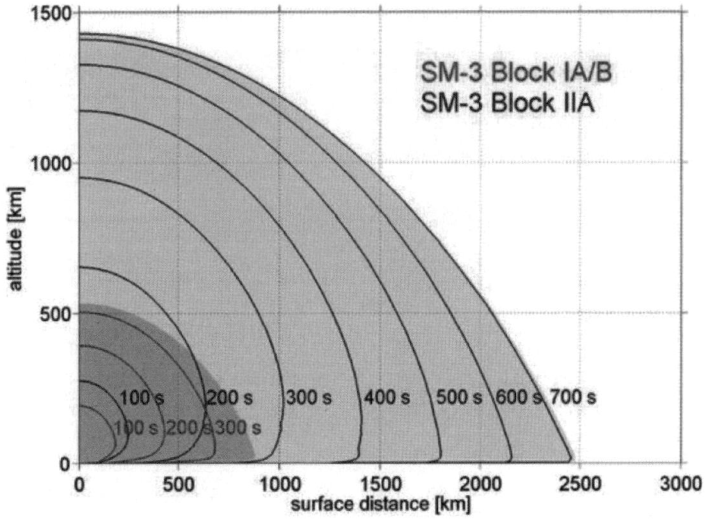

◉ SM-3 Blk 별 교전가능 범위
www.breakingdefence.com

미사일 발사 원점에 인접한 곳에 배치할 수 있고, 발사 징후 조기탐지가 이뤄지면 탄도미사일의 추진·상승단계에서 요격이 가능하다.

SM-3 Blk IA와 IB는 미국이 독자적으로 개발했으나, SM-3 Blk IIA는 미국과 일본이 공동으로 개발하였다. 미국은 레이시온이 1단 추진체와 부스터, 탄두와 적외선 탐색기를 개발하였고, 일본은 미쓰비시중공업이 2·3단 추진로켓과 탄두 보호부를 개발하였다.

미 해군은 SM-3의 개발과 함께 다양한 성능 시험을 수행했다. 2002년 SM-3의 최초 발사시험인 FM-2를 시작으로 2014년 11월 6일에는 미 해군 최초의 IAMD 시험인 FTM-25까지 모두 32번의 발사시험을 실시하였다. 그 중 26번에 성공하여 81.3%의 명중률을 달성하였다. 발사시험 32회 중 4회는 일본의 Kongo급 이지스함이 실시하였다.

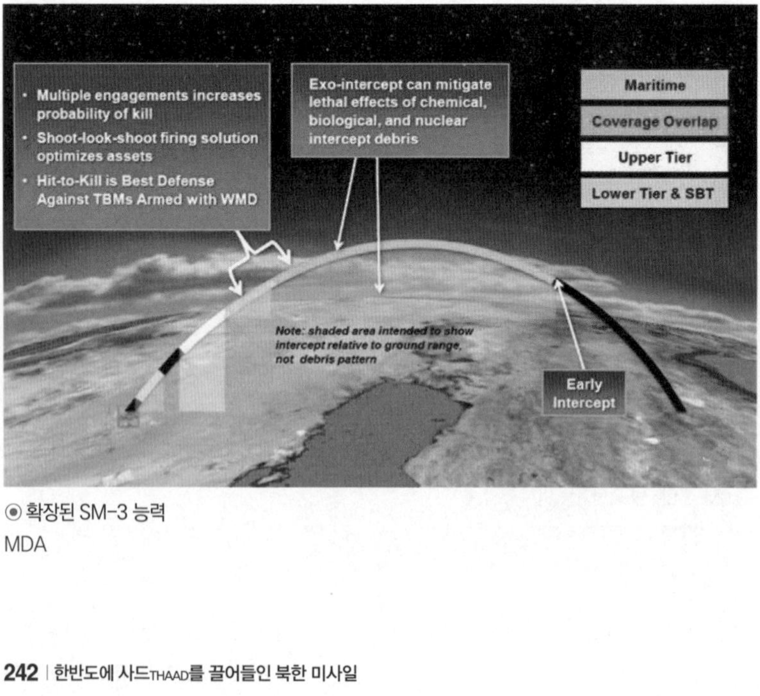

◉ 확장된 SM-3 능력
MDA

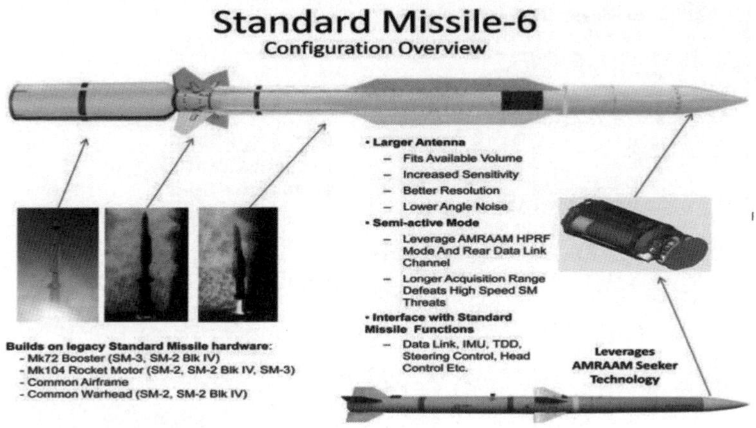

Standard Missile-6
Configuration Overview
• Larger Antenna
– Fits Available Volume
– Increased Sensitivity
– Better Resolution
– Lower Angle Noise
• Semi-active Mode
– Leverage AMRAAM HPRF Mode And Rear Data Link Channel
– Longer Acquisition Range Defeats High Speed SM Threats
• Interface with Standard Missile Functions
– Data Link, IMU, TDD, Steering Control, Head Control Etc.
Builds on legacy Standard Missile hardware:
- Mk72 Booster (SM-3, SM-2 Blk IV)
- Mk104 Rocket Motor (SM-2, SM-2 Blk IV, SM-3)
- Common Airframe
- Common Warhead (SM-2, SM-2 Blk IV)
Leverages AMRAAM Seeker Technology

◉ 차세대 대공미사일 SM-6
www.mda.mil

미국은 SM-3를 미 MD의 주력으로 개발하고 있다. SM-3 Blk IIA는 미국의 ABM 기술이 총망라된 결정체이며, 이미 그 성능이 검증되었다. 미국은 최종적으로 SM-3 Blk IIA의 최저 요격고도를 33km까지로 낮추어 33~1천500km의 요격범위를 제공할 예정이며, 2018년 양산을 목표로 한다. 고도 33km 이상의 상층방어는 SM-3 Blk IIA가 수행하고, 33km 이하의 하층(Lower Tier) 방어는 신형 SM-6 미사일이 대응해 해상 MD의 전진기지인 이지스함이 단독으로 상·하층 방어를 완벽하게 수행하는 것이다.

사거리가 늘어난 SM-6 ERAM은 미 해군의 차세대 대공미사일이다. 미 해군은 SM-2 Blk IV를 개량하여 향상된 성능의 SM-6를 개발하였다. 2013년에 개발된 초기형 SM-6는 SM-2 Blk IV의 기체에다 F-16 전투기에 장착하는 AIM-120C AMRAAM 능동형 탐색기를 장착하였으며, 사거리를 350km 이상으로 확장하였다.

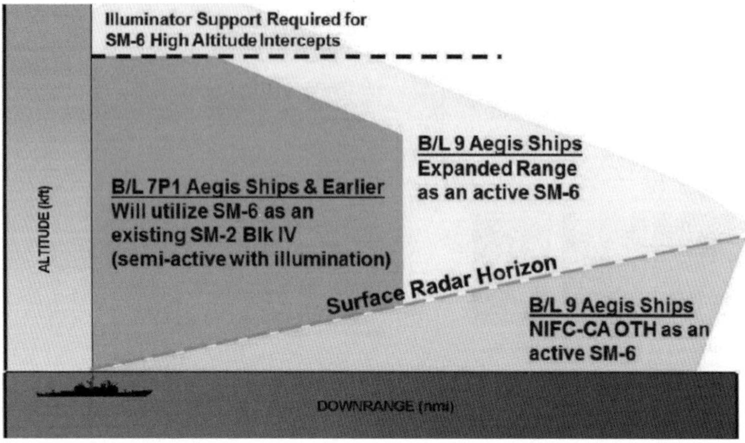

◉ SM-2와 SM-6의 작전반경 비교
NSWCDD ※ OTH: Over-The-Horizon

SM-2 Blk IV는 반 능동 호밍 유도장치를 이용한 대공미사일이다. 따라서 발사 이후 SPY 레이더와 Up/Downlink를 통해 표적정보를 송·수신하고, 종말단계에서 이지스함의 조사기(Illuminator, FCS[13])가 표적을 향해 송신하는 지속파가 있어야만 명중률이 향상된다. 그러나 SM-6는 능동형 호밍장치인 Active Seeker를 장착함으로서 종말단계에서 스스로 목표물을 탐지·추적하여 공격할 수 있으므로 조사기의 전파송신 거리에 관계없이 공격이 가능하다. CEC[14]를 통해 표적정보를 수신할 경우 초수평선 공격도 가능하다.

SM-6는 종말단계에서 조사기가 필요없어 작전반경을 획기적으로 늘릴 수 있다. SM-2 Blk IV를 종말단계 유도하는 MK 99 조사기는 X-Band 주파수의 전송거리가 200km에 미치지 않아 그 이상의 표적

13 FCS: MK 99 Fire Control System, SM-2 미사일의 종말 조사 장비
14 CEC: Cooperative Engagement Capability, 합동교전성능

을 공격할 수 없었다. 그러나 SM-6는 마하 3.5를 능가하는 속력으로 최대 350km 이상의 표적을 정밀 타격할 수 있다.

SM-6는 2005년 개발을 시작하여 2013년 11월 27일, 초도 작전 성능을 충족하였으며, 2014년부터 발사시험을 시작하였다. 2014년 6월, USS John Paul Jones함은 자함이 아닌 다른 센서로부터 표적정보를 수신하여 4기의 SM-6를 발사했다. 정확한 요격거리는 비밀이나 미 해군은 해군 역사상 가장 원거리에서 함대공 미사일을 발사하여 표적을 명중시켰다고 발표했다. 2014년 4월에는 지상에서 저고도 아음속 순항미사일을 요격하였다. 2014년 10월에는 EOR 모드로 초음속 저고도 순항미사일 다수를 요격함으로서 초수평선 공격(Over-The-Horizon) 성능이 검증됐다.

2016년 7월 28일에는 초기형인 Incremental I을 개량, 탄도미사일 요격기능을 적용한 SM-6 Incremental II를 이용하여 SRBM의 요격에 성공하였다. 이로서 미국의 차세대 다목적 대공미사일인 SM-6는 확장된 방공능력, CEC를 이용한 초수평선 공격 성능과 EOR 성능, 그리고 탄도미사일의 하층 방어능력까지 검증되었다. 이지스 전투체계는 SM-6 미사일까지 장착함으로서 탄도미사일의 위협에 대응하여, SM-3 Blk IIA를 이용한 상층 방어와 SM-6 Inc II를 이용한 하층 방어를 수행함으로서 독자적인 다층 방어개념을 완성하였다.

종말단계는 탄도미사일이 대기권으로 재진입하는 단계이다. 추진력을 원심력으로 보상하며 비행하던 탄두가 중력에 의해 급격하게 가속되어 높은 강하각으로 대기권을 재돌입하여 지상에 도달하는 단계가 바로 재진입·종말단계이다. MIRV의 경우 대기권 재진입 이전에 탄두가 분리되어 여러 개의 탄두가 개별 목표를 향해 낙하하게 된다. 즉, 중간 비행단계까지 하나였던 탄도미사일이 종말단계에선 2기 이상, 많게는 10기 이상의 탄도미사일로 바뀌게 된다는 것이다.

재진입체는 높은 강하각으로 낙하하며, 대기권 재진입 시 엄청난 공기저항을 견뎌내고 지상으로 떨어진다. ICBM의 경우 공기의 마찰로 인해 탄두 표면에 발생하는 온도는 약 6천℃를 상회한다. 이는 약 5천500℃인 태양의 표면 온도보다 훨씬 더 높다. 따라서 탄두는 엄청난 내구성과 내열성을 가졌으며, 웬만한 충격에는 폭발하지 않을 만큼 견고하게 제작되어 파편을 이용한 공격으로는 요격이 불가능하다.

재진입·종말단계에서도 중간단계와 마찬가지로 기만기를 방출하여 재진입체를 은폐한다. 게다가 모든 분리체가 떨어져 나가고 오직 탄두만 떨어지므로 RCS는 더욱 작아져 탐지·추적이 어렵다. 재진입체의 속력은 탄도미사일의 사거리에 따라 다르겠으나, ICBM의 경우 초속 5km 이상의 매우 빠른 속도를 갖게 된다. 그러나 무엇보다 종말단계 요격의 어려운 점은 요격에 성공하더라도 지상에 피해가 미칠 수도 있다는 것이다.

미국의 종말단계 요격체계는 사드와 패트리엇(PAC-3)이다. 미국은 고도 40km를 기준으로 종말단계 요격구역을 '상층'과 '하층'으로 구분하여 다중 방어체계(Layered Defense)를 구축했다. 사드는 종말단계 고고도 상층 방어체계이다. 1987년, 미국은 구소련의 신형 IRBM에 대응하기 위해 사드 개발에 착수하였으며, 1991년 걸프전과 함께 제3세계 국가의 단거리 탄도미사일이 새로운 위협으로 떠오르자 사드 개발에 박차를 가한다.

사드는 미 육군이 중·단거리 탄도미사일을 종말단계에서 차단할

◉ THAAD 부대 편성
Lockheed Martin

목적으로 개발하였다. 이는 북한의 Scud 계열 또는 노동미사일과 같이 MRBM 이하 급의 탄도미사일과 제한적인 거리의 IRBM을 차단할 때, 특히 높은 고각으로 아치를 그리며 날아오는 탄도미사일에 대하여 가장 효과적인 방어수단이다. 사드 미사일은 사거리 200km, 최대 요격고도 150km, 1단 고체로켓으로 추진한다. 대기권 내 마하 8.2, 고도 100km 이상의 외기권에서는 마하 9이상의 속도로 탄도미사일과 탄두를 직격한다.

사드는 AN/TPY-2 X-Band 레이더와 사격통제·통신센터, 6대의 발사대 등으로 1개의 포대가 구성된다. 발사대는 8기의 요격미사일을 탑재하며, 미사일을 발사한 후 다음 발사를 준비하는 데까지 30분 정도가 소요된다. 미사일 본체는 1단 고체로켓으로 추진하고, 탄두는 추력편향 노즐로 비행궤도를 조정한다. 사드 요격미사일은 강력한 운동에너지로 탄도미사일을 직격한다.

직격 요격은 압도적인 속력의 탄도미사일을 요격하기에 적합하지 않다. 상대적으로 파괴범위가 넓은 비산(飛散) 파편에 비해 RCS가 작아질 대로 작아진 탄두를 직접 맞추기는 여간 어려운 일이 아니다. 그러나 탄도미사일은 속도가 매우 빠르며, 그로 인해 재진입 시에 발생하는 마찰열을 견디도록 견고하게 설계되어 직격이 아닌 파편형으로는 요격이 불가능하다. 탄도미사일을 정확하게 요격하지 않으면 방사능 물질의 낙진, 생화학 무기에 의한 오염 등 2차적인 피해가 불가피하므로 반드시 직격 요격이 필요하다.

사드 미사일은 공기가 희박한 곳에서 빠르고 정확하게 미사일을 표적 쪽으로 유도하기 위해 최종단계에서 공격체(Kill Vehicle)를 분리한다. 분리된 Kill Vehicle은 DACS[15]에 의해 탄두 쪽으로 유도된다. DACS는 우주 공간에서 Kill Vehicle의 비행궤도를 변경하고 자세를 제어하는 장치로, 공기가 거의 없는 구간이나 우주에서 작동하므로 공기 역학적인 힘 대신 로켓을 이용하여 실제 추진력을 발생시킨다.

DACS는 궤도를 수정하는 DCS와 자세를 제어하는 ACS로 구성된다. 자세제어는 X·Y·Z축 방향에 대한 제어를 위해 통상 6개의 노즐을 이용하여 추력을 발생한다. 궤도 수정은 비행경로를 변경하여 표적 쪽으로 기동하기 위해 4개의 노즐을 사용한다.

사드 미사일은 1단 고체로켓을 사용하여 추진하는데 반해, DACS는 추진력을 발생시키기 위해 액체연료를 사용하므로 사드의 DACS를 LDACS(Liquid-DACS)라고 부른다. LDACS는 연소실로 유입되는 액체연료·산소를 밸브로 조절하여 추진력을 제어하는 것으로, 추력

15 DACS: Divert and Attitude System, 궤도천이 및 자세제어 시스템

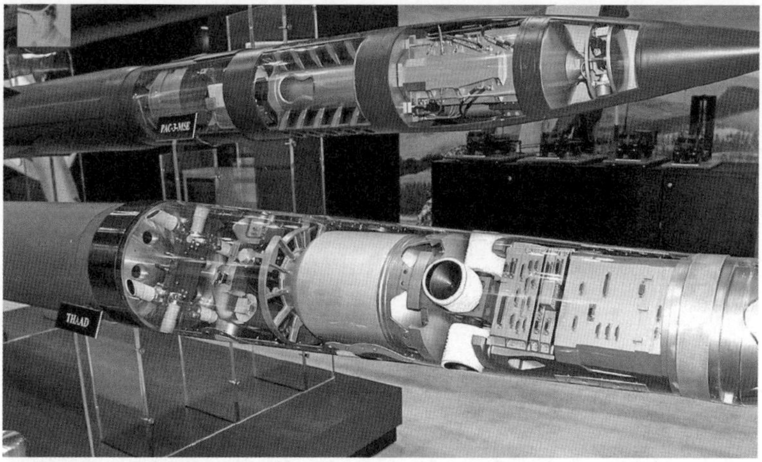

◉ THAAD의 Kill Vehicle과 LDACS
Aerojet Rocketdyne

제어가 용이하기 때문에 정밀제어가 가능하다. 그러나 액체추진의 특성상 부피와 중량이 늘어나니까 요격이 가능한 고도 또한 낮아지는 단점이 있다.

사드 미사일은 발사 이후 상승단계에서 지상의 레이더가 전송하는 표적정보를 수신하여 관성 항법으로 비행한다. 관성 항법장치를 이용한 지령 유도방식으로 중간 비행단계를 거친 사드 미사일은 표적으로부터 약 20km 정도 근접한 위치에서 적외선 탐색기, 적외선 영상탐색기(Imaging Infra-Red Seeker)를 작동한다.

사드 미사일의 운용고도는 공기가 거의 없는 구간인 고도 40km~150km로, 이 구간에서는 빛의 산란이나 굴절 등이 없어 적외선 탐색기가 최고의 성능을 발휘한다. 그러나 사드의 적외선 탐색기는 일정 고도 이상 오르지 않으면 공기저항에 의해 스스로 발생하는 마찰열로 인해 탄두의 탐지가 어려운 단점이 있다.

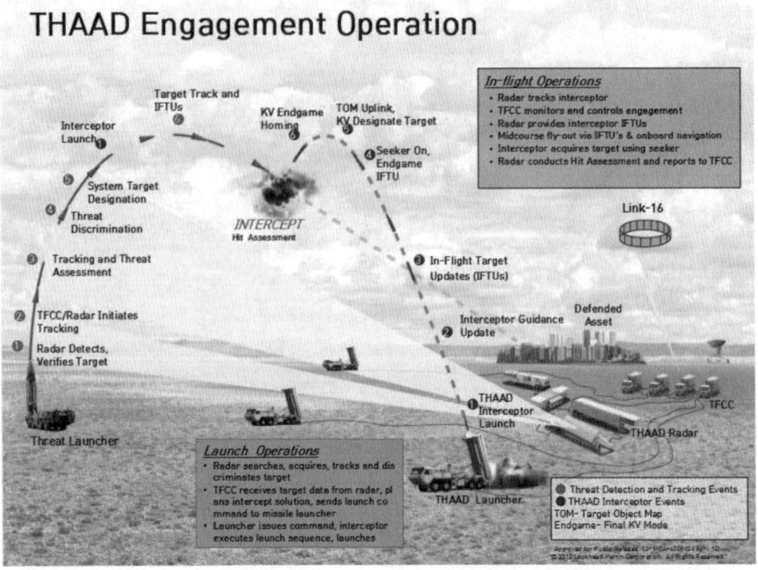

◉ THAAD 교전 절차
Lockheed Martin

미국은 1995년 사드의 첫 시험발사를 시작한 이래 2015년 11월까지 모두 27차례 발사시험을 수행했다. 그 중 요격시험은 모두 20회 중 14회 성공하여 명중률 70%를 얻었다. 미국은 2008년, 첫 사드 포대를 텍사스의 포트 블리스에 배치했고, 2013년 북한의 IRBM 위협에 대응하기 위해 괌에 1개 포대를 배치했다. 또한 NATO의 MD를 위해 터키와 이스라엘에 사드 레이더를 배치했으며, 미군이 주둔하는 해외 파병지에도 사드를 배치할 계획이다. 주한미군은 2017년 4월 한국에 사드 포대를 배치했다.

사드는 PAC-3와 동일한 개념으로, SRBM이나 MRBM에 대응하기 위해 개발된 ABM이다. 미 MDA의 통합시험(I-SIM, Integrated Simulation) 결과 사드는 MRBM 이하의 사거리를 가진 탄도미사일에 대해 80% 이상의 요격성능을 보였다. 하지만 이는 사거리가 짧은 탄도미사일의 경우에 불과하다. 종말단계에서 사드의 최대속도인 마하 8.2를 능가하는 탄도미사일에 대해서는 요격률이 현저히 떨어지는 것이다.

사드가 개발되는 10년 동안 사드가 겨냥했던 목표들은 어느 새 스커드 계열에서 노동과 대포동으로, Shahab-3와 Ghauri-1 미사일이 되었다. 미국은 사드를 개량하여 사드-ER(Extended Range)을 개발 중이다. 사드-ER은 1단 고체추진 형태의 기존 사드 미사일을 2단 고체추진으로 개량하여 교전범위를 확장하고, 다중 위협에 대한 동시 교전 능력을 향상시키는 것이다.

미국의 재진입·종말단계 요격체계는 우리가 흔히 PAC-3로 부르는 MIM-104 Patriot 미사일이다. PAC-3는 PAC-2의 단점을 보완하여 탄도미사일을 요격하기 위한 ABM으로 개발되었다. PAC-2는 노후된 나이키 허큘리스와 호크 미사일을 대체하기 위해 개발했다. 초기형인 MIM-104A는 SAM(Surface to Air Missile, 지대공)으로 개발되었다.

1975년에 개발된 MIM-104A는 사거리 70km, 마하 2 이상의 속력으로 대공 표적의 요격에 사용되었다. 미국은 MIM-104A의 전자전 능력을 강화하여 MIM-104B PAC-1을 실전배치하였다. 이후 PAC-1을 탄도미사일 요격이 가능하도록 개량하여 MIM-104C PAC-2를 배치하였다. 또 PAC-2의 탐색기 성능을 향상시켜 MIM-104D PAC-2 GEM(Guidance Enhanced Missile)을 배치하였다.

1990년에 실전 배치된 PAC-2 GEM이 바로 현재까지 사용되고 있는 PAC-2의 최신 버전이다. PAC-2 GEM 버전은 다시 GEM/C와 GEM/T로 구분된다. 여기서 'C'는 '순항미사일(Cruise Missile)'을 의미하는 것으로 저고도 순항미사일의 대응 능력을 향상시킨 것이다. 또 'T'는 전술 탄도미사일(Tactical Ballistic Missile)을 의미하는 것으로, 단거리 전술 탄도미사일의 대응능력을 향상시키기 위해 근접신관을 개량한 것이다.

PAC-2는 우수한 대공방어 성능과 함께 탄도미사일 요격에도 우수한 성능을 보였다. PAC-2는 걸프전에서 이라크의 스커드 미사일을 막아내어 일약 스타덤에 올랐다. 부시 행정부는 걸프전 이후 전후 성과분석에서 PAC-2의 요격 성공률이 97%에 이른다고 발표했다. 그러나 다양한 연구기관에서의 정밀분석 결과 PAC-2의 실제 명중률은 10% 미만이거나 0%에 가깝다는 결론을 얻게 된다. 탄도미사일의 대응에 있어 PAC-2의 한계를 드러내는 부분이다.

PAC-2는 근접신관에 의한 비산 파편 탄두를 사용한다. 파편탄과 같은 확산탄두의 경우 넓은 폭발범위를 가지기에 대공표적을 요격하는데 이상적이다. 그러나 탄도미사일의 재진입체는 고속으로 대기권을 재돌입함으로 공기마찰에 의해 재진입체에 엄청난 손상이 발생한다. 이를 방지하기 위해 매우 견고하게 설계되어 확산탄두의 파괴력으로는 탄두를 무력화시킬 수 없다. 이러한 단점을 보완하기 위해 개발된 것이 MIM-104F PAC-3이다.

PAC-3는 ERINT(Extended Range Intercept Technology)라는 이름으로 개발되었다. PAC-3 ERINT는 비행속력을 높이기 위해 PAC-2보다 무게와 직경을 줄였다. 따라서 대공용으로 사용 시에는 PAC-2보다 짧은 사거리를 가지지만, 대 탄도미사일 대응 시에는 PAC-2보다 넓은 작전반경을 얻는다. PAC-3는 신속한 반응속도를 얻기 위해 미사일 앞부분 자세 제어장치(Attitude Control Section)에 측면 제트 추력기(Side

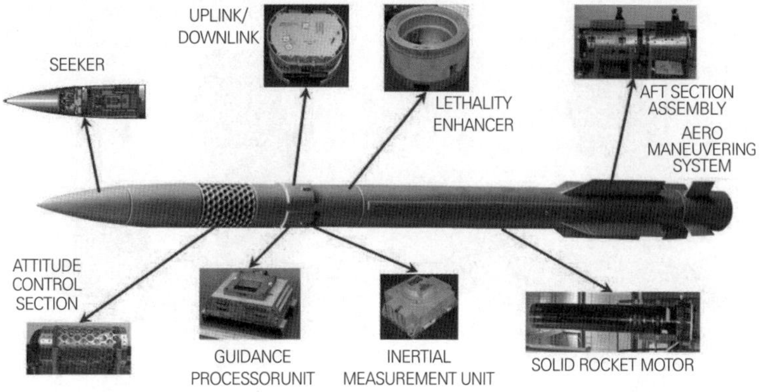

◉ PAC-3 미사일 구성
MDA Fact sheet

Jet Thrust)를 장착하였다. 이는 종말단계에서 가속된 탄도미사일에 기민하게 대응하기 위한 것으로, 180여 개의 소형 펄스로켓을 미사일 앞쪽에 배치하여 신속하게 추력을 발생시켜 탄도미사일을 명중시키기 위함이다.

PAC-3는 PAC-2의 파편형 탄두 대신 운동에너지를 이용한 직격요격방식을 적용했다. PAC-2의 근접신관과 다량의 폭약을 줄여 탄두의 중량을 줄임으로서 반응 속력을 높였고, 대신 소량의 폭약을 기폭제로 사용하여 탄도미사일을 직격 요격한다. PAC-3의 탄두인 KKV(Kinetic Kill Vehicle)에 내장된 소량의 폭약을 'Lethality Enhancer' 라고 부른다. Lethality Enhancer는 KKV 내부에 장착된 24개의 텅스텐 조각을 퍼지게 하는 것으로, KKV가 표적과 인접하면 Lethality Enhancer가 작동하여 KKV 내부의 텅스텐을 표적 방향으로 튀어나가게 하여 명중시키는 것이다. Lethality Enhancer를 사용함으로서 PAC-3의 명중률은 비약적으로 향상되었다.

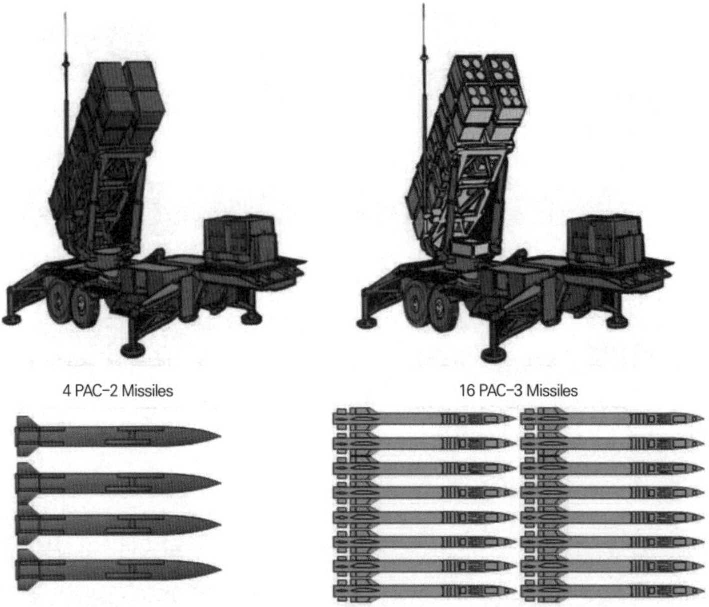

◉ PAC-2 / PAC-3 발사대

무엇보다도 PAC-3의 가장 주목할 만한 성능 개량은 Ka-Band[16] 능동형 탐색기이다. PAC-2는 지상의 레이더가 표적 방향으로 전파를 송신하면, 표적에 부딪힌 반사파를 PAC-2 미사일이 수신하여 표적 쪽으로 기동한다. 따라서 지상의 레이더 정보를 얻지 못하면 PAC-2는 표적을 잃게 된다. 하지만 PAC-3는 미사일 스스로가 종말단계에서 전파를 송신하여 표적을 탐지함으로서 탄도미사일의 고속 기동에도 신속하게 대응할 수 있고, 이로써 직격이 가능한 정밀성도 얻게 되었다.

16 Ka-Band: 26.5~40GHz. K-Band의 일부로 K-above를 의미한다. 비구름에 전파 간섭이 많으며, 주로 군용으로만 사용되었으나, 최근 상업용으로도 많이 사용된다.

PAC-2와 PAC-3 비교
MDA Fact sheet

구분	PAC-2	PAC-3
전장(m)	5.31	5.2
직경(m)	0.41	0.25
중량(kg)	900	320
속도(마하)	4.1	5.0 이상
최고고도(km)	25	30
탄도미사일 요격 사거리(km)	15~20	15~30
대공표적 요격 사거리(km)	약 100	30
유도방식	Track via Missile	Ka-Band Seeker
탄두	파편형 탄두	운동에너지 요격체
추진체 연료	고체 연료	고체 연료
탐지·발사 소요시간	2분 13초	45초
명중방식	근접신관에 의한 파편	Hit-to-Kill

PAC-3는 미사일 16기가 탑재된 발사대(1 Pack(미사일 4기)×4대)와 AN/MPQ-65 레이더, 교전 계산 및 네트워크를 담당하는 교전 통제실로 구성된다. 교전 통제실은 AN/MPQ-65 레이더가 탐지한 탄도미사일 정보를 이용하여 교전 문제를 해결하고 발사대에 발사를 명령한다. 발사된 PAC-3 미사일은 교전 통제센터의 명령에 따라 관성항법으로 표적을 향해 기동하며, 표적에 인접하면 자체 탐색기를 작동하여 탄도미사일을 포착한다. 종말단계에 이르러 측면 제트 추력기가 KKV의 기동성을 향상시키며, 요격단계에서 Lethality Enhancer

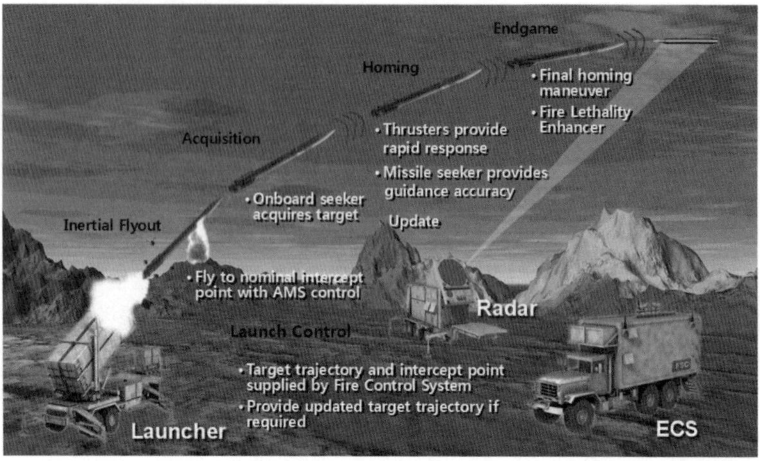

◉ PAC-3 교전 개념
MDA Fact sheet

가 작동하여 탄도미사일을 요격한다.

미국은 이미 중·단거리 탄도미사일에 대하여 성능이 검증된 PAC-3를 다양한 플랫폼에서 운용하도록 개선하고 있다. 가장 먼저 적외선 탐지장치가 장착된 F-15C에 PAC-3 미사일을 장착하여 이미 요격시험까지 성공적으로 마친 상태이다. F-22 전투기와 P-8 포세이돈(Poseidon) 초계기에 PAC-3를 장착하여 운용할 예정이다.

미국은 PAC-3 미사일을 PAC-3 MSE(Missile Segment Enhancement)로 성능을 개량하고 있다. PAC-3 MSE는 더욱 강력해진 로켓모터를 적용하여 사거리와 요격고도를 확장하고, 새로운 꼬리날개를 사용하여 기동성을 향상시킬 계획이다. PAC-3 MSE는 우리 공군에서 도입할 예정으로, 북한의 단거리 탄도미사일 위협에 대응하기 위해 하층 방어용으로 사용될 계획이다.

미국은 지난 2013년, 각각의 요격체계가 개별적으로 실시하던 요격시험을 통합하여 다층·다중방어를 위한 통합 요격시험 'FTO-01'을 실시했다. 하와이제도에서 치러진 요격시험에서 탄도미사일은 2기의 MRBM과 1기의 SRBM 등 모두 3기의 표적을 사용했으며, 요격체계는 이지스 구축함과 THAAD, PAC-3가 참가했다.

2013년 9월 10일, 탄도미사일을 모사한 3기의 표적이 발사되고, 얼마 지나지 않아 AN/TPY-2 레이더(FBM 모드)가 표적을 정확하게 탐지·추적하였고, 표적정보는 네트워크를 통해 C2BMC를 비롯한 모든 함소에 제공되었다. 표적이 사거리 내에 도달하자 해상 이지스 구축함이 가장 먼저 SM-3를 발사하였다. 그 뒤를 이어 사드와 PAC-3가 순차적으로 교전을 실시하였다. 미국은 FTO-01을 통해 자신들의 MD 구축계획이었던 다단계·다층방어에 성공했다.

미국은 2017년 FTO-02를 계획 중이다. FTO-02는 5기의 탄도미

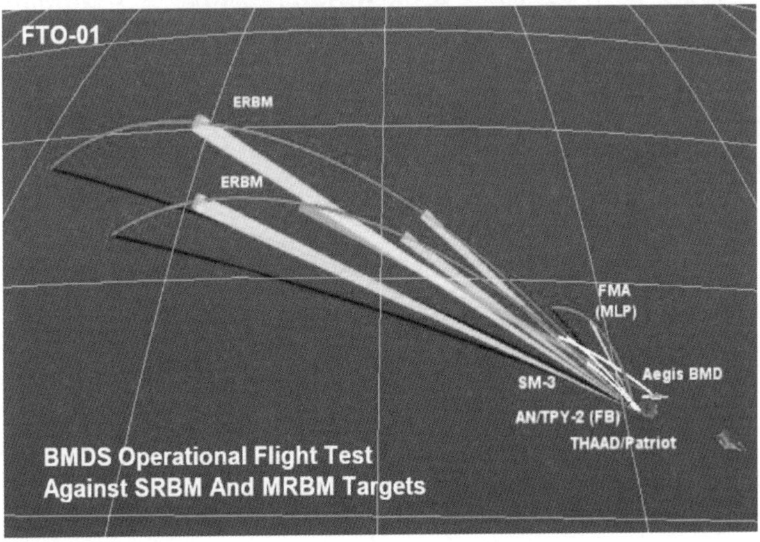

◉ FTO-01
Mostlymissiledefense.com

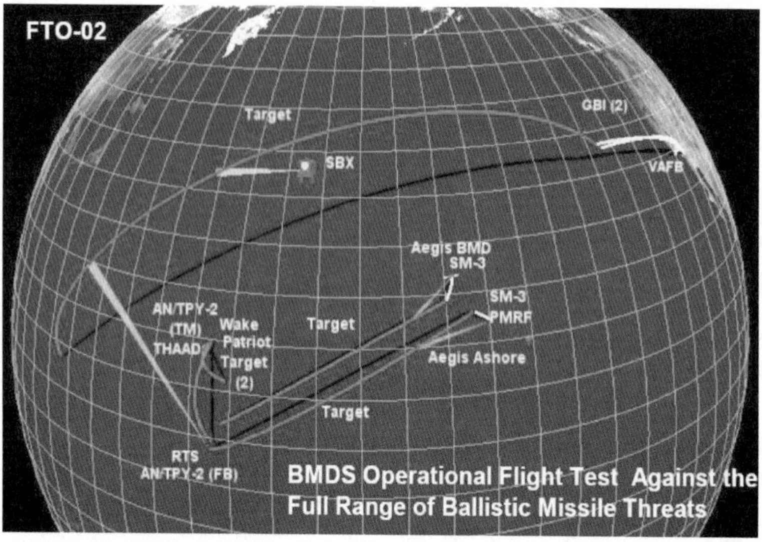

◉ FTO-02
Mostlymissiledefense.com

사일에 대한 동시 교전으로 ICBM과 MRBM, SRBM 각 1기, IRBM 2기에 대하여 이지스 구축함과 지상용 이지스의 SM-3와 GMD, THAAD, PAC-3를 이용하여 교전한다. Cuing 센서는 FTO-01과 동일하게 AN/TPY-2 레이더(FBM 모드)를 사용할 예정이며, SBX와 SBIRS 역시 탐지임무를 수행한다. 교전은 요격체계의 임무에 따라 GMD가 ICBM을, SM-3가 IRBM을 요격하고, THAAD와 PAC-3가 각각 MRBM과 SRBM을 요격할 계획이다.

한국의 미사일 방어체계

맞춤형 억제전략의 조기 수립

우리의 미사일 방어는 크게 킬 체인(Kill Chain)과 한국형 미사일 방어체계(KAMD: Korea Anti-Missile Defense)로 구분된다. Kill Chain이란 북한의 비대칭 위협에 대한 억제전략으로, 북한의 도발 징후가 포착되면 선제공격을 통해 북한의 주요전력을 무력화시키는 전략이다. KAMD는 Kill Chain에서 살아남은 북한의 탄도미사일을 미사일로 방어하는 개념이다.

MD 구축에 대한 우리의 준비는 1993년으로 거슬러 올라간다. 문민정부 들어 국정기조는 북핵문제 해결을 최우선 과제로 선정하고, 남·북간의 교류협력을 통한 남북연합 단계의 진입이 목표였다. 안으로는 한반도 평화구축을 위한 4자회담을 추진하고, 밖으로는 제네바

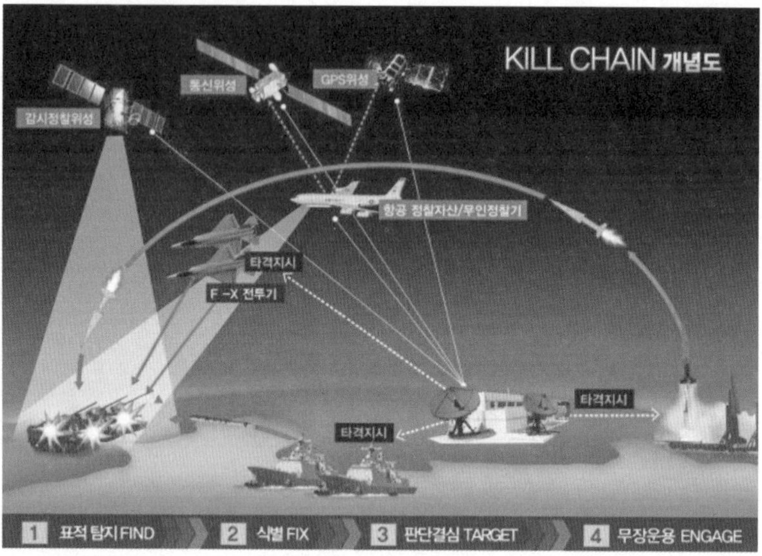

◉ Kill Chain 개념
국방홍보원

합의에 동의함으로서 북핵에 대한 제재와 지원을 동시에 추진했다.

KAMD도 1994년 미국과의 TMD 체계 공동개발에 대한 결정을 보류시켰고, 조급하게 독자적인 미사일 방어체계를 구축하는 것보다 검증된 방공무기를 도입해 노후한 나이키 미사일을 대체하는 것으로 가닥을 잡았다. 이에 따라 1997년 1월, 무기체계협의회를 통해 패트리엇 체계 도입이 결정되었다.

김대중 정부도 북한과의 화해·협력정책을 고수했다. 북한의 무력도발 불용과 흡수통일의 배제, 화해·협력의 적극추진이라는 원칙 아래 확고한 안보태세와 교류협력을 병행하고, 남·북 당사자 원칙 아래 국제적인 지지를 확보할 것을 천명하였다. 1999년 5월 TMD 공동개발에 불참할 것을 표명했고, 항공기 방어 위주의 하층 방어체계 구축과 상징적 의미의 미사일 방어를 계획했다. TMD 공동개발을 통한 이점보다는 주변국의 우려를 고려한 것이다. 2000년 정부는 PAC-3의 도입을 추진하여 미국 MD와는 별개로 독자적인 미사일 방어망 구축을 추진하기로 결정했다.

참여정부에서도 남·북간 화해·협력에 대한 정책은 변함없이 계속됐다. 노무현 정권은 중장기적 한반도 평화체제와 동북아 경제안보 공동체 구축을 기조로 남·북간의 실질적인 화해·협력을 강조했다. KAMD 역시 주변국과의 문제를 야기하지 않는 범주에서 한국형 미사일 방어체계를 구축할 것을 발표했다. 2004년, PAC-2 도입이 결정됐다. 당초 2003년 3개의 PAC-3 포대를 도입키로 했으나, 갑작스레 PAC-2 도입으로 급선회했다. 표면적인 이유는 예산 제한이었다.

이명박 정부는 북한 비핵화를 강조했다. 남·북간 모든 경제협력은 비핵화가 우선이라는 전제 하에 인도적 차원의 지원을 이어갔으며, KAMD의 구축을 위한 구체적인 계획에 착수하였다. 2012년 10월 한미안보협의회(SCM)를 통해 북한 미사일 위협에 대한 억제와 방어 능력의 향상을 위해 중점을 두었다. 또 한·미 미사일 지침 개정을 통해 우리 탄도미사일 사거리를 800km로 연장하는 성과를 거두었다.

박근혜 정부 들어서는 북핵문제 해결을 바탕으로 실질적인 통일 준비를 강조했다. 북핵과 탄도미사일에 대응하는 맞춤형 억제전략의 조기 수립을 추진했다. 지금의 Kill Chain과 KAMD가 보다 구체화 된다.

Kill Chain은 1991년 걸프전에서 처음 등장한 개념이다. Kill Chain은 시간별로 위치를 달리하는 중요 표적인 시한성 긴급표적(Time Sensitive Target)을 공격하는 일련의 군사행동으로, 북한의 핵무기와 생화학무기 등의 비대칭 위협에 대한 한·미 연합 선제타격 시스템을 의미한다. 미국은 Kill Chain을 ①탐지 → ②확인 → ③추적 → ④조준 → ⑤교전 → ⑥평가의 6단계로 운용했다. 이에 비해 우리나라는 '표적탐지 → 좌표식별 → 공격결심 → 발사타격'의 4단계 절차를 따른다.

정찰위성과 정찰기, 조기경보레이더 등 연합·합동자산을 이용하여 적의 위협을 탐지하고, 위협의 진위를 정확히 평가하여 공격의 우선순위를 결정한다. 모든 탐지정보를 종합해 공격여부를 결정하고, 표적에 따라 가장 유효한 효력의 무기를 선별해 일제 공격한다.

선제타격을 위해서는 가장 중요한 것이 정찰능력이다. 정찰을 통해 공격의 징후를 사전에 포착해야만 선제공격을 감행할 수 있다. 우리 탐지자산은 아리랑 3호 위성과 금강·백두 정찰기가 있다. 여기에 미국 정찰위성과 첩보위성, U-2 정찰기와 다양한 무인정찰기 등이 동원된다. 현재 운용되고 있는 탐지자산의 90%는 미국 자산이다. 미국의 탐지체계 없이는 Kill Chain을 독자적으로 수행할 수 없다. 또 북한이 탄도미사일을 발사해도 어느 정도 고도로 상승하기 이전에는 파악할 수 없다. TEL과 같은 이동식 발사대에 대한 탐지수단은 극히 제한된다.

타격능력도 미흡하기는 마찬가지다. 우리가 가진 공격수단은 사거리 180km의 현무-1, 사거리 300km의 현무-2와 ATACMS 등 탄도미사일, 그리고 사거리 1천500km의 현무-3와 SLAM-ER, 2016년부터 도입된 신형 사거리 500km인 타우러스(Taurus) 공대지 미사일, 2017년 시험발사를 끝낸 800km의 신형 탄도미사일 등이다. 한 달에 최대 7기의 Scud와 1기의 노동미사일을 만들 수 있고 ICBM과

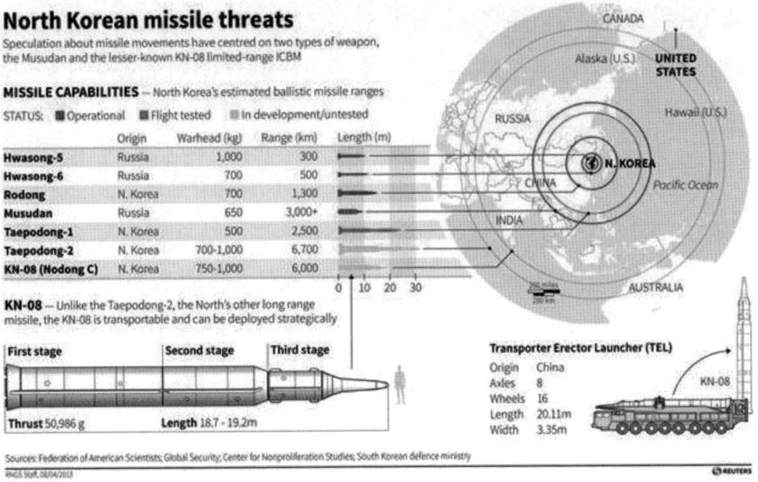

◉ 북한의 탄도미사일 위협
Nimble Titan 2014

SLBM의 개발까지 목전에 둔 세계 여섯 번째 미사일 강국 북한과 비교하면 상당히 미흡한 상황이다.

미국은 북한의 탄도미사일 사용에 대하여 4가지로 평가한다. 우선 전략 탄도미사일과 WMD를 함께 사용할 것으로 보고 있다. 두 번째는 정치적·군사적 주요 목표의 타격을 위해 소수의 ICBM을 사용하는 것이다. ICBM의 사용과 더불어 핵 전자기 펄스(NEMP)를 운용할 가능성도 예상한다. 세 번째는 전면전 시 SRBM과 MRBM을 지상군의 지원 목적으로 사용할 것으로 보고 있다. 대부분의 SRBM은 화학·생물학탄두를 장착하여 운용하고, 타격 목표로 동맹국 지휘통제 시스템과 우리 공군·해병 공격작전을 무력화시킬 수 있는 주요 기지를 꼽았다.

마지막으로 북한의 신형 전술미사일인 ASBM과 SLBM은 한·미 이지스함의 BMD를 방해하기 위한 목적으로 사용하고, SLBM은 증원되는 미군과 연합군의 접근을 사전에 차단하기 위한 수단으로 사용할 가능성이 크다고 분석했다.

미국의 북한 전문 웹사이트 '38 North'의 조엘 위트[17]는 북한의 핵무기를 2015년 기준 10~16기 가량 보유한 것으로 평가하고, 2020년에는 100여 기의 핵탄두를 보유할 것으로 전망했다. 북한 핵능력에 대해서 위트는 최소 3회 이상 동시 핵실험이 가능한 수준이며, 2020년을 전후하여 100KT 위력의 수소폭탄을 실전에 배치할 수 있을 것으로 내다봤다.

북한의 핵 보유는 기정사실화된 상황이다. 북한의 노동미사일을 개조한 파키스탄의 MRBM, Ghauri가 핵탄두를 탑재하고 있다는 것은 비밀이 아니다. 북한의 미사일 기술자들이 Ghauri의 개발에 참여해 기폭장치와 추진체 설계 등 탄도미사일 기술을 전수했다는 것도 공공연한 사실이 되었다. 이미 북한은 핵탄두 소형화에 어느 정도의 성과를 거둔 것으로 평가되고 있다.

북한의 핵탄두 탄도미사일은 대체로 우유 젖병 형태의 탄두형태를 띠고 있다. 원추형 탄두에 비해 상대적으로 공간의 확보가 용이하여 소형화가 쉽다. 북한은 지난 2016년 2월 7일, 은하 4호 로켓을 이용하여 광명성 4호 위성을 정상궤도에 진입시키는 데 성공했다. 이는 사거리 1만km 이상을 보낼 수 있는 추진체 기술을 보유한 것을 의미한다.

17 Joel S. Wit: 존스홉킨스대 국제대학원 선임연구원이자, 컬럼비아대 웨더헤드동아시아연구소 선임연구원이다. 클린턴 정권 당시 국무부 북한담당관을 역임했으며, 현재에도 북핵 전문가로 활약 중이다.

북한은 ICBM의 4대 핵심기술인 핵의 소형화와 기폭장치 기술, 미사일의 장사정화에 모두 성공했다. 이제 탄두 재진입 기술만 확보하면 ICBM 보유가 가능해진다. 북한은 2016년 3월 15일, 자신들의 핵무기 연구소에서 김정은이 참석한 가운데 탄두 재진입 시험을 진행했다고 주장했다. 재진입 기술을 지닌 나라는 많지 않다. 그만큼 높은 기술을 요구한다. 하지만 꾸준히 핵개발에 매진해왔던지라 재진입 기술을 확보하는 데 많은 시간이 걸리지는 않을 것으로 예상된다.

우리 군의 KAMD 탐지자산은 이지스함의 AN/SPY-1D(V) 레이더, 공군의 그린파인(Green-Pine) 조기경보 레이더와 공중 조기경보기 피스 아이(Peace Eye) 등이다. 이지스함의 SPY-1D(V) 레이더는 수동형 위상 배열 레이더로, 현존하는 최고의 수상함 대공 레이더이다. 미국은 이지스함에 BMD 성능을 제공하기 위해 SPY 레이더를 개량했다. 또 해군의 요청에 따라 세종대왕함급 이지스함에도 탄도미사일 탐지·

◉ KAMD 운용 개념

국가미래연구원

추적기능인 BMS&T(Ballistic Missile Search & Track) 기능을 제공했다. 그러나 우리 이지스함의 BMS&T 기능은 어디까지나 탄도미사일을 탐지·추적하는 기능만 갖고 있다.

SPY-1D(V) 레이더는 4면 고정형 다기능 위상 배열 레이더이다. 위상 배열 기술을 적용하여 선체에 고정된 4개의 안테나가 움직이지 않고도 전방위를 탐색하며, 대공·대함표적을 추적한다. SPY 레이더의 대공 성능은 수십 차례 성능 검증과 실전을 통해 우수성이 입증됐다. 400km 이상 떨어져 있는 소형 미사일을 추적할 수 있고, 우수한 전자전 성능으로 전자파 교란에도 영향을 받지 않는다. 특히 BMS&T 모드를 사용하면 탐지·추적에 대한 거리와 고도제한이 해제돼 1천km 이상의 거리에서도 탄도미사일을 탐지·추적할 수 있다.

우리 공군의 그린파인(EL/M-2080S Super Green-Pine)은 능동형 위상 배열 레이더로, L-Band의 탄도미사일 탐지 전용이다. 이 레이더는 탄도미사일을 탐지·추적하고, 교전문제를 해결한다. 1면 고정형으로 탐지범위는 안테나 중심을 기준으로 탐색 시 방위각이 ±45°, 추적 시 ±60°까지 운용이 가능하며, 고각은 ±40°까지 탐지·추적할 수 있다. 최대 탐지거리는 EL/M-2080 Green-Pine이 500km, 개량형인 EL/M-2080S Super Green-Pine이 800km까지 탐지·추적할 수 있다. 이스라엘은 추가로 Great Green-Pine을 개발하여 최대 탐지거리를 1천km 이상으로 확장할 예정이다.

공중 조기경보기 Peace Eye AEW&C(Airborne Early Warning & Control)는 미 보잉사의 737 여객기를 플랫폼으로 제작되었다. Peace Eye는 최대속도 875km/h, 순항속도 850km, 최대 상승고도 12.5km, 항속거리는 7천km에 이르며, 2004년에 첫 비행을 시작한 이후 2009년에

◉ 그린파인 레이더와 Peace Eye
IAI ELTA, DefenseWorld.net

개발이 완료된 터보팬 엔진의 항공기이다. Peace Eye는 동체 상단에 막대 형태의 전자식 AESA[18]를 장착하여 전방위를 감시하며, 탐지거리는 전방위 탐색 시 370km, 집중탐색 시 740km를 탐지할 수 있다. 또한 최대 3천 개의 표적을 동시에 탐지·처리할 수 있다.

우리 공군은 모두 4기의 Peace Eye를 도입하여 운용 중이다. 그러나 정비주기와 승무원의 피로도 등을 고려할 때 부족하다.

우리나라 방공무기의 시작은 호크(Iron Hawk)미사일이다. 호크는 미국의 중거리·중고도 요격미사일로, 1960년대 주한미군이 배치하여 운용하였다. 우리나라는 30년 넘게 우리의 영공을 수호한 미국의 호크미사일을 대체하기 위해 2006년 철매-II 사업에 착수하였다. 그리고 신형 지대공 미사일인 '천궁'을 개발하였다.

천궁은 유효사거리 40km, 최대 요격고도 20km인 콜드 론칭(Cold Launching) 방식 요격미사일이다. 천궁과 연동하는 다기능 레이더는

18 AESA: Active Electronic Scan Antenna, 능동형 위상 배열 안테나. ↔ PESA(Passivetive Electronic Scan Antenna). 위상 배열 레이더는 전파의 위상을 변경하여 전파의 방향을 변경하기에 신속하게 전방위 탐색이 가능하다. 수동형과 능동형의 차이점은 수동형은 전파를 공간에 방사하는 송신장치와 수신장치가 한 번에 1개의 빔을 송·수신하지만, 능동형은 여러 개의 송·수신장치가 장착되어 각각의 방사 소자가 빔을 조정한다.

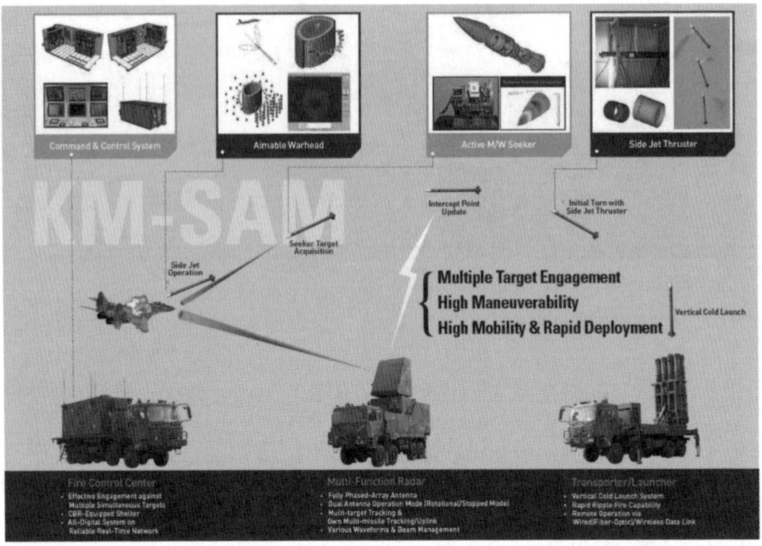

◉ 대공 방어 미사일 천궁
LIG 넥스원, ADD

PESA[19] 방식의 레이더로 360° 회전하며 표적을 탐색하고, 표적을 포착하면 표적 방향으로 고정되어 지속적으로 표적을 추적한다. 천궁은 발사대에서 사출된 후 로켓이 점화되며, 측추력기를 작동하여 신속하게 표적을 향해 기동한다. 다기능 레이더와 데이터링크를 통해 표적정보를 갱신하고, INS로 비행한다. 종말단계에서 능동 레이더 유도방식으로 표적에 근접한 후 파편형 탄두를 터뜨려 표적을 요격한다.

천궁의 발사 직후 초기선회와 종말단계에서의 급기동용 측추력기는 PAC-3와 유사한 다중펄스 방식이다. 여러 개의 소형 로켓을 여러

19 PESA: Passive Electronic Scan Antenna, 수동형 위상 배열 안테나. ↔ AESA(Active Electronic Scan Antenna).

방향으로 배치하여 추력을 얻는 반대방향의 로켓을 분사함으로서 방향을 제어한다. 천궁은 파편 집중형 탄두를 사용한다. 표적에 근접하면 신관이 작동하여 내부의 1차 폭약이 터지고, 뒤이어 2차 폭약이 터진다. 이때 1차 폭약이 의도적으로 탄두를 한쪽 방향으로 일그러뜨리게 되고, 곧이어 2차 폭약이 터질 때 성형작약 효과에 의해 폭발력이 표적 방향으로 집중되어 강력한 폭발력으로 요격한다.

우리나라는 북한의 탄도미사일 위협에 대응하기 위해 천궁을 개량하여 M-SAM이라는 이름으로 신형 ABM의 개발에 착수했다. 기본적인 성능과 운용 개념은 미국의 PAC-3 ERINT와 유사할 것으로 예상되며, 현재 비밀리에 개발을 진행 중이다. 2016년 3월 18일, 천궁 PIP로 이름 붙여진 신형 ABM이 탄도미사일을 요격하는데 성공한 사실이 언론을 통해 공개되었으며, 단거리 전술 탄도미사일로 모사된 표적을 하층단계에서 직격 방식으로 요격했다. 지난 2013년부터 가칭 철매-III(L-SAM)라는 이름으로 고고도 ABM 개발에 착수했고, 사드급 상층 요격용으로 개발되고 있다.

또한 주한미군의 사드가 배치됐다. 사드는 SRBM이나 MRBM을 대응하기 위해 개발한 ABM이다. 미 MDA의 통합시험 결과 THAAD는 MRBM 이하급 탄도미사일에 대해 80% 이상의 높은 요격 성능을 보였다.

2013년 미국의 ADI(Aerospace & Defense Intelligence) 리포트에 따르면 사드 포대의 기본구성은 6대의 발사대(Truck mounted M1075 launchers)와 48기의 요격미사일(8 per launcher), 사격 통제장비 2대, AN/TPY-2 레이더 1대이다. 기본구성 규모의 금액은 9천157억 2천여만 원에 이른다고 발표했다.

통합시험을 통한 요격성공률
www.mda.mil

Mission Task	SRBM			SR·MRBM		MR·IR·ICBM
	PAC-2	M-SAM	PAC-3	L-SAM	THAAD	SM-3
SSKP[20]	40%	60%	70%	80%	80%	60%

2013년 기준 THAAD 체계 단가
2013 ADI Report

구분	발사대	요격미사일	TFCC/TSG	AN/TPY-2
단가	83억 9천	131억 6천	104억	2천129억

중국과 러시아는 한반도 사드배치에 대해 강력하게 반발한다. 중국은 X-밴드 레이더 AN/TPY-2에 대해 강한 거부감을 보이고 있다. X-Band(8~12GHz)는 미국이 사용하는 주파수 분류 방법으로 유럽의 I-Band(8~10GHz)와 J-Band(10~20GHz) 중 일부를 포함한다. X-Band 주파수는 Green-pine의 L-Band(1~2GHz)와 AN/SPY-1D(V)의 S-Band(2~4GHz)와는 전혀 다른 특성을 가지고 있다.

전파는 직진성을 갖는다. 지구는 둥글기 때문에 직진성을 가진 전파가 미치지 못하는 음영구역이 발생한다. 오른쪽 그림에서 보듯이 1천km 떨어진 거리에서는 표적이 고도 80km 이상 높이에 올라오지 않으면 탐지할 방법이 없다. 이 때문에 레이더를 가능하면 높은 곳에 설치하는 것이며, 순항미사일은 레이더에 노출을 최소화시키기 위해 최대한 낮게 비행하도록 설계하는 것이다.

20 SSKP(Single Shot Kill Probability): 1기의 미사일로 표적을 요격시킬 가능성을 의미한다.

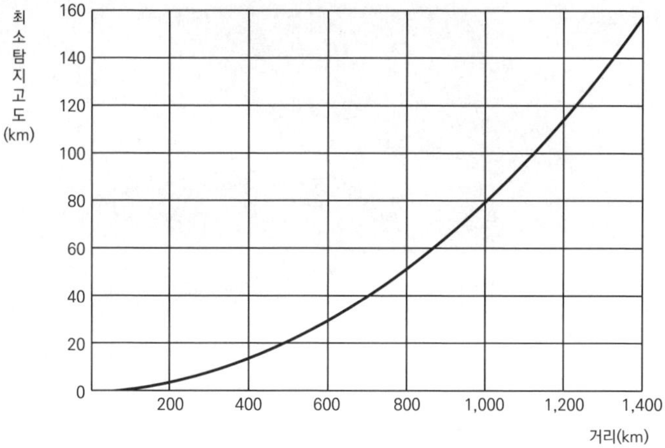

◉ 지구 곡률에 의한 레이더 최소 탐지 고도

레이더는 전파의 기본적인 특성인 직진성과 등속성, 반사성을 이용하여 목표물의 거리를 측정하는 장치이다. 그러나 주파수에 따라 직진성에 차이를 보인다. 그림에서 보는 바와 같이 S-Band가 가장 높은 직진성을 띤다. L-Band는 거리가 멀어질수록 위쪽으로 퍼지는데 반해, 고주파인 X-Band는 거리가 멀어짐에도 지상을 따라 휘어지는 경향이 강하다.

수평선 너머 해수면을 탐지하기 위해 OTH(Over-The-Horizon) 레이더와 같은 초수평선 레이더를 사용한다. 초수평선 레이더는 특정 대역의 주파수가 전리층을 통과하지 못하는 특성을 이용하여 수평선 너머를 탐지하는 것이다. 그러나 AN/TPY-2 레이더는 지표면을 따라 휘는 성질을 가진 고출력의 X-Band 주파수를 사용하는 것만으로 Over-The-Horizon 레이더와 같은 효과를 얻고 있다.

중국이 대만에 영향력을 행사하는 동시에 미국의 태평양 전진 기

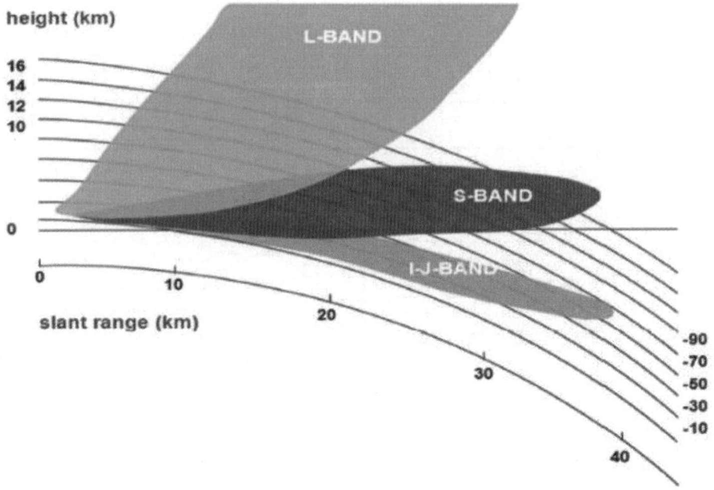

◉ 주파수 별 방사특성
Sensor Solutions, THALES NEDERLAND B.V. 2012

지인 괌과 항모전단을 견제하느라 대규모 탄도미사일 부대와 해상 전력을 배치하고, Over-The-Horizon 레이더를 설치해 놓은 곳이 바로 중국 남동부 항저우와 푸저우 인근 지역이다. 미사일 기지만 놓고 보면 중국 동부와 남부 해안 전역에 다수의 미사일 기지가 배치되어 있다. 중국의 동남부에 위치한 전략무기 기지는 남한의 어디와도 AN/TPY-2 레이더의 최대 탐지거리인 1천800km를 넘지 않으며, 최단거리는 약 400km에 불과할 만큼 가까운 곳에 위치해 있다.

AN/TPY-2 레이더가 1천800km 떨어진 거리의 지표면을 탐색할 수는 없다. 아무리 X-Band 주파수가 지표면을 따라 휘는 성격이 있어도 수백km 내외일 것이며, 효과 또한 그리 크지 않다. 하지만 중국은 DF-21D ASCM과 DF-41 ICBM 등 신형 탄도미사일을 배치해 놓았고, 탄도미사일의 발사시험을 비롯한 대규모 전투훈련이 실시되

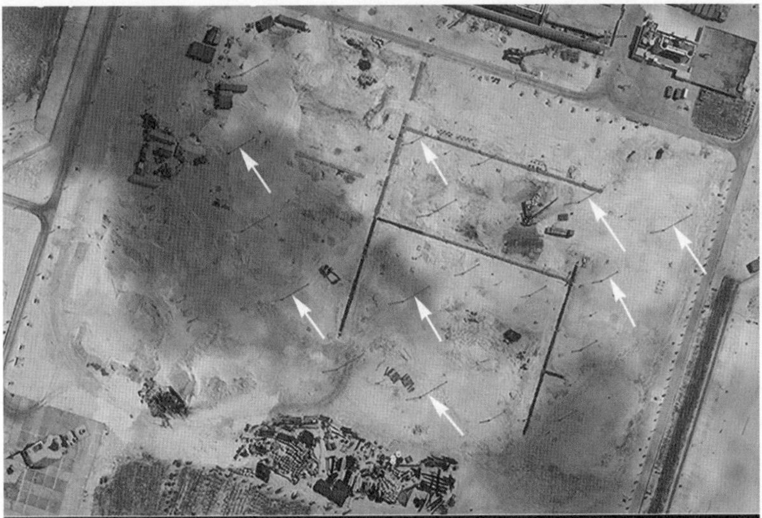
Antennas (arrows) in possible over-the-horizon radar receiver station under construction
Cuarteron Reef 23 Aug, 2015

◉ 중국의 초수평선 레이더 건설로 의심되는 위성사진

는 상황이 노출되는 것을 달가워하지 않는다.

2014년, 미국 MDA는 '님블타이탄(Nimble Titan)[21] 2014'에서 북한 탄도미사일의 위협을 토대로 한반도 공격 가능성과 대응방법에 대한 시뮬레이션을 실시했다. 북한 탄도미사일 Scud-B/C와 노동미사일, IRBM인 무수단이 사용되는 것을 전제로, 한반도에 배치돼 있거나 개발 중인 우리 ABM과 즉시 운용이 가능한 미국의 요격미사일을 선정했다.

21 2002년에 시작된 미국 주도의 BMD 회의이자 다국적 탄도미사일 방어연습이다. 2003년, 영국이 처음으로 참여했다. 2014년 24개국으로 확대되었고, 우리나라는 2011년부터 참여했다. 주로 탄도미사일 요격에 관한 교전수칙과 전장관리, 조기경보를 비롯한 통합 방어연습과 War-game 시뮬레이션을 수행한다.

시뮬레이션을 진행한 북한 탄도미사일 입력 변수

구분		단위	스커드-B	스커드-C	노동	무수단
1단	탄두중량	kg	985	770	1,000	650
	연료량	kg	3,770	4,200	16,000	18,000
	Stage dry	kg	1,100	1,220	4,000	1,900
	최대탄두직경	m	0.88	0.88	1.3	1.5
	Stage diameter	m	0.88	0.88	1.3	1.5
	ISP(Specific Impulse)	sec	200	230	240	296
	연소시간	sec	64	70	70	168
2단	탄두중량	kg	-	-	1,200	1,200
	연료량	kg	-	-	-	-
	Stage dry	kg	-	-	1,200	1,200
	탄두최대직경	m	-	-	1.3	1.5
	Stage diameter	m	-	-	1.3	1.5

시뮬레이션에 사용한 요격미사일 제원

구분	하층방어			상층방어		
	M-SAM	PAC-2	PAC-3	L-SAM	THAAD	SM-3
사 거 리(km)	40	15~20	15~90	90~120	200	1,500
요격고도(km)	10~15	10~25	15~30	40~60	40~150	70~500
최대속도(M)	5.0	5.0	5.0이상	8.0	8.2~9.8	8.8~13.5
요격방법	직격파괴	비산파편	직격파괴	직격파괴	직격파괴	직격파괴

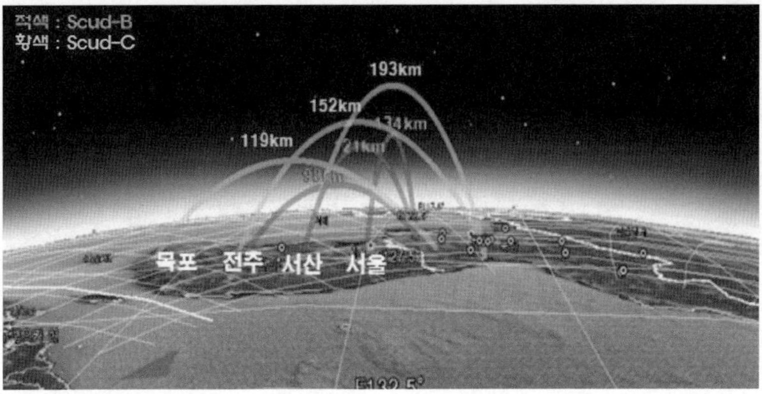

◉ Scud-B/C의 공격 모사
이경행·최진환 "해상기반 탄도미사일 방어체계의 임무효과에 관한 연구", 항공우주시스템공학회지, 2016

Scud-B/C 공격에 따른 ABM의 대응 가능 시간
이경행·최진환 "해상기반 탄도미사일 방어체계의 임무효과에 관한 연구", 항공우주시스템공학회지, 2016

구분		M-SAM	PAC-2	PAC-3	L-SAM	THAAD	SM-3
Scud-B	124km	3초	3초	12초	40초	281초	234초
	202km	3초	3초	13초	42초	263초	208초
	287km	4초	4초	16초	83초	171초	108초
Scud-C	300km	2초	2초	10초	30초	170초	326초
	400km	2초	2초	10초	36초	191초	266초
	440km	3초	3초	12초	44초	240초	207초

북한 Scud-B/C의 공격은 서울, 서산, 전주, 목포를 대상으로 Scud-B는 황해도 상원에서, Scud-C는 지하리와 깃대령에서 발사하는 것으로 모사했다. 또한 노동은 동창리에서 발사하여 최소 사거리인 300km에서 최대사거리인 1천km까지 단계별로 요격 가능시간을

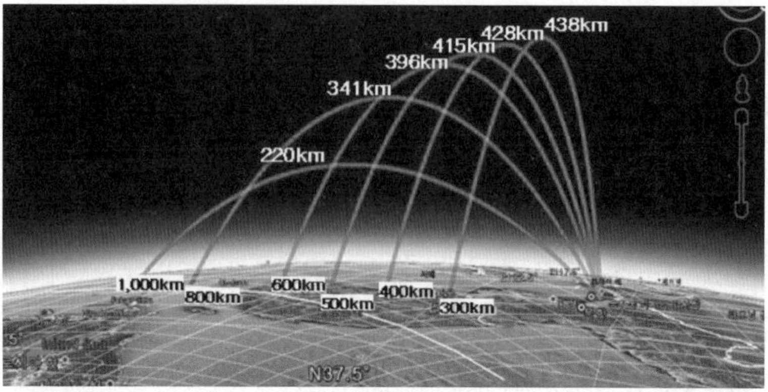

◉ 무수단의 공격 모사
이경행·최진환 "해상기반 탄도미사일 방어체계의 임무효과에 관한 연구", 항공우주시스템공학회지, 2016

노동 공격에 따른 ABM의 대응 가능 시간
이경행·최진환 "해상기반 탄도미사일 방어체계의 임무효과에 관한 연구", 항공우주시스템공학회지, 2016

구분	M-SAM	PAC-2	PAC-3	L-SAM	THAAD	SM-3
300km	2초	2초	6초	19초	41초	575초
500km	2초	2초	7초	20초	47초	557초
700km	2초	2초	7초	22초	50초	519초
1,000km	2초	2초	8초	28초	68초	362초

시뮬레이션했다. 마지막으로 무수단은 함경북도 무수단리에서 서울과 대전, 부산 등 대도시에 발사하는 것을 모사했다. 그림과 표는 시뮬레이션 화면과 시뮬레이션에 의한 각 요격미사일의 대응 가능 시간이다.

탄도미사일의 정점 고도가 높아질수록 강하각이 커지고, 낙하 속도가 빨라질수록 하층 방어체계의 대응 가능 시간이 급격하게 줄어

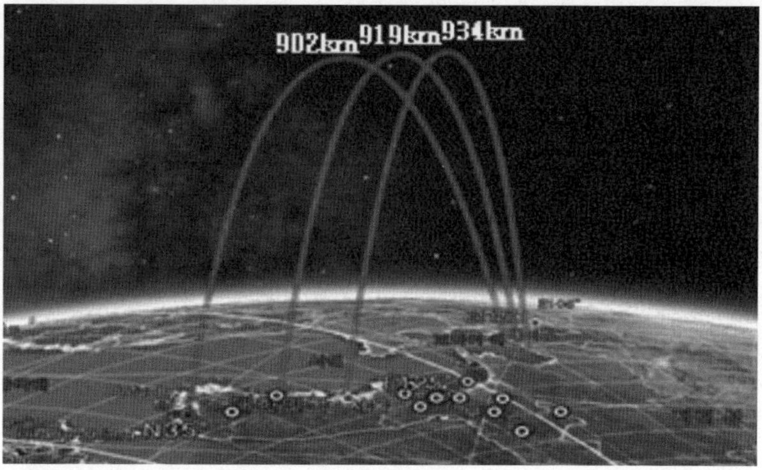

◉ 무수단의 공격 모사
이경행·최진환 "해상기반 탄도미사일 방어체계의 임무효과에 관한 연구", 항공우주시스템공학회지, 2016

무수단 공격에 따른 ABM의 대응 가능 시간
이경행·최진환 "해상기반 탄도미사일 방어체계의 임무효과에 관한 연구", 항공우주시스템공학회지, 2016

구분	M-SAM	PAC-2	PAC-3	L-SAM	사드	SM-3
476km	-	-	-	16초	30초	280초
573km	-	-	-	16초	30초	284초
666km	-	-	-	17초	30초	284초

드는 것이 확인됐다. 상층 방어체계 중에서도 종말단계 상층 방어무기인 L-SAM이나 사드에 비해, 중간단계 요격무기인 SM-3가 많은 대응시간을 가지는 것을 확인할 수 있다. 대응 가능 시간이 충분하다는 것이 요격무기의 성능을 규정하는 절대적인 기준이 될 수 없다. 대응가능 시간은 단지 한 가지 옵션에 지나지 않는다.

Scud-B/C와 같은 SRBM을 요격하는데 PAC-3의 명중률이 70%에 육박하는데, 사드나 SM-3를 사용할 필요가 없다. 10억 원 가량인 Scud-B/C를 요격하기 위해 131억 원의 사드나 150억 원이 드는 SM-3 사용은 적절치 않다.

북한은 조만간 SLBM을 보유할 것이다. SLBM은 냉전 시 미국이 구소련의 전략 원잠 항구 진출입로에 음향센서를 설치하려 했을 만큼 위협적인 무기이다. 드넓은 바다에 음향센서를 설치하는 수고로움과 비용, 그에 따른 많은 문제를 해소하는 어려움보다도, 단 한 척의 전략 원잠이라도 시야에서 사라지는 것이 더 두려운 일이기 때문이다. 북한이 SLBM을 실전에 배치하게 된다면, 이지스함이 있어도 SM-3와 같은 타격자산이 없다면 해상에서의 탄도미사일 공격에는 속수무책일 수밖에 없다. 킬 체인과 KAMD의 보완이 필요한 이유이기도 하다.

북한 미사일 요격이 어려운 한국군의 저층 방어

스커드-B(300km), 스커드-C(500km), 노동-A(1천km) 및 무수단 미사일(3천km)을 공학 전용 전산도구인 MATLAB 프로그램을 사용하여 도출한 비행 궤적을 분석한 결과는 아래 표와 같다.[22] 아래 표는 사거리 300, 500, 1천km 및 3천km로 각각 가정된 스커드-B, C, 노동 및 무수단 미사일에 대한 주요 경계면에서의 계산된 특성 값을 나타낸다.

22 권용수, "북한 탄도미사일의 기술 분석 및 평가", 국방연구 56-1, 2013. 3, pp.22~23.

비행 특성 모델 시뮬레이션 결과 주요 특성 파라미터 값

구분 \ 사거리(km)		단 위	300	500	1,000	3,000
연소종료	속도	km/sec	1.5	2.0	2.9	4.77
	비행경로각	deg	44.3	43.9	42.9	40.3
	고 도	km	31.1	43.2	61.2	185.0
	지상거리	km	17.4	24.4	35.2	112.3
정점	속도	km/sec	1.12	1.45	2.15	3.63
	고도	km	93.1	145.1	269.53	699.3
	지상거리	km	144.8	235.7	481.85	1,326.8
	시간	sec	176	214	290	502
재진입	속도	km/sec	-	1.72	2.89	4.92
	고도	km	-	100	100	100
	지상거리	km	-	377.9	915.57	2,628.6
	시간	sec	-	311.8	468	860
탄착속도		km/sec	1.62	1.96	2.27	3.91
총 비행시간		km/sec	315.6	396.4	514.79	891
사 거 리		km	300.4	507.1	992.83	2,741.2

오른쪽 그림은 최소 에너지 발사각을 적용하여 각 미사일의 비행에 따른 고도 특성으로 주요 경계면(연소 종료점, 정점, 재진입 및 최대 속도 위치)을 비행 궤적에 중첩해 나타낸 것이다. 스커드-B(300km)의 최고 고도는 94.7km로 전 기간 동안 대기권 내에서 비행하나, 사거리가 300km 이상인 스커드-C(500km), 노동-A(1천km) 및 노동-B(3천km) 미

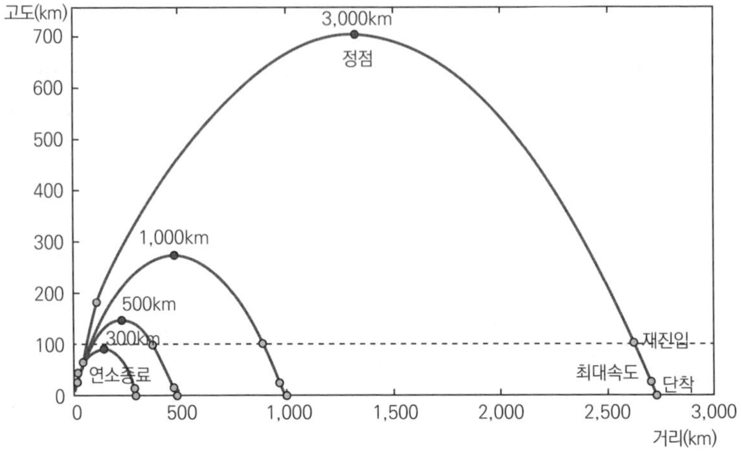

◉ 사거리별 거리-고도 특성
안준일, 권용수, "운용 파라미터 변화에 따른 탄도미사일 비행궤적 특성 해석", 한국방위산업학회지 제20권 제2호, 2013. 12, p.143.

사일은 각각 전체 비행시간의 49%, 73% 및 81% 이상을 전형적인 포물선 형태를 나타내며 대기권 밖에서 비행한다. 또한 각각의 미사일에 대한 최고 정점 고도는 94.7km, 146.2km, 237.3km 및 699.3km로 사거리에 비례해 증가됨을 알 수 있다. 이러한 특성은 저층 방어 위주로 구축되어 있는 한국군의 현실을 감안할 때 북한의 탄도미사일에 대한 중간 단계 요격이 실질적으로 어려움을 나타낸다.

비행시간에 따른 가속도 특성은 부스트 단계와 재진입 단계에서는 추력과 항력의 급격한 변화에 따라 가속도의 변화가 매우 크며, 중간 단계는 매우 완만하게 변화함을 알 수 있다. 부스트 단계는 추력이 중력과 항력에 비해 훨씬 크므로 연소 종료 전까지 속도가 급격히 증가되고, 이에 따라 가속도가 지속적으로 증가하게 된다. 특히 항력은 저고도에서는 속도가 느리고, 고고도에서는 공기밀도가 극히 낮아

그 크기는 다른 힘에 비해 무시할 수 있을 정도로 작다.

연소 종료 후에는 추력이 사라지고, 중력에 의해 속도가 감소되기 때문에 가속도가 양의 값에서 음의 값으로 급격하게 변화하게 된다. 중간 단계에서 미사일에 작용하는 힘은 중력과 항력뿐이므로 이 단계는 공기가 거의 희박한 구간을 비행하며, 항력의 크기는 중력에 비해 무시할 수 있을 정도로 작다. 따라서 속도 방향의 가속도 성분은 중력가속도와 상승각에 의해 결정되며, 중력 가속도는 고도에 따른 함수로 거의 일정하나 상승각의 감소에 따라 지속적으로 증가한다. 재진입 단계는 하강 단계이므로 중력은 속도를 증가시키는 요인으로, 급격하게 증가하지만 항력은 감소시키는 요인으로 작용한다. 따라서 항력과 중력이 속도 방향에 미치는 합성 힘의 크기에 따라 속도는 증감하게 된다. 중력에 의한 가속도는 재진입각의 영향이 크며, 항력에 의한 가속도는 공기밀도, 재진입체의 형태, 탄두 단면적, 항력 계수, 속도 및 질량 등에 의해 결정된다.[23]

미사일의 속도는 추력이 종료될 때까지 급격히 증가되나 그 후부터 정점에 이를 때까지는 완만하게 감소된다. 정점 이후에는 공기에 의한 항력이 중력보다 커질 때까지 완만하게 다시 증가되나 그 후부터 탄착 순간까지는 매우 급격하게 감소되며, 전체적으로 M자 형의 특성 패턴을 나타낸다. 종말 단계 최고 속도는 연소 종료 시 속도와 대등하며, 미사일 사거리 별 최고 속도는 300km급과 500km 미사일은 각각 1.6km/sec와 2.1km/sec, 1천km급 미사일의 최고 속도는 3.0km/sec로 분석되었다.

23 이운형, "탄도 비행궤적의 특성고찰", 국방기술연구, 제4권, 제4호, 1998.

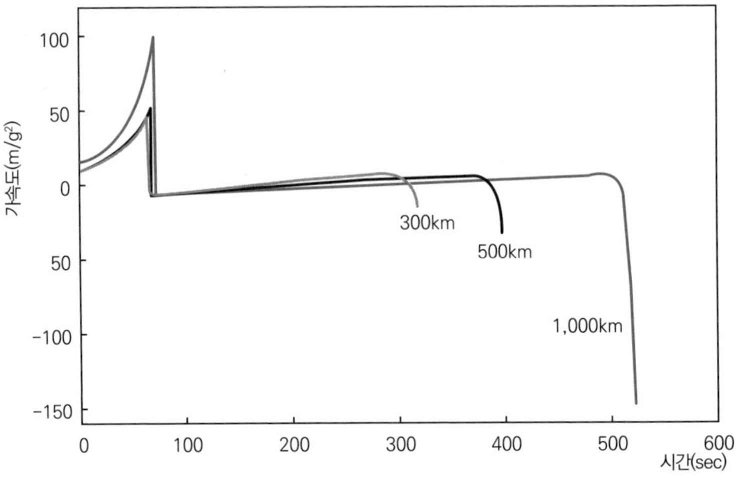

◉ 사거리별 시간-가속도 특성
권용수, 김정희, 이경행, "성공적 하층 미사일방어 수행을 위한 시스템 요구능력 도출", 국방경영분석학회지 제37권 2호, 2011. 6, pp.14.

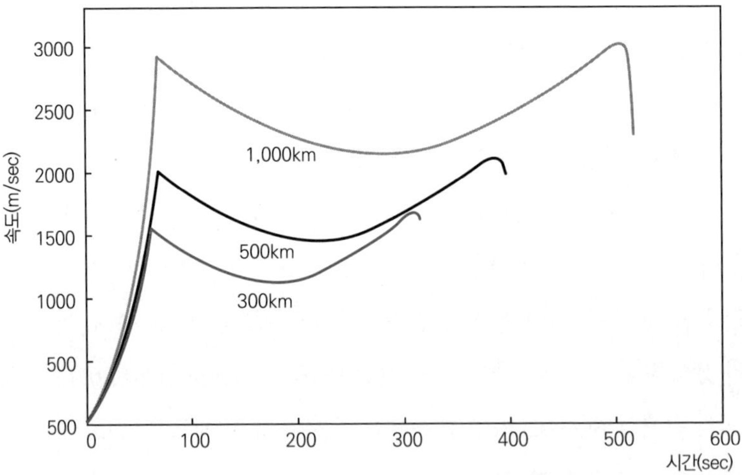

◉ 사거리 별 시간-속도 특성
권용수, 김정희, 이경행, "성공적 하층 미사일방어 수행을 위한 시스템 요구능력 도출", 국방경영분석학회지 제37권 2호, 2011. 6, pp.14.

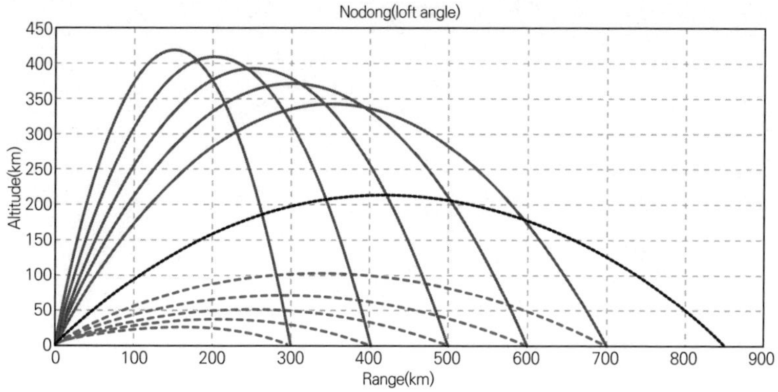

◉ 노동미사일 자세각 조절방법(거리-고도)
Kyoung haing Lee, "Prediction of Possible Intercept Time by Considering Flight Trajectory of Nodong Missile, International Journal of Aerospace System Engineering Vol.3, No.2, pp.14-21 (2016).

액체 추진제를 사용하는 북한의 노동미사일은 최대사거리 발사(minimum energy)뿐만 아니라 임무 및 운용환경에 따라 다양한 사거리 조절방법을 적용하여 운용할 수 있다. 자세각 조절 시 최대사거리는 최소 에너지 발사각에 의해 달성되며, 발사각을 이보다 크거나 작게 하면 사거리가 감소한다. 이는 미사일의 다른 부분은 변화시키지 않고 프로그램의 수정을 통해 사거리를 조정할 수 있는 방법이다.[24] 일반적으로 고체 추진 단거리 미사일과 ICBM급 장거리 미사일은 자세각을 최소 에너지 발사각보다 낮은 각도로 조절하는 저각도 발사(depress)를 사용하고, 중거리 미사일은 고각도 발사(over-lofted)를 사용한다[25]. 자세각을 증가시킬수록 비례적으로 사거리는 감소하고 정점의 고도는 높아지므로 가속도의 변화가 크며, 중간·종말 단계에서

24 최봉석, "비행특성을 고려한 탄도미사일 방어체계 분석", 국방대학교, 석사학위논문, 2001, pp.59~60.

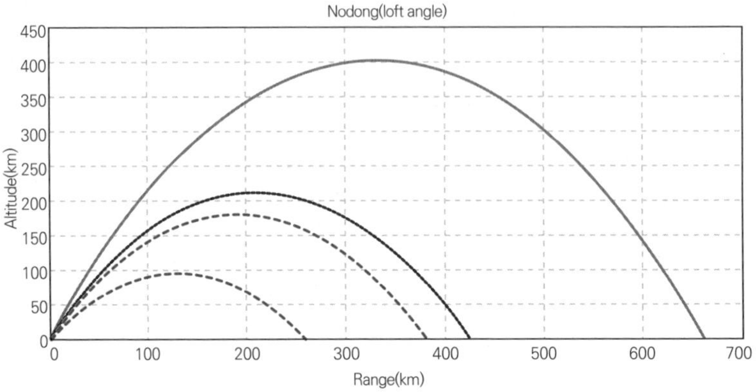

◉ 노동미사일 비추력 조절방법(거리-고도)
Kyoung haing Lee, "Prediction of Possible Intercept Time by Considering Flight Trajectory of Nodong Missile, International Journal of Aerospace System Engineering Vol.3, No.2, pp.14-21 (2016).

RCS가 매우 작고 비행시간은 늘어나게 된다. 이는 방어체계 입장에서 탐지 및 요격이 매우 어려워짐을 의미한다.[26]

비추력은 로켓이나 제트엔진의 효율성을 설명할 수 있는 방법으로, 단위 시간당 사용된 추진제 양에 대한 힘으로 나타낸다. 1초에 1kg의 추진제를 소모함으로써 얼마나 많은 추력을 얻어낼 수 있는지를 나타내는 것으로, 추진제마다 고유한 특성을 지니지만 정확한 값은 로켓엔진의 종류와 운용 환경에 따라 조금씩 차이가 난다.

즉 추진제가 연소하는 동안 추력과 유동율을 일정하게 유지시키면 비추력은 로켓엔진이 소모하는 추진제의 무게와 동일한 추력을 줄 때 걸리는 시간(sec)이 된다. 비추력은 로켓의 추진력과 매우 밀접하

25 2007년 북한의 깃대령 기지에서 노동미사일 발사 시 over-lofted로 발사, IHS Strategic JANES(Nodong)

26 Fancis J. Hall, "Introduction to Space Flight", North Carolina State University, 1994.

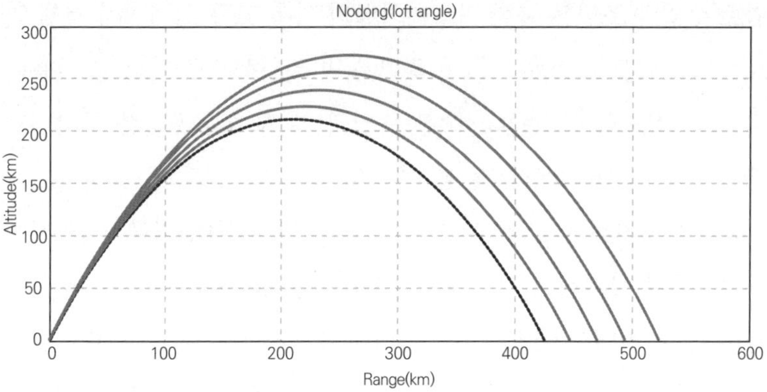

◉ 노동미사일 탑재 중량 조절방법(거리-고도)
Considering Flight Trajectory of Nodong Missile, International Journal of Aerospace System Engineering Vol.3, No.2, pp.14-21 (2016).

며, 사용되는 연료 및 산화제에 따라 변화한다. 비추력의 변화에 따른 고도, 속도 및 가속도 특성은 비추력이 증가함에 따라 전반적으로 증가한다.

탄도미사일은 발사 목적에 따라 탄두 특성이 결정되고, 중량 변화가 생길 수 있다. 동일한 탄도미사일의 탑재 중량을 감소시켰을 경우 총 비행거리, 정점 고도 및 속도가 증가하나 탑재 중량을 증가시키면 반대로 감소한다.

은하3호의 경우 노동미사일 4개 추진체를 클러스터링하였으나 고도 500km 궤도 진입을 위한 목적으로 연소 차단 밸브(cutting off valve)를 활용하기도 했다.[27] 연료 차단 시점 조절은 제어는 용이하지만, 사거리 조절 시 미사일 고도가 감소되고 속력이 저하되는 단점이 있다.

27 2013년 3월 25일 해군본부주관 전문가초청 토론회 시 ADD 1본부 박종승 박사 의견, 노동미사일 1단 추진체 인양 시 cutting off valve 발견

연료 주입량 조절은 북한 탄도미사일의 경우 고폭·고위험성 액체 연료를 사용하므로 연료 마찰에 의한 폭발 위험성으로 인해 잘 사용하지 않는 것으로 추정된다. 중간·종말 단계 자세각 조정은 은하 3호 궤도 진입 시 사용한 것으로 알려져 있다.

북한의 SLBM은 고체 추진제를 사용하기 때문에 연료 차단 시점 조절방법은 불가하며, 자세각 조절에 의한 방법이 적용될 가능성이 매우 높다. 최대사거리는 최소 에너지 발사각에 의해 달성되며, 발사각을 이보다 크거나 작게 하면 사거리가 감소한다. 이는 미사일의 다른 부분은 변화시키지 않고 프로그램의 수정을 통해 사거리를 조정할 수 있는 방법이다.

일반적으로 ICBM급 장거리 미사일은 과도한 고도상승으로 인한 궤적 이탈을 방지하기 위해 자세각을 최소 에너지 발사각보다 낮은 각도로 조절하는 저각도 발사를 사용한다. 고체 추진 단거리 미사일의 경우도 기습공격 목적을 달성하기 위해 저각도 발사를 사용한다. 중거리 미사일의 경우 고각도 발사를 사용할 경우 더욱 위협적이다.

고각도 발사는 자세각을 증가시켜 사거리를 감소시키는 방법으로 정점 고도가 높아지므로 가속도의 변화량이 크며, 중간·종말 단계에서 RCS가 매우 작고 비행시간은 늘어나게 된다.

잠수함에서 발사되는 SLBM은 공격의 은밀성과 기습 효과를 극대화기 위해서는 저각도 발사를 사용하는 것이 유리하다. 그러나 한반도의 지정학적 특성상 공해 또는 원거리에서 최대사거리 발사, 또는 고각도 발사로 할 경우 대기권 내 하층 요격인 지상 기반 탄도미사일 방어체계에는 매우 치명적이다.

북한 SLBM인 북극성-1호를 자세각 조절 발사하였을 경우 비행거

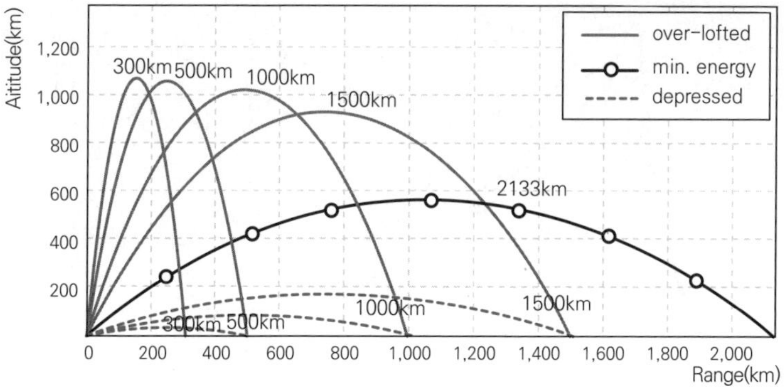

◉ 북극성-1호 자세각 조절방법(거리-고도)
이경행, 서형필, 권용수, 김지원, "북한 SLBM의 비행특성 해석", 한국시뮬레이션학회논문지, Vol. 24, No. 3, pp. 9-16 (2015).

리에 따른 고도 특성으로 다양한 포물선 형태를 나타낸다. 최소 에너지 발사의 경우 탑재 중량(payload)을 최대로 하였을 경우 최대사거리는 2천133km, 정점 고도는 552km로 나타났다. 총 비행시간 811초 중 전체 비행시간의 81%인 654초를 대기권 밖에서 비행한다.

고각도 발사로 각각 1천500km, 1천km, 500km 및 300 km로 사거리를 조절할 경우 각각의 정점 고도는 925km, 1천14km, 1천59km 및 1천68km이다. 자세각을 증가시킬 경우 사거리는 감소되며, 고도가 증가함을 알 수 있다. 또한 사거리별 각각 전체 비행시간의 86%, 87%, 88% 및 79%를 대기권 밖에서 비행한다. 이러한 고각도 발사 특성은 사거리가 감소할수록 종말 단계보다는 중간 단계의 요격 기회가 상당히 증가함을 의미하며, 지상 하층 방어 위주로 구축되어 있는 우리의 현실을 감안할 때, 북한 탄도미사일에 대한 중간 단계 요격이 실질적으로 어려움을 나타낸다.

저각도 발사의 경우도 고각도 발사와 마찬가지로 1천500km, 1천

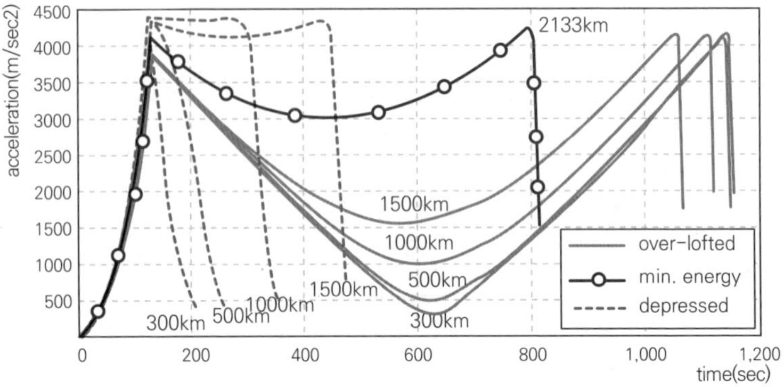

◉ 북극성-1호 자세각 조절방법(시간-속도)
이경행, 서형필, 권용수, 김지원, "북한 SLBM의 비행특성 해석", 한국시뮬레이션학회논문지, Vol. 24, No. 3, pp. 9-16 (2015).

km, 500km 및 300km로 사거리를 조절할 경우 정점 고도는 168km, 76km, 77km 및 22km로 자세각을 감소시킬 경우 사거리와 고도가 감소함을 알 수 있다. 또한 1천500km 발사 시는 전체 비행시간의 51%를 대기권 밖에서 비행하지만 1천km, 500km 및 300km 발사 시는 대기권 내에서 모든 비행이 이루어진다. 이러한 저각도 발사 특성은 사거리가 감소할수록 중간 단계보다는 종말 단계의 요격 능력이 매우 중요함을 의미한다.

북극성 1호의 속도는 발사 후 연소가 종료되어 추력이 없어질 때까지 급격하게 증가하나, 이후 정점 고도에 이를 때까지 완만하게 감소한다. 정점 고도 이후 공기에 의한 항력이 중력보다 커질 때까지는 다시 완만하게 증가하여 최대 속도에 이르며, 탄착 지점까지는 매우 급격하게 감소하는 등 전형적인 'M'자형 패턴을 나타낸다. 최대 속도는 발사 방법 별로 사거리 조절과 상관없이 거의 일정하였다. 중력에 의한 영향을 적게 받는 저각도 발사의 최대 속도가 4천415m/s(마하 13)로 4천150m/s(마하 12)인 고각도 발사보다 약간 높게 나타났다. 또한 자세각이 증가할수록 속도 곡선은 중간 단계에서 아래로 처진 형태를 보이는 것을 알 수 있다.

비행시간에 따른 가속도 특성은 부스트 단계와 재진입 단계에서는 추력과 항력의 급격한 변화에 따라 가속도의 변화가 매우 크며, 중간 단계는 매우 완만하게 변화함을 알 수 있다. 부스트 단계는 추력이 중력과 항력에 비해 훨씬 크므로 연소 종료 전까지 속도가 급격히 증가되고, 가속도가 지속적으로 증가하게 된다. 특히 연소 종료 후에는 추력이 사라지고, 중력에 의해 속도가 감소되기 때문에 가속도가 양의 값에서 음의 값으로 급격하게 변화하게 된다. 중간 단계에서 미사일에 작용하는 힘은 중력과 항력뿐이나, 이 단계는 공기가 거의 희박한 구간을 비행하므로 항력의 크기는 중력에 비해 무시할 수 있을 만큼 작다.

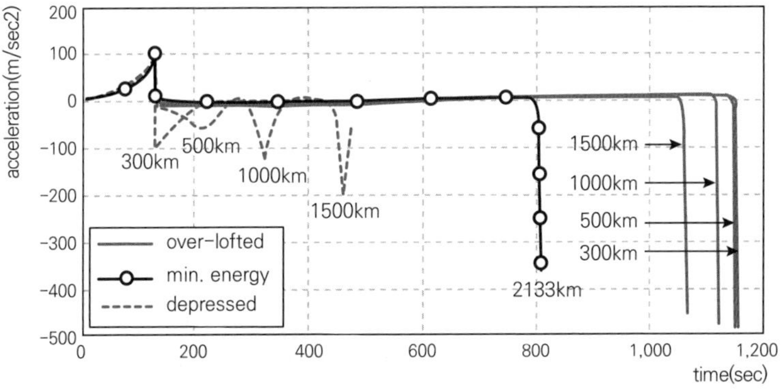

◉ 북극성-1호 자세각 조절방법(시간-가속도)
이경행, 서형필, 권용수, 김지원, "북한 SLBM의 비행특성 해석", 한국시뮬레이션학회논문지, Vol. 24, No. 3, pp. 9-16 (2015).

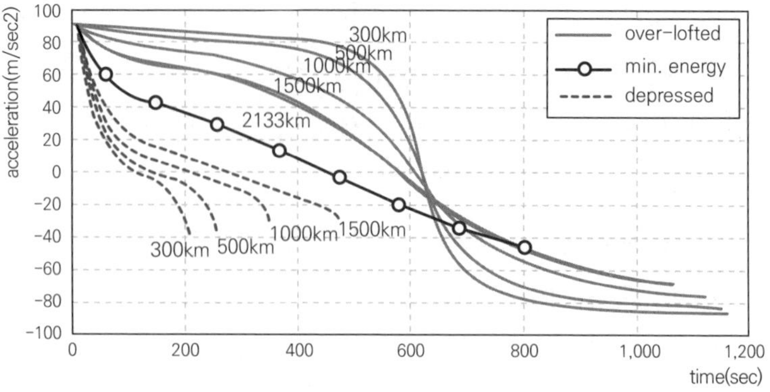

◉ 북극성-1호 자세각 조절방법(시간-비행경로각)
이경행, 서형필, 권용수, 김지원, "북한 SLBM의 비행특성 해석", 한국시뮬레이션학회논문지, Vol. 24, No. 3, pp. 9-16 (2015).

재진입 단계는 하강 단계이므로 중력은 속도를 증가시키는 주 요인이며, 항력은 속도를 감소시키는 요인으로 작용한다. 따라서 항력과 중력이 속도 방향에 미치는 합성 힘의 크기에 따라 속도는 증감하게 된다. 저각도 발사의 경우 공기밀도가 높은 저고도 고속 비행 특성에 따라 거리 1천km미만의 가속도가 불안정한 특성을 보이고 있음을 알 수 있다. 이는 북한이 고각도 발사를 선호하는 또 다른 이유가 될 수도 있다.

북극성-1호의 초기 수직 상승 비행 경로각(flight path angle)은 90°부터 연소 종료 시까지 최소 에너지 발사각으로 감소한다. 이후 미사일은 등속운동을 하게 되며, 재진입 단계에서 작용하는 힘 중 중력의 영향을 무시하면 속도 방향의 벡터인 항력만 존재하기 때문에 비행 경로각은 일정한 각도로 나타난다.

탄착 시의 비행 경로각은 최소에너지 발사 -47°, 저각도 발사 -29°

~-38°, 고각도 발사 -69°~-86°로 나타났다. 특히 고각도 발사의 경우 탄도미사일이 탄착점에서 거의 수직에 가까운 형태로 낙하하게 된다. 이는 방어체계 입장에서 레이더 반사 면적(RCS)이 매우 작아 효과적인 탐지, 추적 및 요격이 어렵다는 것을 의미한다.

Chapter 4

미사일은 어떻게 움직이나

●●● 보다 멀리, 보다 빨리 던질 수 있는 능력과, 보다 강하고 정확하게 던질 수 있는 능력은 동서고금을 막론하고 공격에 있어 가장 중요한 요소였다. 미사일(Missile)의 어원은 라틴어로 '날려 보내는 물체' 또는 '날아가는 도구'를 의미한다. 어원에 따르면 미사일은 투석, 투창, 화살, 총, 포 등 날아가는 무기를 총칭하는 셈이다. 그러나 오늘날 미사일은 '로켓이나 엔진 등으로 자체 추진하여 표적에 도달할 때까지 유도되는 무기'를 뜻한다. 미사일은 표적까지 스스로 날아가야 하고, 자신과 표적의 정보를 통해 비행경로를 수정할 수 있어야 하며, 궁극적으로 표적을 명중시킬 수 있는 무인 비행체여야 한다. ●●●

고대인들이 만든 미사일

중국 금나라에서 사용했던 '비화창(飛火槍)'

인류는 두 발로 걷게 되면서 양손을 자유자재로 활용하게 되고 도구를 사용하는 단계에 이르게 된다. 석기시대는 도구라고 해 봐야 그저 돌을 용도에 맞게 사용한 것일 뿐이지만, 그 작은 출발이 오늘날 첨단과학의 시작이라고 볼 수 있다.

인류가 처음 사용했던 도구였던 바위와 돌은 어디서나 흔하게 구할 수 있었다. 돌은 야생 동물로부터 자신을 보호하고 야생 동물을 사냥하기 위한 최고의 무기가 되기에 충분했다. 돌을 멀리 던질 수 있다면 어느 정도 거리를 두고 자신의 안전을 보장하고 위험한 존재를 공격할 수 있다. 보다 멀리, 보다 빨리 던질 수 있는 능력과, 보다 강하고 정확하게 던질 수 있는 능력은 동서고금을 막론하고 공격에 있어 가장 중요한 요소였다.

하지만 먼 거리에서 정확하게 목표물을 명중시키기란 쉬운 일이 아니다. 목표물이 공격을 피하기 위해 움직인다면 더 힘들어진다. 움직이는 표적을 명중시키는 것은 사실상 불가능하다. 고정된 표적이나 지점을 명중시키기 위해선 정확하게 보낼 수 있는 능력만 있으면 된다.

하지만 움직이는 표적을 맞추기 위해선 표적의 진로를 예측해야 하고, 표적보다 빠른 속력으로 움직일 수 있어야 명중시킬 수 있다. 고정 표적을 명중시키는 것 또한 만만치 않은 일이다. 비와 바람, 대기의 온도 등 기상을 고려해야 하고, 편류와 공기의 밀도, 습도 등 여러 변수를 정확히 계산해야만 가능하다.

내가 던진 돌에 표적이 맞아 준다면 얼마나 좋겠는가. 내가 아무렇게나 발사한 총알이 알아서 표적에 날아가 명중한다면 얼마나 멋진 일인가. 과거에는 상상에 불과했던 일이 현실이 됐다. 미사일이 그 일을 해내고 있다.

미사일(Missile)의 어원은 라틴어 'miss + ile'[1]의 합성어로, '날려 보내는 물체' 또는 '날아가는 도구'를 의미한다. 어원에 따르면 미사일은 투석, 투창, 화살, 총, 포 등 날아가는 무기를 총칭하는 셈이다. 그러나 오늘날 미사일은 '로켓이나 엔진 등으로 자체 추진하여 표적에 도달할 때까지 유도되는 무기'를 뜻한다. 미사일은 표적까지 스스로 날아가야 하고, 자신과 표적의 정보를 통해 비행경로를 수정할 수 있어

1 'miss'는 무언가를 보내다는 의미의 고대어 'mittere'에서 유래한 것으로, 영어로는 'send, throw'의 의미를 가진다. '-ile'는 고유명사 뒤에 붙는 접미사로 '~하는 것, ~인 물체'를 의미한다. 따라서 Missile은 '날려 보내는 물체' 또는 '날아가는 도구'를 의미한다.

야 하며, 궁극적으로 표적을 명중시킬 수 있는 무인 비행체여야 한다.

바로 이 점이 미사일과 다른 무기를 구분 짓는 기준이다. 미사일의 기준은 스스로 추진할 수 있는가, 표적까지 무인 유도가 가능한가, 표적을 공격하기 위한 수단인가의 세 가지다.

미사일은 대포에서 발사되는 포탄처럼 표적을 겨냥해 발사하는 것이 아니라 미사일에 장착된 다양한 장치를 이용하여 스스로 추진하고 나아가 표적에 명중하는 것이다. 총알이나 포탄은 발사 이전에 이미 표적 명중을 위한 계산이 종료된다. 따라서 발사 이후 변화된 표적의 움직임이나 다양한 변수를 적용할 수 없으므로 상대적으로 명중률이 떨어진다. 반면 미사일은 발사 이후에도 지속적으로 표적의 움직임을 추적해 자신의 진로를 갱신하고 다양한 변수를 보상하므로 총알이나 포탄에 비해 명중률이 월등하게 향상된다.

가장 오래된 형태의 미사일은 1232년 금나라[2] 군대가 사용했던 '비화창(飛火槍)'이다. 비화창은 이름 그대로 '불을 뿜으며 날아가는 창'이다. 창을 거치대에 올려놓고 창 앞부분에 매달아 놓은 대나무 통에 화약을 넣은 뒤 불을 붙이면 창이 앞으로 날아가는 형태이다. 사람이 창을 던질 때보다 더욱 빠르고 멀리 날려 보낼 수 있고, 보다 강한 운동에너지를 실어 보낼 수 있다. 게다가 목표물에 도달한 창이 터지면서 불을 퍼뜨려 목표물을 태우는 효과도 얻을 수 있다.

여러 전투에서 맹위를 떨치던 비화창은 우리나라에서 더욱 발전된 형태로 변화하게 된다. 1377년 고려 말 화통도감을 건립한 최무선은 화통도감에서 화약무기인 '화전(火箭)'과 '주화(走火)'를 개발하였다.

2 금(金)나라: 1115~1234. 퉁구스계 종족인 여진족이 건국한 중국의 왕조.

◉ 금나라 군의 비화창

◉ 대신기전

화전은 '불화살'이라는 뜻으로, 말 그대로 화살에 화약을 매달아 놓은 형태에 불과했다. 그러나 주화는 '달리는 불'이란 뜻으로 비화창보다 더욱 발전된 형태의 화기였다. 주화[3]는 조선시대에 접어들어 여러 가지 종류로 발전되다가 세종 때부터 더욱 본격적이고 체계적으로 연구·개발됐다. 1447년 세종 29년에 대·중·소 주화로 구분되었다 1448년 '신기전(神機箭)[4]'이라는 이름으로 사용되었다.

비화창이나 주화, 신기전은 모두 '작용·반작용 법칙'[5]을 이용한 것이다. 창이나 화살에 매달아 놓은 화약을 점화하면 통 속의 화약이 맹렬히 타들어가면서 연소가스를 뒤로 분출하게 되고, 그 반작용으로 창이나 화살이 앞으로 날아가는 방식이다. 화약의 힘을 빌려 사람

3 주화(走火): 우리나라 최초의 로켓. 최무선이 중국의 화약 무기를 본떠 만든 18종의 화약 무기 중 하나로 화살대 앞부분에 약통을 붙여 놓고, 그 통에 화약을 넣은 형태이다.

4 신기전(神機箭): 1448년, 세종 30년에 제작된 병기로서 최무선이 제작한 주화를 개량한 것이다. 신기전은 대신기전, 산화신기전, 중신기전, 소신기전 등 다양한 종류로 제작되어 사용되었다.

5 작용·반작용 법칙: 뉴턴의 운동법칙(제 1법칙 관성의 법칙, 제 2법칙 힘과 가속도의 법칙) 중 제 3법칙으로 한 물체가 다른 물체에 힘을 가하면, 힘을 받은 물체는 힘을 가한 물체에 힘의 크기는 같고 방향은 반대인 힘을 동시에 가하게 된다는 것이다.

19세기 이전 세계 각국의 주요 로켓
한국 초기 화기연구, 1981

나라	이름	전체 크기		추진제 크기		제작연도
		무게(kg)	길이(mm)	무게(kg)	길이(mm)	
중국	비화창	-	-	-	600	1232
	비창전	-	1,800	36	240	1400~1600
한국	중신기전	-	1,455	28	200	1445~1448
	대신기전	5~5.5	5,588	102	923	1447
	산화신기전	4.5~5	5,310	102	695	1448~1474
독일	Geissler	20.2	-	-	-	1668
	Geissler	48.5	-	-	-	1668
	M.B.	40.4	-	-	-	1730~1731
인도	Ari	-	3,300	50	200	1760
영국	Paper	2.7	4,300	113	66.5	1805
	32-Pounder	14.5	4,600	90~100	800~900	1806
	42-Pounder	19	5,200	123	1,000	1810~1820
	8" Rocket	-	7,200	200	1,650	1810~1820

의 힘이나 기구의 힘보다 더욱 강력한 추진력을 얻는 것이다.

비화창이나 주화, 신기전은 미사일로 분류될 수 있을까? 결론부터 말하자면, 비화창과 신기전은 미사일이 아니다. 미사일보다는 로켓에 가깝다. 비화창이나 주화, 신기전은 모두 화약을 이용해 추진력을 얻는다. 화약을 태움으로써 스스로 움직일 수 있고 공격 수단이었기에 무기임에 틀림없다. 그러나 발사 이후 창이나 화살의 방향을 바꾸거나 진로를 변경할 수 없다. 즉 스스로 추진할 수 있는 공격수단이지만, 표적으로 유도할 수 없으므로 미사일이 아니라 로켓으로 보는 것이 타당하다.

19세기 이전 초기 형태 로켓 무기의 특성과 제작연대는 아래 표와 같다.

거함(巨艦) 거포(巨砲) 시대의 산물

현재의 미사일과 같은 개념의 무기는 미국에서 처음 등장했다. 미 해군의 커티스-스페리 프라잉 밤(Curtiss-Sperry Flying Bomb)이 그것이다. 제1차 세계대전 발발 이전인 1890년대 말 미국의 많은 발명가들은 항공기를 원격으로 제어하기 위한 연구를 시작했다. 특히 미 해군은 당시 가장 우수한 성능의 자이로스코프[6]를 납품하던 스페리 자이로스코프(Sperry Gyroscope)사 엘머 스페리(Elmer Sperry)[7]와 함께 1896년부터 원격 조종 항공기 개발에 착수하였다. 이 계획은 휴위트-스페리 자동비행기(Hewitt-Sperry automatic airplane)[8]란 이름의 프로젝트로 진행됐다. 연구되던 물체는 공중어뢰(aerial torpedo)', '무인항공기(pilotless aircraft)', '비행폭탄(flying bomb)' 등 다양한 이름으로 불렸다.

6 회전하는 팽이를 세 개의 회전축으로 자유롭게 방향을 바꿀 수 있도록 받친 장치. 고속으로 회전하는 팽이는 항상 원래의 자세를 유지하려는 것에서 착안하여 개발된 장치이다.

7 Elmer Ambrose Sperry: 1860~1930, 미국의 전기기술자·발명가. 발전기와 전등을 개량하였으며, 선박이나 항공기에 사용되는 자이로컴퍼스, 자이로파일럿 등을 발명하였다.

8 미국의 Elmer Sperry와 Peter Cooper Hewitt가 개발한 최초의 순항미사일로 1917년 최초 비행시험을 실시한 이래 7기의 Curtiss-N 비행기와 6기의 Curtiss-Sperry Flying Bomb이 제작되었다.

◉ Curtiss-N 수상기(좌측)와 Flying Bomb(우측)

비행폭탄은 커티스-엔(Curtiss-N) 수상비행기에 자이로 안정장치와 고도를 측정하는 아네로이드 기압계[9], 방향타와 보조 날개를 제어하는 보조 모터를 장착한 형태의 무인기로, 별도 장치를 이용하여 이륙했다. 이륙 장치로는 육상에서는 레일 형태의 사출 장치를 이용했고, 해상에서는 와이어를 사용했다. 이륙 장치에 의해 사출된 비행폭탄은 사출 이전에 결정된 방위·고도로 순항하며, 설정된 거리에 도달하면 자동으로 강하해 탑재한 폭탄과 함께 자폭하도록 설계되었다.

즉 비행폭탄은 레일 또는 와이어의 방향과 사출되는 힘에 따라 침로와 속력이 결정되며, 정해진 침로·속력에 따라 자이로 안정장치에 의해 순항하다가 목표한 거리에 도달하면 강하하는 것이다. 거리 측정은 엔진의 회전수를 톱니바퀴(gearing)로 계산하는 방식으로, 바람, 기압 등 외부의 환경적인 변수에 의해 많은 영향을 받을 수밖에 없었다. 이는 명중률 저하 요인이 됐다. 1917년 최초 비행시험에서 약 48km 거리의 표적에 대한 명중 오차가 반경 3km일 정도로 명중률이 상당히 낮았다. 지속적인 개발과 시험에도 실패를 거듭했던 비행폭탄은 1918년 제1차 세계대전의 휴전과 함께 개발 계획이 취소되었다.

9 수은 같은 액체를 사용하지 않은 기압계. 주요부는 물결 모양의 얇은 금속판을 붙인, 속이 진공인 조그만 원통으로 기압의 변화에 따라 얇은 판이 신축하여 눈금을 가리키게 된다.

해군이 포기한 것과 달리 미 육군은 1917년 데이톤-라이트 항공사(Dayton-Wright Airplane)[10]와 함께 비행폭탄 개발에 착수했다. 천재 발명가 찰스 케터링(Charles Kettering)[11]이 주도했던 이 프로젝트는 커티스(Curtiss) 모델의 비행폭탄과 유사한 형태였다. 개발 초기에는 '자유의 독수리(Liberty Eagle)'라는 거창한 이름이 붙여졌으나, 후에 '케터링의 명물(Kettering Bug)'이라는 이름으로 더욱 알려졌다.

케터링의 명물은 케터링의 주도하에 라이트(Wright) 형제가 제작한 조립 비행기와 스페리(Sperry)의 내비게이션 시스템을 적용했다. 기체는 값싼 일회용 비행기로 조립했는데, 조립에 불과 4분여 밖에 걸리지 않았다. 약 120km의 거리를 80kg의 폭탄을 적재하고도 시속 80km 속력으로 비행할 수 있었다. 제어방법은 커티스 모델의 비행폭탄과 동일하게 발사 전 사출장치의 방향과 힘에 따라 침로·속력이 결정되고, 엔진 회전수로 사거리가 결정되었다.

케터링의 명물은 총 24번의 비행시험 중 7번만 성공했을 만큼 신뢰도가 떨어져 실전에 사용되지 못했다. 특히 발사 이후 기체 결함이나 외부 환경적인 요소로 폭탄이 우군 지역에 떨어질 가능성이 매우 높았다.

미사일이 개발되기 이전, 세계는 총·포의 장사정화에 매진했다. 함정에서 사용하기 위해 급속도로 발전된 함포는 긴 사거리를 얻기 위해 점차 구경(口徑)이 확대됐다. 함포 발사 시 구경 증가로 인한 폭발

10 Wright 형제가 DELCO사의 Charles F. Kettering과 Edward A. Deeds와 함께 1917년에 설립한 항공기 제조회사.

11 Charles F. Kettering: 1876~1958. 미국의 과학자·발명가·사업가. 미국에서 300개 이상의 특허를 취득한 발명가로 DELCO의 창업자이다. 제1차 세계대전 중 현대 순항미사일의 전신인 Kettering Bug를 개발했다.

◉ 미 육군의 Kettering Bug

력과 반발력을 견뎌내기 위해 함정 역시 거대해져 이른바 거함 거포 시대가 시작됐다.

산업혁명과 제국주의[12]의 심화는 전혀 다른 차원의 함정을 생산하는 계기가 됐다. 그 시작은 1906년 건조된 영국 전함 '드레드노트(Dreadnought)'였다. 드레드노트는 12인치 2연장 함포를 5기(10문)나 장착하여 공격력을 극대화하였다. 만재 톤수가 2만 톤에 육박할 만큼 거대했음에도 증기터빈을 장착하여 20킬로노트(kts) 이상의 고속 항해가 가능했다.

드레드노트가 20세기 초 세계 열강의 해군력을 결정하는 기준이 되었다면, 이후에 등장하는 초거대 전함인 독일의 '비스마르크

12 제국주의: Imperialism, 우월한 군사력과 경제력으로 다른 나라나 민족을 정벌하여 대국가를 건설하려는 국가의 충동이나 정책. 1870년대부터 20세기 초에 걸쳐 나타난 용어로 침략에 의하여 영토를 확장한다는 점에서 팽창주의 또는 식민주의와 거의 동일한 의미로 사용되었다.

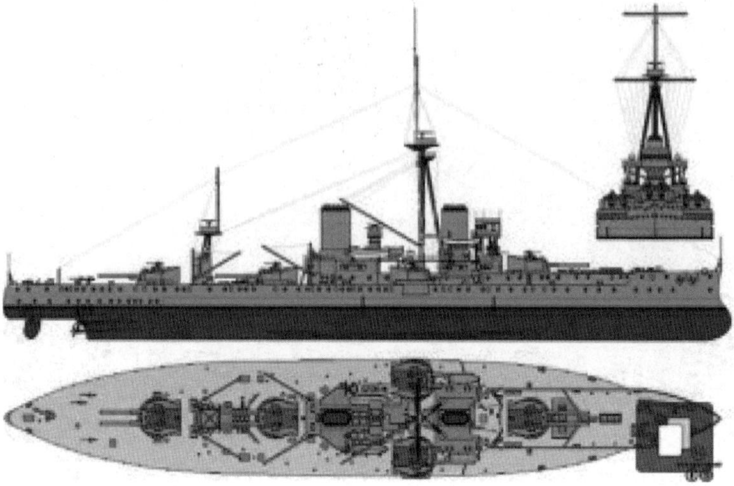

◉ 영국의 전함 드레드노트 형상

(Bismarck)[13]'나 일본의 '야마토(大和)[14]', 미국의 '미주리(Missouri)[15]'는 대표적인 거함 거포시대의 산물이었다.

제2차 세계대전이 전쟁사에 남긴 큰 교훈은 강력한 공격과 방어능력을 갖춘 항공모함의 존재였다. 해상에서의 공격과 방어에서 기동

13 독일의 철혈재상 비스마르크의 이름으로 명명되어 1940년에 취역한 독일의 전함. 만재 톤수 5만300톤, 전장 241.6m, 전폭 36m, 최대속력 30kts, 16" 2연장 주포 4기(8문), 다양한 구경의 부포 56기를 장착한 전함으로 취역 당시 세계 최대 규모의 전함이었다. 1940년 8월 24일 실전에 배치된 이후 1941년 5월 27일, 취역한 지 8개월, 실전에 투입된 지 불과 9일 만의 첫 출항에서 영국 함대에 침몰 당했다.

14 일본의 고대국가 이름을 명명하여 1941년에 실전에 배치된 사상 최대의 전함. 만재 톤수 7만2천800톤, 전장 263m, 전폭 38.9m, 최대속력 27kts, 18.1" 3연장 주포 3기(9문), 다양한 구경의 부포 40기를 장착한 인류 역사상 최대 규모의 전함으로 모두 3척이 건조되었다.

15 1944년 실전에 배치된 미국의 전함(BB-63). 만재 톤수 5만8천톤, 전장 271m, 전폭 33m, 최대속력 33kts, 16" 3연장 주포 3기(9문), 다양한 구경의 부포 30여기를 장착한 미국의 대표적인 전함이다. 6·25전쟁에 참전하였으며, 1955년 퇴역한 이후 1986년 현대화를 거쳐 1991년에 1년간 걸프전에 참전하였다. 1945년 9월 2일 일본의 항복문서 조인식이 거행된 것으로 유명하다.

◉ 일본 전함 '야마토'의 최후, 1945년 4월 7일

성이 뛰어나고 작전 반경이 넓은 항공모함의 함재기가 전쟁의 패러다임을 변화시켰다.

일본은 항모함대를 이용하여 진주만을 기습[16]함으로써 미국의 태평양함대를 괴멸시켰으며, 더 이상 전함과 거대한 대포가 전쟁의 양상을 좌우하는 존재가 아님을 증명했다.

제1·2차 세계대전 당시 가장 강력한 육군과 가장 앞선 무기 기술을 보유하였던 나치 독일 역시 미사일 개발과 함께 장사정의 슈퍼건(Supergun) 개발에 앞장섰다. 나치 독일은 제2차 세계대전에서 열세에 있던 해군력을 당시 세계 최고의 잠수함인 유-보트(U-Boat)와 초거대 전함 비스마르크를 통해 연합군의 세력과 균형을 맞추고, 전함에 장착하던 함포를 육상으로 가져와 새로운 개념의 장사정포를 제작함으로써 지상에서 앞선 화력으로 승기를 잡는다는 계획 하에 다양한 대

16 1941년 12월 7일, 일본이 하와이의 진주만에 정박해 있던 미 태평양함대를 기습 공격한 사건. 450여 기의 전투기를 실은 6척의 일본 항모가 진주만을 기습하여 200여 대의 항공기와 5척의 전함을 격침시켰다.

포 개발에 착수했다.

1940년 나치 독일은 인류 역사상 최대 규모의 대포로 인정받는 열차포 '구스타프(Gustav)[17]'를 개발하였다. 구스타프는 천혜의 요새로 불리던 프랑스의 마지노(Maginot)선[18]을 공략할 목적으로 개발된 대포이다. 포신 길이 32.5m, 구경 800mm, 1천350톤의 중량에 전체 길이 47.3m에 달하는 압도적인 크기의 구스타프는 250kg의 장약을 탑재한 포탄을 최대 47km까지 쏘아 보낼 수 있었으며, 그 위력은 1천800메가줄(MJ)[19]의 운동에너지로 목표물을 타격할 수 있었다.

그러나 구스타프는 거대한 크기 때문에 전용 철로가 필요했으며, 설치와 조립에 상당한 시간이 들었다. 포 조작원 약 250명과 철도 부설요원 약 2천500명 및 별도의 호위부대 등 엄청난 규모의 병력도 필요했다. 구스타프는 실제 전쟁에 몇 번 사용하지도 못했을뿐더러, 목표물이었던 마지노선 또한 구스타프를 사용하기도 전에 독일이 함락하게 된다.

구스타프 개발과 비슷한 시기에 독일은 다양한 미사일 개발에 착수했다. 전쟁이 지속되자 연합군 전력에 고전을 면치 못하던 나치 독

17 슈베러 구스타프(Schwerer Gustav): 무거운 구스타프란 뜻으로 독일이 만든 인류 역사상 가장 큰 대포이다. 구경 800mm, 포신길이 32.5m, 최대사거리 47km이며, 독일은 3대의 구스타프를 제작하였다.

18 마지노선(Maginot 선): 거대한 방어막의 건설을 주도한 프랑스의 국방장관 Andre Maginot(안드레 마지노)의 이름을 명명하여 1936년 독일과의 국경에 만들어진 프랑스의 요새선. 프랑스와 독일이 직접 맞닿은 국경 일대 350km 길이의 방어선으로 독립적인 작전을 수행할 수 있는 142개의 요새와 5천여 개의 벙커, 352개의 포대가 설치되었다. 제2차 세계대전 때 독일 공군과 육군의 우회 전략에 의해 파괴되었다.

19 메가 줄(MJ): 1J은 1N(뉴턴)의 힘으로 물체를 힘의 방향으로 1m 만큼 움직이는 동안 하는 일, 또는 그렇게 움직이는 데 필요한 에너지. 1W의 전력을 1초간 소비하는 일의 양과 동일함. 1MJ은 10의 6승 J로 1톤 트럭이 시속 160km로 달리다 벽에 부딪힐 때 발생하는 에너지와 같다.

◉ 독일의 구스타프 열차포

일은 전쟁의 양상을 변화시키기 위해 대포의 제한과 한계를 벗어나 더 먼 거리를, 더 강력하게 공격할 수 있는 무기 개발이 시급했다. 새로운 로켓무기 개발을 위해 당시 독일 브로츠와프 우주여행협회의 핵심 멤버였던 로켓 전문가 베르너 폰 브라운[20]이 육군 병기국 로켓 연구소로 초빙됐다.

실전에 사용된 최초의 탄도미사일 V-2

1932년 말부터 대형 로켓무기 개발을 시작한 폰 브라운은 독일 정부의 전폭적인 지원 아래 A-4 액체 로켓을 개발하여 1942년 10월에 시험 발사하였다. A-4 로켓은 알코올(75%)과 물(25%)을 연료로, 액체산소를 산화제로 사용하였으며, 발사 후 약 68초 간 연소하여 최

20 Werner V. Braun: 1912 ~ 1977. 독일 출신의 미국인 로켓 과학자. 나치 독일의 지원 하에 V 시리즈 로켓을 개발하였으며, 세계 최초의 탄도미사일 V-2를 개발하였다. 제2차 세계대전의 종전 후 미국항공우주국(NASA)에서 중거리 탄도미사일 주피터 G와 아폴로 11호의 로켓인 새턴 V 등을 개발하였다.

대사거리인 320km를 비행하였다. A-4 로켓의 작동원리는 고다드(Goddard) 로켓[21]과 매우 유사했다. 특히 A-4 엔진의 냉각방식은 연료가 연소실 주변을 돌아 연소실을 냉각시킨 후 다시 연소실로 보내져 연소되는 재생 냉각방식으로 고다드 로켓의 냉각방식과 동일했다. 분사 노즐 끝에 고다드가 개발한 추력 방향 조절 날개를 부착하여 비행자세와 궤도를 조정했다.

A-4 로켓에 70kg의 화약탄두를 장착한 것이 바로 세계 최초의 탄도미사일 V-2[22] 미사일이다. V-2 미사일은 자이로스코프와 추력 방향 조절 날개를 이용하여 원하는 비행 궤도를 완성하고, 지구중력을 로켓 엔진의 연소로 탄도비행을 한다. V-2 미사일은 최대 중량 12.5t, 최대사거리 320km, 정점 고도 약 90km, 최대속도 마하 2.5의 세계 최초 탄도미사일이자 세계 우주 로켓 개발에 가장 많은 영향을 끼친 액체 로켓이다. 1942년 10월 3일 역사적인 첫 시험발사에 성공한 V-2는 1944년 9월 6일 처음으로 실전에 사용됐다. 첫 목표물은 파리였다.

V-2는 제2차 세계대전 당시 실전에 사용된 최초의 탄도미사일이기도 하다. 나치 독일은 이미 기울어진 전세를 만회하기 위해 1944년 9월 8일부터 1945년 3월 27일까지 런던을 향해 1천300발, 앤트워프를 향해 1천600발을 포함하여 총 4천300여발의 V-2를 발사했다. 발

21 미국의 과학자 Robert. H. Goddard(1882 ~ 1945)에 의해 개발된 최초의 액체 로켓으로 1926년 3월 발사되었다.

22 독일의 과학자 Werner V. Braun에 의해 1942년에 개발된 세계 최초의 장거리 탄도미사일. 보복무기 2호(Vergeltungswaffe 2)라는 이름으로 제2차 세계대전 당시 연합국을 공격하기 위해 개발된 액체 추진제 탄도미사일로 인간이 만든 물체 중에서 Karman Line을 넘어 최초로 우주공간에 다녀온 로켓이다.

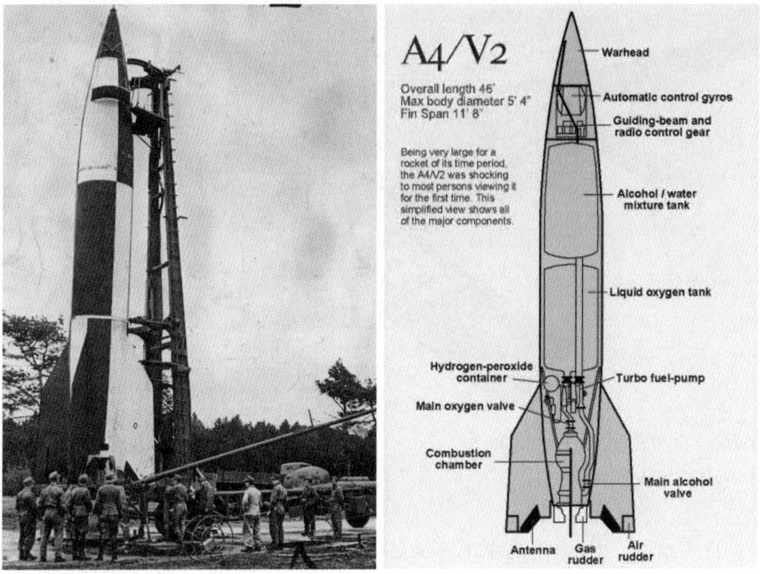

◉ 세계 최초의 탄도미사일 독일의 V-2
www.v2rocket.com

사 성공률은 78%에 불과했으며, 런던 시가지에 떨어진 것은 500여 발에 그쳤다.

V-2의 개발과 비슷한 시기에 독일은 초기 형태의 순항미사일을 개발했다. V-1[23]으로 이름 붙여진 이 미사일은 미국 케터링의 명물이나 비행폭탄과 동일한 개념으로 설계되었으며, 펄스 제트엔진을 장착한 무인비행기 FI-103에 900kg의 폭약을 적재한 형태였다. V-1 미사일은 특수한 사출장치에 의해 이륙한다. 사출장치의 방향에 따라 침로

23 독일의 과학자이자 항공기 개발자인 Robert Lusser(1899~1969)에 의해 개발된 세계 최초의 장거리 순항미사일. 보복무기 1호(Vergeltungswaffe 1)라는 이름으로 제2차 세계대전 당시 연합국을 공격하기 위해 개발된 미사일로, 펄스 제트엔진을 사용했으며 자이로컴퍼스를 이용한 자동항법장치를 사용하였다.

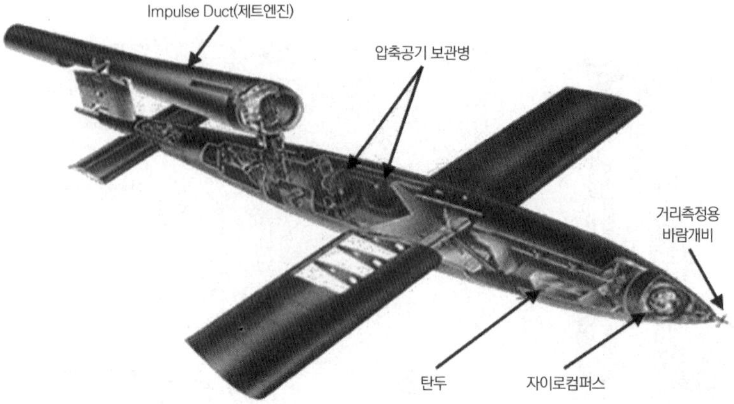

◉ 세계 최초의 순항미사일 독일의 V-1
www.fiddlergreen.net

가 결정되고, 자이로스코프를 이용하여 순항하게 된다. 사거리의 결정은 미사일 앞부분에 부착되어 있는 소형 바람개비가 맞바람에 의해 회전하는 횟수를 측정하여 정해진 횟수만큼 회전하면 기수를 아래로 내려 강하하도록 설계되었다.

V-1과 케터링의 명물, 비행폭탄의 가장 큰 차이는 케터링의 명물이나 비행폭탄이 추진력을 얻기 위해 프로펠러를 사용한 반면, V-1은 펄스 제트엔진을 이용해 추진력을 얻었다는 점이다. 현대 기술력에 비할 바는 아니지만 그래도 프로펠러보다 훨씬 효율이 좋은 제트엔진을 적용해, V-1은 900kg의 폭약을 탑재하여 최대 중량이 2.2톤에 육박했음에도 시속 640km로 날아갈 수 있었다.

V-1 미사일은 초기 개발단계에선 체리석(Cherry stone)이라는 코드명을 사용했다. 독일은 먼저 점령한 프랑스와 독일 해안을 따라 V-1의 사출장치를 설치하고, 1944년 6월 13일부터 V-1을 영국에 9천500여기, 벨기에 앤트워프에 2천450여기를 발사했다. 폭격은 1945년 3월

29일까지 계속되었다.

V-1과 V-2는 그 규모나 크기, 가격에 비해 상당히 비효율적인 무기였다. V-1은 회피기동이나 기만체계가 없이 일직선으로 비행하는 단조로운 비행경로와, 당시 전투기 정도의 느린 순항속력(약 마하 0.5), 낮은 순항고도(600~900m)로 인해 대공포의 탄막 사격에 훌륭한 먹잇감이 되었다. 또한 전투기를 이용하여 공중에서 격파할 수 있을 만큼 생존성이 결여되었다.

V-2 또한 마찬가지여서 V-1에 비해 압도적으로 빠른 속력과 높은 정점 고도로 대공무기에 의한 요격은 불가능했으나, 발사단계 또는 비행과정에서 오작동으로 인한 자폭이나 궤도 이탈이 많았다. 또 명중률이 현저히 떨어져 주요 시설을 타격할 수 없었다. 발사에 필요한 설비나 시설이 쉽게 노출되어 제공권을 장악한 연합군 전투기의 폭격을 이겨낼 수 없었다.

제2차 세계대전 종전 후 V-2를 개발한 페네뮌데 실험장이 구소련의 수중에 들어가고, V-2 로켓 제작의 주축이었던 폰 브라운을 비롯한 100여명의 V-2 개발진들이 미국으로 망명하게 되면서 미국과 소련은 대형 로켓 개발경쟁에 주력하였으며, 오늘날 다양한 미사일을 개발하는 계기가 되었다. V-1은 현재 미국이 자랑하는 순항미사일(cruise missile)의 모태가 되었고, V-2는 탄도미사일(ballistic missile)의 기원이 되었다.

미사일을 움직이는 핵심기술들

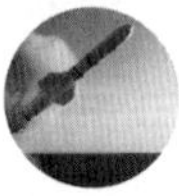

미사일의 몸은 어떻게 만들어지나

미사일은 탄도미사일과 순항미사일로 분류된다. 탄도미사일은 초기 추력으로 상승한 후 높은 포물선 궤도를 따라 공력비행을 하는 방법으로 탑재체를 목표물에 보내는 미사일이며, 비행시간의 대부분을 대기권 밖에서 비행한다. 반면 순항미사일은 비행경로 대부분에서 자체 추진력으로 항공 역학적인 양력을 이용하여 비행을 지속하는 미사일이다. 즉, 지속적으로 유도제어가 이루어지는 순항미사일과 달리 탄도미사일은 초기 유도 이후에는 관성으로 비행하므로 상대적으로 유도조종 장치의 구조가 간단하다.

미사일은 크게 기체와 탄두, 유도조종 장치, 추진기관으로 구성된다. 기체는 말 그대로 미사일의 몸통이며, 탄두는 목표물을 공격하기

탄도미사일과 순항미사일 비교
WMD 대량살상무기 문답백과(국방부)

구분	순항미사일	탄도미사일
사거리	비교적 단거리로 3,000km 이내	단/중/준중/장거리로 10,000km 이상 다수
항법	관성항법 + GPS + 지형대조	관성항법, 관성항법 + 천측항법, 관성항법 + GPS(최근 경향) 등
종말유도	RF 탐색기, IR 영상 탐색기, 영상대조기 등을 이용한 정밀탄착	대함탄도미사일을 제외한 종말유도 없음.
정확도	비행 중 위치보정으로 수m 내 탄착되어 상대적으로 정확	사거리에 비례하여 탄착오차 증가, 일반적으로 수백에서 수km 내로 부정확
추진방식	공기흡입식 엔진으로 연료만 탑재, 산화제는 대기를 사용	로켓엔진으로 단일·다단고체(액체) 추진 기관을 사용하며, 연료 및 산화제 내장
용도	핵심 표적 선별 타격	전략적 및 정치적 위협 목적

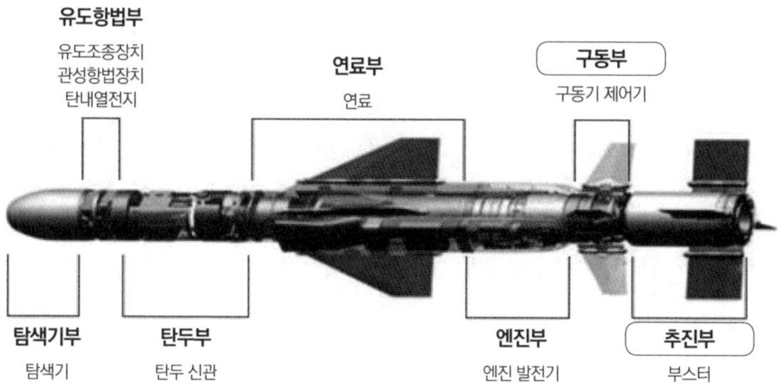

◉ 일반적인 순항미사일 구조

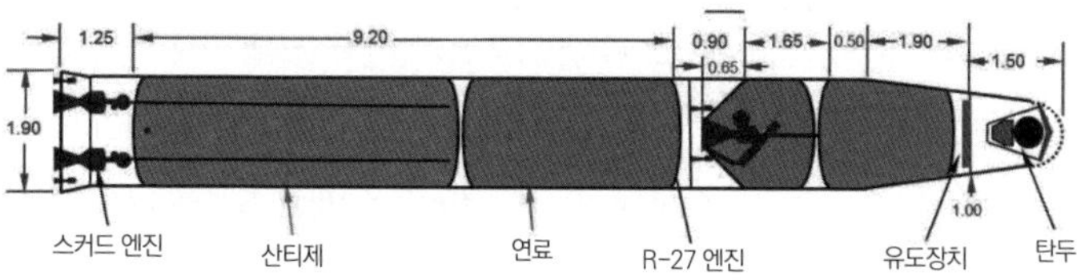

◉ 북한의 KN-08 탄도미사일 구조
http://38north.org

위한 폭발성 물질이다. 유도조종 장치는 미사일을 표적으로 유도하기 위한 자동항법장치이고, 추진기관은 추진력을 얻는 수단이다.

미사일의 기체, 즉 비행체는 충분한 기동성을 확보하기 위해 비행 중에 공기저항을 최대한으로 줄여 추력[24]을 극대화할 수 있도록 설계되어야 한다. 또한 미사일 내부에 탑재되어 있는 전자장비와 유도조종 장치, 탄두를 보호할 수 있도록 견고하게 제작되어야 한다. 같은 양의 연료로 보다 먼 거리를 더욱 빠르게 비행할 수 있도록 반드시 가벼워야한다. 따라서 기체는 특성에 맞는 가장 적합하고 우수한 재료를 선택해서 제작되어야 한다.

미사일의 기체를 구성하고 있는 재료는 그 종류가 매우 다양하다. 철과 알루미늄 또는 그 합금, 비철합금, 비금속 재료 등 많은 금속들이 골고루 사용된다. 이처럼 다양한 재료가 기체의 재료로 사용되기 위해선 강성(물체에 압력을 가해도 모양과 부피가 변하지 않는 단단한 성질)이 커야 하고, 탄성(외부에서 가해진 힘에 의해 변형된 물체가 그 힘이 사라졌을 때 원상태로 돌아가려는 성질)이 있어야 하며, 주위 온도에 의해 성질이 변하지 않아야 한다. 마지막으로 피로 파괴[25] 등에도 강해야 한다.

미사일 기술의 급성장에서 빼놓을 수 없는 것이 바로 알루미늄 합금[26]의 개발이다. 알루미늄 합금은 강철과 비슷한 강도에 비중은

24 추력 또는 비추력(比推力, Isp: Specific Impulse): 로켓 추진제의 성능을 나타내는 기준이 되는 값. 추진제 1kg이 1초 동안에 소비될 때 발생하는 추진력이며, 단위는 초(sec)로 표시된다. 비추력의 값이 클수록 추진제의 성능이 좋다.

25 피로 파괴(Fatigue Failure): 물체에 힘이 반복적으로 가해지면 시간이 경과한 후에 훨씬 낮은 힘에도 그 물체가 파괴되는 현상.

26 알루미늄에 구리, 마그네슘 등의 금속을 첨가한 합금. 순도가 높은 알루미늄은 내식성이 우수하나 기계적 성질이 구조용 재료로서 부족하므로 여러 가지 합금이 제작되어 항공 산업, 자동차 공업에 사용되고 있다.

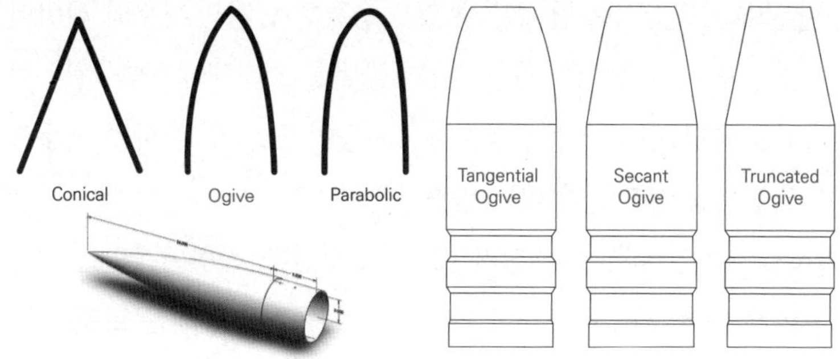

◉ 다양한 미사일의 nose cone
www.mountainmolds.com

2.8로 강철의 1/3에 지나지 않아 기체 재료로 적합하다. 또한 가공이 쉬우며, 가격이 저렴하므로 지금도 알루미늄 합금이 기체에 가장 많이 사용된다. 그러나 미사일의 속력이 음속을 넘게 되면서 알루미늄 합금의 한계가 드러났다.

미사일의 속력이 마하 3 정도가 되면 기체의 표면 온도가 200℃ 이상으로 상승하게 돼 알루미늄 합금 강도가 떨어져 기체가 견딜 수 없게 된다. 이처럼 고속으로 비행하는 미사일의 기체에는 티탄합금[27]을 사용한다. 티탄합금은 연강의 2~3배나 되는 강도를 지니며, 비중이 작을 뿐만 아니라 피로에 강하고 부식에도 강한 장점이 있다. 그러나 티탄합금은 알루미늄 합금에 비해 매우 고가이고, 가공이 어려워 전체 기체 제작에 사용하기 힘들어 국한된 부분에만 사용된다.

기체는 다시 두부(nose cone)와 동체, 날개로 구분된다. 두부는 공기저항을 최소로 하여 비행속도를 저하시키지 않도록 설계되어야 하

27 가볍고 강하며, 내식성이 우수한 재료로 항공·우주산업 등에 사용되는 신소재이다.

며, 탄두와 기폭장치를 탑재할 수 있는 충분한 공간의 확보와 레이더에 쉽게 포착되지 않도록 레이더파의 굴절을 고려해야 한다. 원추형(conical), 원뿔형(ogive), 포물선형(paraboloc) 등이 있으며, 미사일의 두부에 가장 많이 사용되는 형태는 원뿔형[28]이다.

미사일 동체는 대부분 추진기관으로 구성된다. 순항미사일은 엔진과 연료가 들어있고, 탄도미사일은 연료와 산화제를 채운 로켓이 주를 이룬다. 순항미사일은 공기를 흡입하여 연료를 연소시키지만, 탄도미사일은 공기가 없는 구간을 비행해야 하므로 별도의 산화제를 필요로 한다.

미사일의 핵심은 탄두

탄두는 공격목표에 직접적인 충격과 손상을 가하는 미사일의 핵심장치이다. 미사일에 탑재되는 탄두는 사용 목적과 표적의 종류, 미사일의 작동방법 등에 따라 구분되며, 고성능 폭약을 내장하는 재래식 탄두로부터 핵·화학물질·세균 등 대량살상무기(WMD) 운반용 탄두에 이르기까지 다양한 탄두가 사용되고 있다. 탄두의 구성은 종류에 따라 상이하지만 일반적으로 화약 등 폭발물과 금속 재질의 케이스, 탄두를 직접 폭발시키는 신관으로 구성된다.

폭발물은 탄두 종류와 표적 등에 따라 달리 사용되며, 재래식 폭약의 경우 부드러운 반죽 형태의 화약을 탄두 내부에 가득 채워 굳힌

28 원뿔형 탄두. 미사일이나 로켓의 머리 부분이 원뿔 모양으로 된 것이다.

◉ Minuteman-3 탄두

◉ Piece-keeper 탄두

형태이다. 외부는 탄두가 공격목표에 도달하여 폭발하기 전까지 충격, 진동, 열이나 습기로부터 탄두를 보호하는 역할을 한다.

탄두 외부는 가벼우면서도 강해야하므로 특수합금을 사용한다. 신관은 폭약을 점화시키는 장치로, 보통 소량의 작약(炸藥)을 사용하여 작약의 폭발로 폭약을 점화시킨다. 폭약을 점화하기 위해 사용하는 작약을 기폭제라고 부른다. 신관은 탄두가 목표에 도달하게 되면 약간의 충격이나 마찰, 감전으로도 쉽게 발화한다. 취급 중 또는 표적에 도달하기 이전에 의도하지 않은 신관의 작동으로 탄두가 폭발하지 않아야 한다.

신관은 의도한 만큼 충분히 민감해야하며, 의도치 않은 상황에서 완벽하게 둔감해야 하기 때문에 다양한 안전장치를 사용한다. 예를 들어 대(對)수상함용 고폭 탄두는 미사일 발사에 필요한 전원 작동 시 1차 안전장치가 해제되며, 미사일 발사 후 관성에 의해 2차 안전장치

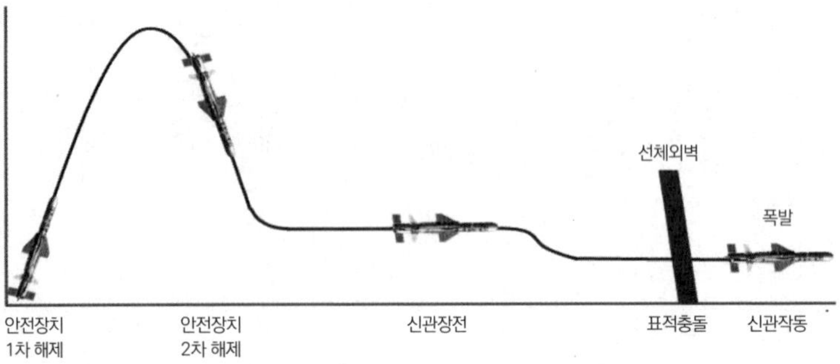

◉ 대수상함용 고폭탄두의 신관 작동

가 해제되고, 신관 장전이 완료되면 함정의 선체 외벽에 충돌하여 선체 내부로 진입 후 지연 신관의 작동으로 폭발한다.

대수상함용 고폭 탄두의 신관은 대표적인 지연 신관이다. 지연 신관이란 얼마간 시간을 기다렸다가 폭발하도록 만들어진다. 충격과 동시에 폭발하는 충격 신관과 달리 충격이 발생하고 수 초 또는 1초 미만의 아주 짧은 시간을 기다렸다가 기폭제를 폭발시킨다. 따라서 지연 신관은 주로 특정 목표를 침투하여 내부에서 폭발할 필요가 있을 때 사용한다.

반면에 근접 신관은 표적과의 충격 이전에 기폭제를 폭발시킨다. 근접 신관이라는 이름에서도 알 수 있듯이 표적과 인접한 거리에서 폭발해 폭발에 의한 충격과 파편으로 표적을 명중시킨다. 근접 신관은 항공기를 공격하기 위해 대공포의 포탄에 처음 적용되었다. 지금도 포를 이용하여 대공 표적을 공격하기 위해 근접 신관을 이용한 탄막사격을 수행한다.

근접 신관은 여러 가지 방법으로 작동시킬 수 있다. 가장 간단한 방법이 레이더 송수신기를 장착하는 것이다. 표적과 근접하면 미사

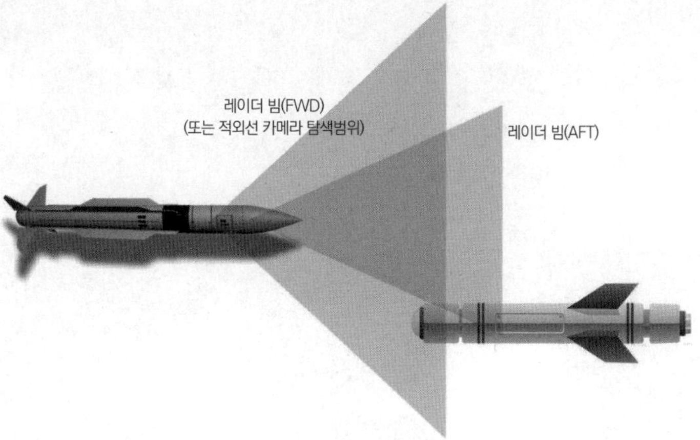

◉ 미사일 근접신관 작동원리

일에 장착된 송신기를 작동하여 전파를 송신하고, 표적으로부터 반사파를 수신하면 근접 신관이 작동해 반사파가 수신되는 방향으로 폭발하는 것이다. 레이더 송수신기와 함께 적외선 센서를 장착하면 더욱 정확도를 높일 수도 있다. 미국의 SM-2와 PAC-2, 이스라엘의 애로우(Arrow)-2, 우리나라의 천궁 등의 대공미사일이 근접 신관에 의한 파편 분산 탄두를 사용한다.

표적에 따라 사용되는 탄두의 종류도 다양하다. 가장 일반적으로 사용되는 탄두는 고폭 파편 탄두이다. 탄두 내부에 폭약이 내장되어 있어 신관 작동으로 폭약이 터지면 강력한 폭발이 탄두의 몸통을 쪼개어 무수히 많은 파편과 폭발력이 사방으로 퍼지게 된다. 폭발 범위가 넓어 주로 대공미사일에 사용된다.

고폭 파편 탄두가 넓은 범위에 파괴력을 미친다면, 성형 작약 탄두는 한 점에 집중하여 폭발력을 발생시키는 탄두이다. 성형 작약 탄두는 폭발하는 작약을 특정 형태로 성형한 것이다. 작약의 폭발력을 한

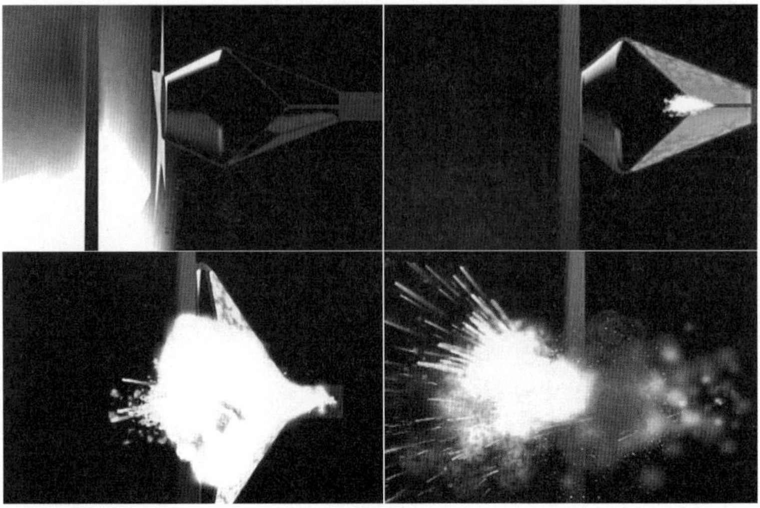
◉ 성형 작약 탄두의 작동원리

곳에 집중되도록 설계해 소량의 폭약으로도 보다 두꺼운 장갑을 뚫어낼 수 있게 된다. 폭발력을 한 곳으로 모으기 위해 탄두 앞쪽에 구리나 텅스텐으로 제작한 원뿔 모양의 덧입힘쇠(Liner)를 붙이게 되면 메탈제트(Metal Jet)에 의해 발생하는 화학 에너지와 폭발 에너지가 표적을 관통하게 된다.

메탈제트는 먼로-노이만 효과[29]라고도 부르는데, 대전차 고폭탄이 전차의 장갑을 관통하는 원리에서 생겨난 용어이다. 메탈제트는 열이 아닌 엄청난 속도의 운동에너지로 장갑을 관통한다. 메탈제트가 음속의 20배를 넘는 속도로 장갑을 관통해 수천℃의 고온으로 내부

29 먼로 효과(Munroe Effect): 탄환의 관통력이 증대되는 현상. 작약을 탄환에 충전할 때 탄두부에 공간을 두고 그 뒤쪽에 작약을 충전해서 그것을 점화 폭발시키면 추진방향으로 강력한 폭파에너지가 발생하여 보통 탄환보다 큰 관통력을 얻게 된다. 1920년대 미국과 독일의 과학자가 발견하여 미국에서는 먼로 효과, 독일에서는 노이만 효과라고 부른다.

를 휩쓸게 된다. 따라서 성형 작약 탄두는 관통해 내부에 피해를 주어야 할 때 사용된다. 주로 대전차용 로켓이나, 지하벙커를 공격하기 위한 대지용 미사일 등에 사용한다.

관통 탄두는 성형 작약 탄두처럼 관통하여 내부를 타격하고자 할 때 사용하는 탄두이다. 그러나 성형 작약 탄두처럼 폭발력을 집중하는 것이 아니라 탄두 자체를 보다 더 무겁고 강하게 만들어 순수한 운동에너지로 목표물을 관통하는 것이다. 주로 휴대용 대공미사일과 함대함 유도무기에 많이 사용된다. 최근에는 성형 작약 탄두와 혼합하여 성형 작약 탄두로 관통시킨 후 관통 탄두로 추가적인 관통을 발생시키는 경우도 있다.

마지막으로 확산 탄두는 미사일 안에 여러 개의 자탄을 내장하여 표적 상공에서 자탄을 뿌리는 탄두이다. 큰 미사일 케이스가 공중에서 쪼개지면 그 안에 있던 수많은 소형 폭탄이 넓은 지역에 투하되어 터지는 형태로, 집속탄(cluster munition)이라고도 부른다. 최근에는 집속 탄두의 하나하나에 별도의 표적 포착기를 부착하여 마치 ICBM의 다탄두 개별 목표 재진입체(MIRV)처럼 표적을 더욱 정확하게 타격하는 지능형 확산탄도 개발되고 있다.

그러나 확산탄은 광범위한 지역에 무차별적인 피해를 발생시키므로 민간인에 대한 피해가 많이 발생할 수밖에 없고, 땅에 떨어진 불발된 자탄들이 오랜 시간이 지난 후 오작동해 또 다른 피해를 발생시킬 가능성이 매우 높다. 지난 2006년 이스라엘의 레바논 공격이나 가자지구 공격에서 대량의 집속탄이 사용돼 현지 주민들이 엄청난 피해를 입었으며, 현재까지도 지상에 떨어진 불발탄들을 완전하게 제거하지 못한 상태다. 제거작업이 종료된 뒤 다시 폭발할 위험성

확산탄(집속탄) 작동 과정
1 집속탄 투하
무게 약 454kg,
2~15발 장착 가능
GPS로 정밀 타격
2 방출
반경 25m 지역에
약 200개 소형폭탄
확산, 최대 축구장
30개 면적까지 제압
가능
3 소형폭탄
1개당 약 20cm 크기,
40%는 불발탄으로
남아 대인지뢰 역할
◉ 집속탄 작동원리

◉ 집속탄 투하모습

도 있다. 무엇보다 제거작업에 수년의 시간이 걸리고, 제거작업이 종료되더라도 완벽하게 제거하지 못할 경우 언제든 다시 폭발할 위험을 내포하고 있다. 이 때문에 집속탄은 지뢰와 더불어 비인도적인 무기로 취급되어 세계적으로 사용금지 운동이 벌어지고 있다.

핵반응을 일으켜 압도적인 폭발력을 발생하는 핵탄두, 인화성 물질을 채워 열로 공격하는 소이탄두, 탄두 내부에 화약 대신 맹독성 물질의 생·화학무기를 채워 넣은 화학탄두 등이 있다. 최근에는 강력한 전자기 펄스를 이용하여 전자장비에 엄청난 피해를 발생시키는 전자기탄(EMP)이 등장하는 등 다양한 탄두를 장착한 미사일이 계속 연구·개발되고 있다.

제어 시스템

비행체의 날개를 만들기 위해서는 속도의 범위와 항공역학, 구조배열 등을 모두 고려해야만 된다. 비행체가 비행하기 위해선 엔진이나 로켓을 동력으로 날아가는 힘인 추력이 발생해야 하며, 지구의 중력과 항력을 이겨내고 비행체를 띄우기 위한 양력을 발생시켜야 한다.

양력은 수평으로 운동하는 물체가 유체로부터 받는 압력에 대해 수직 상향 방향으로 작용하는 힘이다. 양력 발생을 위해 날개가 공기를 받아서 바람과 일정한 각도를 이루어야 하는데, 그 각도를 받음각이라고 한다. 받음각은 공기 흐름의 방향과 날개의 경사각이 이루는 각도로, 받음각이 커질수록 양력도 증가한다.

그러나 받음각을 무작정 높인다고 계속 양력이 발생하진 않는다. 일정 각도 이상의 받음각은 오히려 항력을 더욱 크게 발생시키므로 비행체가 뜨지 않고 가라앉는 원인으로 작용한다. 비행기가 착륙할 때 기수를 더욱 높이는 이유가 바로 이 때문이다. 일반적인 미사일의 공력 제어[30] 방식은 날개를 제어하여 기체의 각속도를 발생시키고, 생성된 각속도에 의해 받음각이 형성되어야 미사일에 횡방향 가속도가 생성된다.

미사일의 날개는 비행기의 날개와 달리 매우 작고 다양하다. 그러나 기본적인 역할은 비행기 날개와 마찬가지로 양력을 이용해 날아가도록 하는 것이다. 날개는 양력을 이용하여 방향을 전환하고 똑바로 날아갈 수 있도록 자세를 조종한다. 전투기가 이륙할 때 자신이

30 공력 제어(Aerodynamic Control): 공기가 존재하는 고도에서 사용되는 비행체의 조종 방식. 저속 비행 시 사용의 한계가 있다.

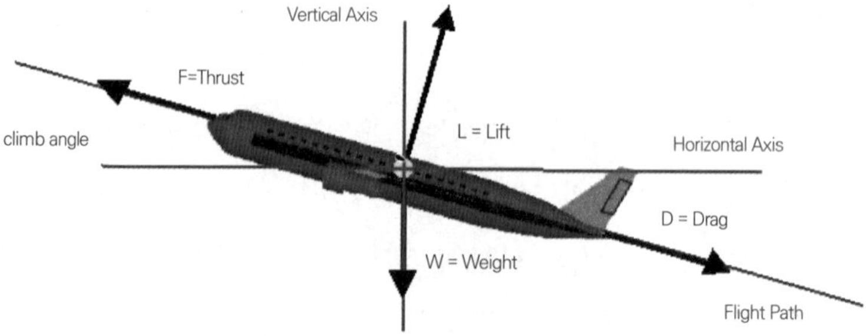

◉ 항공기의 공력 제어
www.grc.nasa.gov

가진 연료의 절반 가량을 소모하듯 대부분의 로켓 추진 미사일에서도 실제 로켓이 연소되는 시간은 짧게는 10여 초에서 길어야 100여 초 정도다. 전체 비행시간의 극히 일부에 불과하다. 그럼에도 미사일은 초음속의 속력으로 활공하듯 비행할 수 있으며, 이것이 가능한 이유가 바로 날개의 배치와 효율적인 작동 때문이다.

날개는 크게 후방날개 또는 꼬리날개(tail fin)와 중앙날개(wing), 전방날개(canard)로 구분된다. 후방날개는 최초 발사 시 미사일을 똑바로 추진할 수 있도록 도와주며, 비행 중에 방향을 전환할 때에도 사용된다. 후방날개가 없다면 안전하게 추진하는데 상당한 어려움이 발생한다. 특히 거의 수직에 가까운 자세로 로켓을 연소시켜 상승해야하는 탄도미사일의 경우 후방날개가 없다면 안정된 자세로 상승하는 것이 불가능하다. 그래서 대다수 수직 발사 탄도미사일은 후방날개를 부착하고 있다. 또한 후방날개는 미사일의 무게 중심에서 멀리 있어 작은 움직임으로도 쉽게 방향 전환이 가능한 장점이 있다.

중앙날개는 미사일의 몸통에 위치한다. 미사일의 무게 중심에 위치하여 방향 전환 시 전환하고자 하는 방향 쪽으로 받음각을 키워 양력

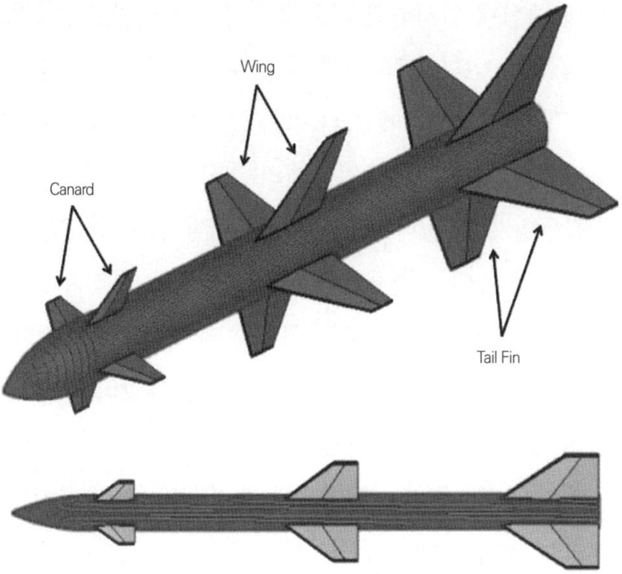

◉ 미사일 날개
www.aerospaceweb.org

을 높임으로서 신속하게 방향 전환이 되도록 도와주고, 미사일의 활공에 필요한 양력을 발생시킨다. 따라서 중앙날개는 비행기의 주익으로 사용되어 먼 거리를 활공하게 만드는 핵심이다. 미사일 중에서도 장거리 활공이 필요한 경우 중앙날개의 활용은 매우 중요하다. 미국이 자랑하는 장거리 순항미사일인 토마호크의 주익은 중앙날개이다.

그러나 비행기와 토마호크의 주익이 새의 날개처럼 일자로 넓게 펴져있는 것과 달리 일반적인 미사일의 중앙날개는 십자모양으로 짧게 붙어 있다. 이는 급격한 방향 전환을 위한 것으로, 날개를 십자모양으로 4개를 부착해 양력을 보다 더 적절하게 활용하여 신속한 방향 전환이 가능하게 된다.

중앙날개의 가장 큰 장점은 무게 중심에 위치한다는 점이다. 미사일의 무게 중심에 위치하기 때문에 작은 움직임만으로 쉽게 비행궤도를 수정할 수 있다. 그러나 미사일 무게의 상당 부분을 차지하는 연료가 비행시간이 지남에 따라 점차 줄어들게 되면, 미사일의 무게 중심이 바뀌게 되어 자칫 중앙날개의 조정에 의한 방향 제어가 불규칙하게 작동할 수도 있다. 그래서 최근 개발되는 미사일은 중앙날개를 거의 사용하지 않는 추세이다.

마지막으로 전방날개는 미사일의 앞쪽에 부착되어 있으며, 카나드(canard: 프랑스어로 오리라는 의미)라고 부른다. 미사일의 앞쪽에 붙어 있어 공기의 흐름에 가장 많은 영향을 받게 된다. 따라서 강력한 구동장치로 제어해야만 원하는 방향으로 제어할 수 있다. 전방날개는 공기의 저항을 많이 받으므로 미세한 움직임에도 많은 받음각을 받게 되어 기체가 불안정해질 수 있기 때문에 제어가 어려우며, 반대로 작은 움직임만으로도 쉽게 방향 전환이 가능하다.

날개를 이용한 방향 전환 방법은 BTT(Bank-To-Turn), STT(Skid-To-Turn), RA(Rolling Airframe) 등 크게 3가지가 있다. 먼저 BTT는 미사일의 방향 전환을 위해 먼저 전환하고자 하는 방향으로 자세를 기울인(Bank)[31] 다음 승강타(Elevator)를 움직여서 선회를 하는 방법이다. 비행기처럼 양력을 많이 활용하는 기체가 사용하는 선회방법으로, 현무 미사일과 같이 비행기와 유사한 형태의 날개를 가진 미사일이 주로 사용한다.

BTT는 공기 흡입구가 특정 방향으로 향하고 있거나 비원형 기체가 선회하기에 보다 높은 기동력을 제공하는 방식으로, 사이드슬립

31 Bank: 비행기가 선회할 때 좌우로 경사하는 일

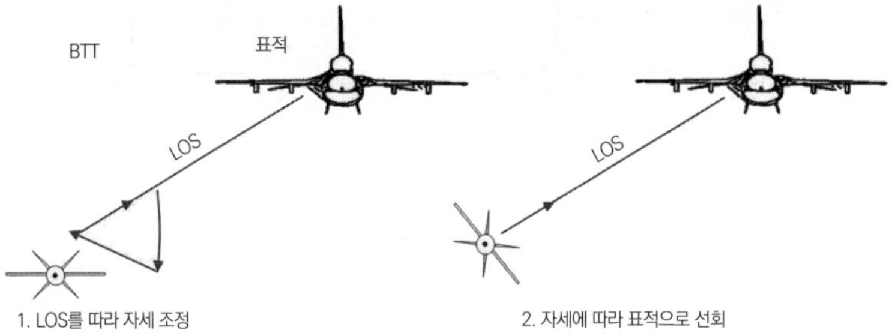

◉ BTT 기동

(Sideslip: 자동차 비행기 등이 급커브나 급선회 시 옆으로 미끄러지는 현상)이 작은 것이 특징이다. 그러나 자동항법장치로부터 반드시 회전 자세명령이 있어야 하며, 회전에 많은 시간이 걸리고, 신속한 회전각 속도가 필요한 단점이 있다. 따라서 BTT는 표적과의 가시선(LOS: Line-Of-Sight)이 작은 중간 유도단계에서 적합하며, 표적과의 각이 커지게 되는 종말단계에서는 많은 오차를 발생시킬 수 있다.

STT는 자세를 기울이는 등의 사전 동작 없이 꼬리날개를 움직여 원하는 방향으로 바로 움직이는 선회방법으로, 가장 신속한 반응을 얻을 수 있다. 미사일이 가장 많이 사용하는 방향 전환 방법이다. 십자형 중앙날개를 부착한 미사일에 적용함으로서 신속한 방향 전환이 가능하고, 자동항법장치로부터 별도의 회전 자세명령을 필요로 하지 않는 장점이 있다.

RA는 미사일이 마치 화살처럼 일정 속도로 계속 회전하면서 날아가는 방법으로, 방향 전환이 필요할 때 꼬리날개를 원하는 방향으로 향하도록 움직였다가 방향이 전환되면 꼬리날개를 중립으로 둠으로서 선회하는 방법이다. 일정 속도로 회전하며 날아가는 것을 제외하

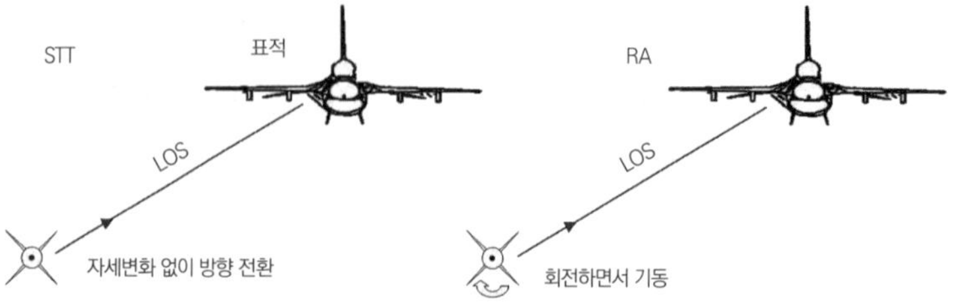

◉ STT와 RA 기동

고는 STT와 유사하다. RA는 자이로와 가속도계, 구동기만 있으면 되므로 가격이 저렴하며, 미사일의 직경이 작아도 설치하기가 쉽다.

그러나 자이로의 성능에 따라 명중률이 결정되므로 보다 고성능의 자이로가 필요하며 회전에 의해 기동력이 감소하는 단점이 있다. 따라서 RA는 크기가 작고 시스템이 간단한 근거리 미사일에 주로 사용된다. 신궁[32], 스팅어(Stinger)[33] 미사일, PAC-3, 함대공 미사일 RAM[34] 등이 대표적이다.

앞서 설명한 바와 같이 미사일의 날개는 그 위치와 기능에 따라 고유의 기능을 수행한다. 따라서 다양한 변수를 고려해 제작되어야만 안정적인 비행궤도를 유지하고, 적은 연료로 먼 거리를 비행할 수 있으며, 기민한 기동성을 얻을 수 있다. 또한 날개의 형태나 크기에 따라 가장 적합한 기동방법을 사용해야만 보다 신속하게 방향을 전환할 수 있으며, 이는 곧 명중률과 직결된다.

32 신궁: LIG 넥스원이 개발한 휴대용 지대공 미사일. 최대사거리 7km, 속도 마하 2.1, 비행고도 3.5km의 고체 추진 대공 미사일로 근접신관에 의해 목표물 반경 1.5m 진입 시 자동폭발, 수백 개의 파편으로 격추한다.

33 Stinger: 미국 Raytheon이 개발한 휴대용 지대공 미사일. 2단 고체로켓으로 추진하며 2컬러 적외선 탐색기로 목표물을 찾아가는 직격요격 미사일이다.

34 RAM: Rolling Airframe Missile. 미국 Raytheon이 개발한 소형, 경량, 적외선 유도 함대공 미사일.

그러나 날개는 어디까지나 공기가 존재하는 곳에서만 제 기능을 발휘한다. 공기가 없는 곳에서는 아무 소용이 없고, 공기가 충분한 곳에서도 급격하게 방향을 전환하는 데는 한계가 있을 수밖에 없다. 따라서 공기 중을 순항하는 순항미사일도 급격한 방향 전환을 위해 다양한 추력 발생장치를 사용한다. 예를 들어 우리 육군의 천궁미사일은 수직 발사 이후 표적 쪽으로 급격하게 방향을 바꾸기 위해 미사일 앞부분에 부착된 측추력기를 활용한다.

◉ 측추력기 작동 모습 '천궁'

조종(操縱)이란 비행기나 선박, 자동차와 같은 기계를 부리는 것을 의미한다. 우리는 핸들을 이용하여 자동차를 운전한다. 자동차는 2차원의 도로에서 한쪽으로 기울어지는 것(Yaw)을 제어해 침로만 변경하지만, 미사일은 기본적으로 3차원의 공간에서 뒷질(Roll), 횡정(Pitch), 한쪽 쏠림(Yaw)을 모두 제어해야만 한다. 비행기는 조종사(pilot)에 의해 조종되지만 미사일은 자동항법장치에 의해 조종된다. 다양한 종류의 유도장치가 미사일의 조종사로 볼 수 있다. 미사일의 조종사는 비행구간의 다양한 공력 특성을 이용하여 미사일을 표적에 명중시켜야 한다.

비행기는 비행경로와 자세제어를 위해 날개를 이용하지만 미사일은 날개만으로 침로를 변경하거나 자세를 제어하기가 불가능하다.

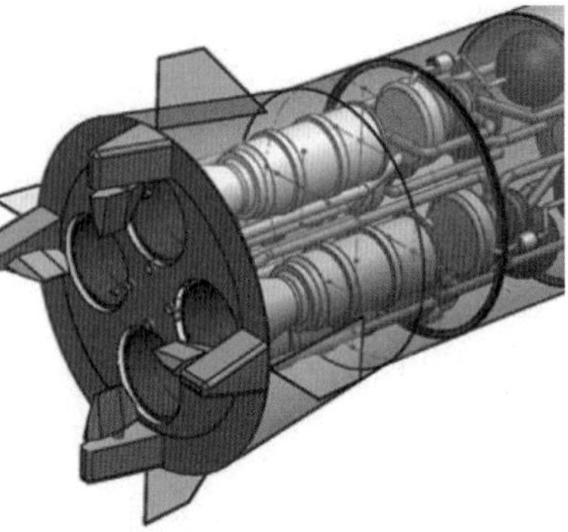

◉ 미사일의 추력제어 'Jet Vane'
www.space.com

특히 탄도미사일은 비행 특성상 고도와 속도의 변화가 심해 날개를 이용한 경로 수정이 불가능하고, 대기가 없는 우주 공간을 비행하므로 날개의 영향을 받지 않는다. 따라서 미사일은 날개를 비롯한 다양한 방법을 이용하여 스스로 경로를 수정하고 자세를 제어한다.

미사일의 가장 대표적인 조종장치는 '제트베인(Jet Vane)'이다. 노즐 뒤쪽에 부착된 작은 날개인 제트베인을 이용하여 자세와 방향을 조종한다. 제트베인을 일정 각도로 움직이면 노즐의 추력방향이 바뀌어 미사일 경로가 변한다. 이 방법은 가장 간단한 경로 조종방법으로 현재도 널리 사용된다.

미사일 조종을 위해 분사구(노즐)의 방향 자체를 바꾸는 방법도 있다. 이를 가동형 노즐(Movable Nozzle)이라고 한다. 가동형 노즐은 로켓이나 엔진의 배기구 방향을 상하좌우로 움직일 수 있도록 설계한 것이다. 가동형 노즐방법은 제트 베인 방식과 달리 노즐 뒤쪽으로 추진력에 간섭이 되는 물체가 없어 로켓이나 엔진의 추진 효율이 좋으며,

◉ 러시아 주력 전투기(수호이)의 가동형 노즐

강력한 추진력의 엔진에 사용해도 제트 베인처럼 그 힘을 견뎌야하는 문제점이 없다. 대신 노즐 자체의 구조가 복잡하고, 노즐의 움직이는 부분과 고정된 부분이 완전히 밀폐되지 않으면 고온·고압의 가스가 새어 나와 폭발할 위험이 있다.

베인 방식과 가동형 노즐 방식은 모두 로켓(또는 엔진)의 추진방향을 바꾸는 방식으로, 이러한 제어방법을 추력편향제어(TVC, Thrust vector control)라 한다. 추력편향제어는 작은 회전반경과 높은 기동성이 요구되는 전투기에 주로 이용되어 왔으며, 수직 이착륙기의 개발을 통해 진일보한 기술력을 얻게 되면서 미사일과 로켓의 제어에 많이 사용되고 있다.

추력편향제어는 베인 방식과 가동형 노즐 방식 외에도 노즐에 방향타를 부착하여 조종하는 방법과, 노즐과 인접한 부분에 소형의 추력 발생 로켓을 부착하여 조종하는 방법 등 다양한 방법이 있다.

또 다른 조종방식은 반력 제어시스템(Reaction Control System)을 이용

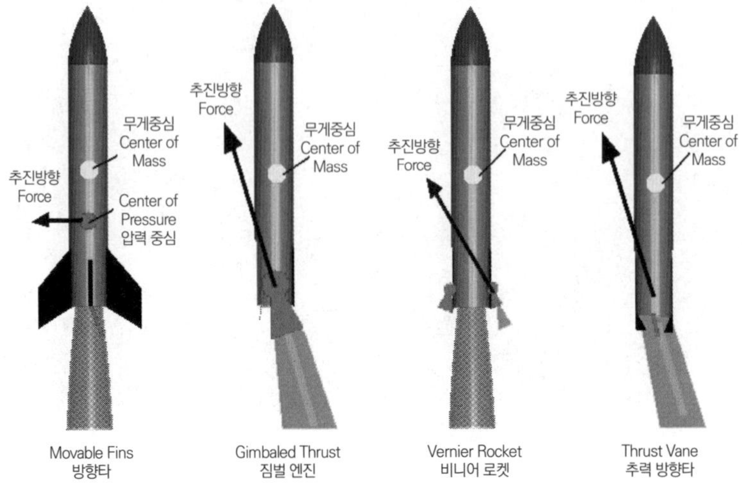

◉ 미사일의 추력편향제어 방법
www.nasa.gov

하는 것이다. 반력 제어시스템이란 압축공기 노즐이나 별도의 소형 로켓을 미사일의 옆 방향으로 분사하여 자세나 방향을 바꾸는 방식으로, 다양한 측추력기를 사용함으로서 신속하게 침로를 변경할 수 있어 급격한 방향 전환에 효과적이다. 우리 육군의 지대공 미사일인 '천궁'은 대표적인 반력 제어식 미사일로, 발사 이후 기수 부분에 부착되어 있는 측추력기를 작동함으로서 신속하게 표적 쪽으로 변침하여 표적을 명중시킨다.

탄도미사일에 장착하는 반력 제어시스템에 별도의 연료와 산화제를 혼합한 소형의 로켓을 적용함으로서 공기가 희박한 곳에서도 사용할 수 있다. 또 추력을 이용하여 아주 정밀하게 미사일의 자세나 경로를 조종할 수 있다.

그러나 별도의 튼튼한 고압가스 탱크나 복잡한 로켓 시스템이 필요하며, 엄청난 비용이 발생하는 단점이 있다. 탄도미사일의 요격용으로 사용되는 SM-3나 사드 미사일의 탄두(Kill Vehicle)를 조종하기 위해 개발된 궤도 천이 및 자세 제어 시스템(DACS: Divert and Attitude System)이 대표적인 반력 제어 시스템이다.

탄도미사일은 순항미사일이나 항공기와 달리 대기가 없는 영역을 고속으로 비행하므로 궤도 수정이나 자세 제어를 위해서는 다른 차원의 기술적인 문제에 직면하게 된다. 탄도미사일은 발사 초기에 로켓에 의해 상승한 이후 대기권을 벗어나 로켓의 추진력을 소실하게 되면, 추진하던 운동에너지를 원심력으로 중력의 저항을 극복하며 비행한다. 따라서 로켓의 연소가 종료되는 시점 이후 탄도미사일을 제어할 수 있는 방법이 없어지며, 이는 그대로 명중률의 저하로 나타난다. 탄도미사일의 표적이 주로 움직이지 않는 고정된 표적에 국한되는 이유가 바로 이 때문이다.

로켓의 연소를 통해 탄도미사일이 추진력을 가지고 있을 때에는 앞서 설명한 미사일의 제어와 동일하게 제트 베인이나 가동형 노즐 등의 추력 편향제어와 날개를 이용해 탄도미사일의 비행을 제어할 수 있다. 그러나 로켓의 연소가 종료됨과 동시에 탄도미사일의 추력 편향제어는 불가능하며, 외기권에서는 공기 저항이 없어 날개를 통한 제어 역시 불가능하다.

따라서 로켓의 추력을 모두 소실한 이후 탄도미사일의 제어를 위해서는 소형의 로켓을 탄두에 부착하여 탄두의 비행궤도와 자세를 수정하는 반력 제어시스템을 사용한다. 그 소형의 로켓을 가속단계 후 비행체(PBV)[35]라고 부른다. PBV는 추진체를 분리한 탄두의 비행궤도와 자세를 제어하여 표적까지 탄두를 유도한다.

탄도미사일의 PBV를 인공위성이나 ABM(Anti Ballistic Missile)에서는 DACS라고 부른다. DACS는 기본적으로 PBV와 동일한 역할을 수행하지만 보다 더 정밀한 제어기능을 필요로 한다. PBV는 탄두의 비행궤도와 자세를 어느 정도 제어하여 목표 상공에서 탄두를 방출하면 그만이지만, 인공위성은 정확하게 정해진 궤도에 올라가야해 더 정밀하게 위성을 조종해야 한다. 특히 ABM의 DACS는 탄도미사일 탄두의 기동을 정확히 추적해 실시간으로 경로를 수정, 탄두를 직격해야하기 때문에 더욱 정밀하고 정확해야만 된다.

탄도미사일에 장착된 로켓 모터의 연소가 종료되면 PBV가 모터로부터 분리되어 재진입체의 방출을 위한 기동을 실시하게 되는데, 이를 가속 후 단계(Post Boost Phase) 또는 방출단계(Deployment Phase)라고 한다. 이 단계까지 추진력을 소실한 탄두를 운반하는 것이 PBV의 역할이다.

PBV는 로켓에 비해 RCS와 적외선 방출량이 적어 탐지·추적이 어렵다. PBV는 로켓의 추진력에 자신의 추력을 더하여 탄도를 타고 올라가며 기동하고, 축자세 제어장치(Axial Attitude Control Device)를 가동하여 비행자세를 제어한다.

비행자세의 불안정은 명중률과 직결되는 중요한 요소이다. 재진입체의 자세가 불안정하거나 약간이라도 의도하지 않은 방향으로 기울어진다면 정확도는 크게 떨어질 수밖에 없다. 탄도미사일이 람베르

35 PBV(Post Boost Vehicle): 로켓의 연소가 종료된 후에도 탄두의 자세와 궤도를 어느 정도 수정할 수 있도록 연료와 산화제를 가지고 있는 소형의 로켓으로 버스(Bus)라고도 부른다. 버스는 마지막까지 탄두를 달고 비행하다가 목표에 도달하게 되면 탄두를 정확히 목표물 상공에 투하시킨다.

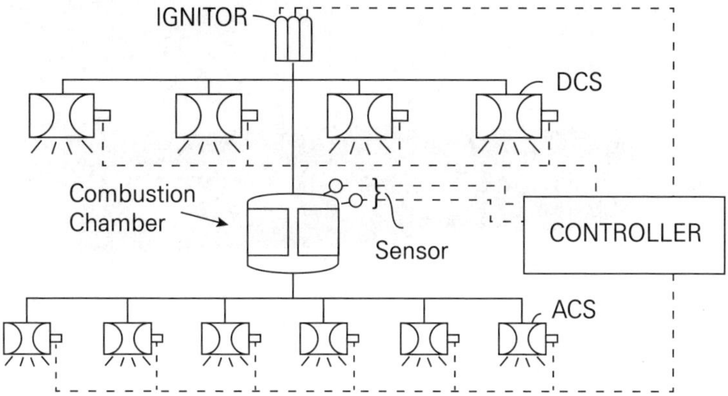

◉ DACS 구성 다이어그램
www.google.com.dacs

트 속도[36]에 도달하게 되면 PBV는 재빨리 로켓모터의 연소를 중지하고 재진입체를 방출하여 탄도 상에 올려놓아야 한다. 모든 재진입체를 방출하면 PBV의 역할은 종료된다.

DACS는 인공위성 등 우주 발사체와 ABM의 탄두인 직격 요격 비행체의 자세, 비행궤도를 수정하기 위한 전용 로켓이다. DACS의 성능에 따라 위성을 정해진 궤도에 정확하게 올려놓을 수도, 직격 요격 비행체가 탄도미사일을 정확하게 요격할 수도 있게 된다.

DACS는 궤도를 수정하는 DCS와 자세를 제어하는 시스템인 ACS, 그리고 연료와 산화제를 연소시키는 연소관 등으로 구성되는 것이 일반적이다. 비행체의 궤도를 변경하는 DCS는 작은 추력으로

36 람베르트(Lambert) 속도: 탄도미사일이 탄도비행의 시작점(연소가 종료되는 시점으로 탄도미사일에 미치는 힘이 지구의 중력뿐인 상태)에서 표적과 연결된 탄도를 따라 날아가게 되는 속도. 속도는 탄도미사일의 속력과 탄도미사일이 수평면에 대해 이루는 앙각, 표적을 향한 방위각으로 정의된다.

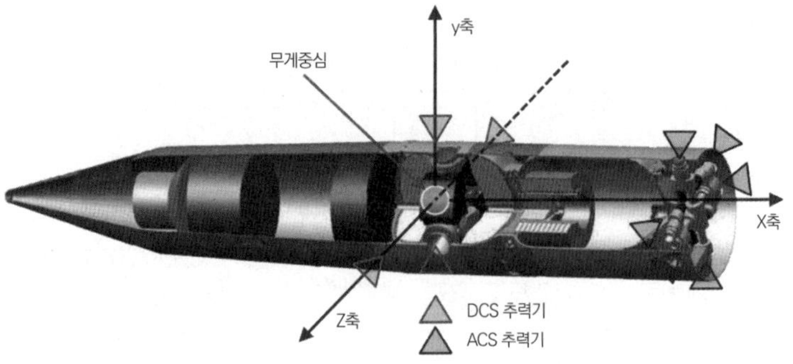

◉ DACS Thruster 'ASTER Blk-2 DACS'
www.google.com.dacs

도 쉽게 궤도를 변경하기 위해 비행체의 무게 중심과 인접한 위치에 설치된다. 이에 비해 비행체의 자세를 조종하는 ACS는 효과적인 자세 제어를 위해 무게 중심에서 멀리 떨어진 곳에 장착한다. 일반적으로 DCS는 4개의 추력기를 무게 중심에 90° 간격으로 배치하여 비행체를 어느 방향으로든 보낼 수 있도록 추력을 발생하며, ACS는 보다 정밀한 자세 제어를 위한 6개의 추력기를 비행체의 꼬리부분에 설치한다.

DCS를 무게 중심에서 가까운 곳에 설치하는 이유는 비행체의 무게 중심에 직접적인 가속도를 제공해 작은 에너지로도 많은 추력을 얻을 수 있으며, DCS의 작동으로 인해 발생하는 모멘트을 최소화하기 위함이다. ACS는 작은 힘으로 비행체의 자세를 제어하기 위해 무게 중심에서 멀리 떨어진 곳에 장착하여 사용한다. DCS의 추력기는 궤도수정을 위해 4개가 부착되어 사용되며, 6개의 자세 제어용 추력기를 사용하여 비행체의 Roll, Pitch, Yaw를 제어한다.

대기권 내에서는 자세 제어용 추력기를 사용해 미사일의 자세를

◉ 사드 DACS

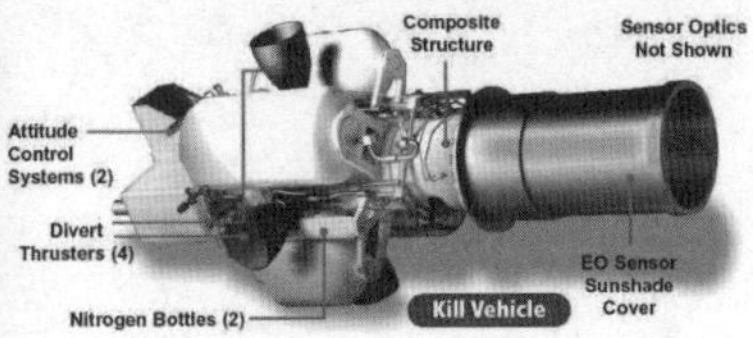

◉ GBI의 EXV DACS

바꾸기만 하면 날개에 형성되는 공기의 저항에 의해 전체 비행경로도 바뀌지만, 대기가 거의 없는 외기권에서는 자세 제어용 추력기를 작동시키더라도 원래의 비행궤도에서 빙글빙글 돌기만 할 뿐 궤도는 변하지 않으므로 별도의 궤도수정용 추력기를 사용하는 것이다.

DACS에 사용되는 추력기는 탄도미사일의 추진제인 로켓과 마찬가지로 연료에 따라 고체 추진제와 액체 추진제로 구분할 수 있다. 대표적인 고체 추진제 DACS는 SM-3의 SDACS[37]와 TDACS[38]이며, 액체 추진제 DACS는 사드의 LDACS[39]와 지상기반 요격체 외기권 요격비행체 GBI EKV[40]의 DACS이다.

DACS는 일반적인 로켓처럼 한쪽 방향으로만 엄청난 양의 추진력을 필요로 하는 것이 아니라 동시에 여러 방향으로 지속적인 추력의 제어를 필요로 한다. 액체 추진제의 경우 밸브를 해 연료나 산화제의 양을 조절함으로서 비교적 간단하게 추력을 제어할 수 있다. 반면 고체 추진제는 밀도가 높고 연소 속도가 빨라 단시간에 많은 양의

37 SDACS: Solid Divert and Attitude Control System, 고체 추진제 DACS
38 TDACS: throttleable Divert and Attitude Control System, 추력조절용 DACS
39 LDACS: Liquid Divert and Attitude Control System, 액체 추진제 DACS
40 GBI EKV: Ground Based Interceptor Exo-atmospheric Kill Vehicle, 지상기반 요격체의 외기권 요격비행체

◉ SM-3 Blk IA SDACS

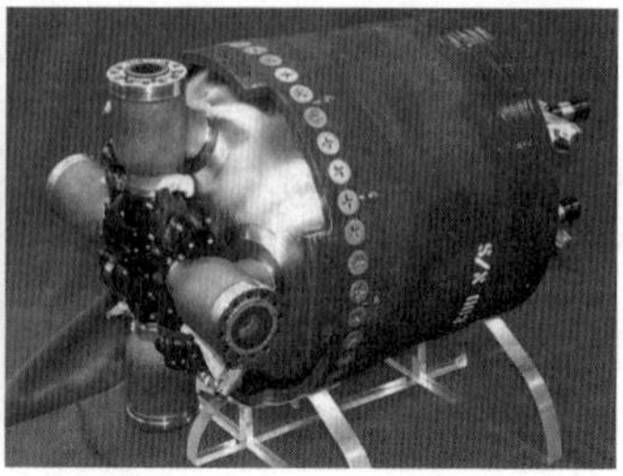

◉ SM-3 Blk IIA TDACS

추력을 확보할 수 있으나, 연소가 시작되면 다시 껐다 켜기가 불가능하다. 또 연소가 빨라 연소 속도를 조절하기가 까다로워 추력 제어가 어렵다. 따라서 고체 추진제를 사용하는 DACS의 추력을 제어하기 위해서는 추력이 발생해 노즐로 빠져나가는 통로 중간에 마개를 부착하여 마개를 여닫음으로서 노즐로 분출되는 연소 가스의 양을 조절한다.

그러나 실질적으로 연소 가스의 속도가 엄청나게 빠를 뿐만 아니라 온도 또한 수천℃에 달하기 때문에 일반적인 알루미늄이나 합금으로는 마개가 삭마[41]되는 것을 막을 수가 없다. 수천℃의 온도를 견디기 위해서는 텅스텐이나 레늄[42]을 사용해야 하는데, 텅스텐은 정밀성형이 어려워 레늄을 사용하는 경우가 많다.

레늄은 가장 인장성이 뛰어나고, 텅스텐 다음으로 내열성이 뛰어난 물질로 수천℃ 이상의 온도에서도 침식되지 않으며, 텅스텐보다

41 삭마(削磨): 깎아서 문지름. 침식·풍화로 암석이 닳거나 그런 현상

42 Rhenium: 원소기호 Re, 원자번호 75, 녹는 점 3천186℃, 끓는 점 5천596℃, 은백색으로 단단하고 비중이 크며, 고온과 마모에 강한 전이금속이다. 값이 비싸고 산출량이 적어 일반적으로 사용되지 않으나, 열전자 방출이 크기 때문에 전자관의 재료, 전기접점, 전기부품 등으로 사용된다.

변형이 쉬워 로켓엔진과 미사일 추진체계, 고압가스 밸브 등에 많이 사용된다. 그러나 레늄 또한 희귀금속으로 상당한 비싸고 텅스텐만큼이나 무거워 DACS 전체를 레늄으로 제작하기가 불가능하다.

이 때문에 기본적으로 탄소 복합재를 사용하고, 삭마가 잘되는 부분에 레늄을 덧대어 사용한다. 고체 추진제를 사용하는 SM-3 DACS의 경우에도 레늄과 탄소복합제의 혼용으로 제작된다. 레늄의 사용으로 DACS의 중량과 비용을 절감함으로서 DACS의 성능이 비약적으로 향상되었다.

우주발사체와 탄도미사일 또는 직격 요격 비행체의 궤도수정과 정밀한 자세제어를 위해서는 PBV나 DACS를 구성하는 각각의 추력기가 정밀하게 제어되어야만 한다. SM-3 미사일의 초기형인 Blk IA의 SDACS는 '레늄코팅 볼'(Rhenium coated graphite balls)을 사용하여 추력을 조절했다. DACS를 구성하는 DCS의 추력기를 상하·좌우로 구분하여 그 분기점에 레늄코팅-볼을 넣어 연소가스관을 개폐하는 방법이다.

어느 한쪽 관에서만 연소 가스가 흘러나오면 전체 압력의 변화로 인해 볼이 반대쪽 관을 막아 한쪽에서만 추력이 발생하게 되고, 양쪽 관에서 모두 연소 가스가 발생하여 볼이 가운데 위치하게 되면 양쪽 모두 추력을 발생하게 되는 것이다. 그러나 레늄코팅-볼을 이용한 추력조절 방법은 추력을 조절하기도 어려울 뿐만 아니라 중립상태에서도 연료를 소모하게 되어 연료 효율이 떨어지는 치명적인 단점을 내포하고 있다. 이러한 단점을 보완하기 위한 방법이 바로 핀틀(Pintle) 조절법이다.

핀틀 조절법은 현재 가장 많이 사용되는 추력 조절방법으로, 연소관 내부 로켓 노즐 근처에 핀틀 구조물을 부착하여 노즐 면적을 조절

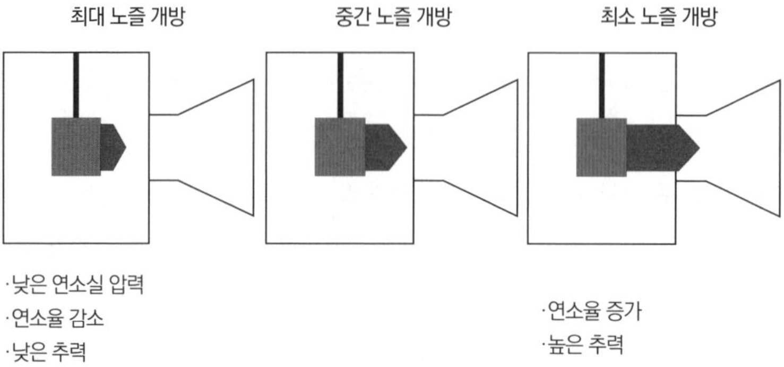

◉ 일반적인 핀틀 제어

함으로서 추력을 제어하는 방법이다. 핀틀의 움직임을 조정하여 추력기를 통해 분사되는 연소 가스의 유량을 조절함으로서 추력을 제어하여 직격 요격 비행체의 궤도를 변경하고 자세를 조정하는 것이다. 핀틀을 작동하기 위한 방법으로는 유압을 이용하는 방법, 연소관 내압을 이용하는 방법, 전력을 이용하는 방법 등 다양한 방법이 사용된다.

DACS에 적용하기 위한 핀틀 구동방식에서 가장 중요한 것은 제어기의 명령에 신속하게 응답할 수 있는 반응속도이다. 반응속도의 지연은 정밀도의 오차로 직결된다. 특히 ABM의 요격비행체는 탄도미사일의 탄두를 요격하기 위해 강력한 운동에너지로 직격해야만 요격에 성공할 수 있다. 압도적인 속력으로 대기권 재진입 시 발생하는 엄청난 표면온도를 이겨내도록 견고하게 설계된 탄도미사일의 탄두는 상대적으로 넓은 폭발 범위를 가진 파쇄·파편탄으로 요격할 수 없으며, 반드시 직격해야만 요격에 성공할 수 있다. 따라서 ABM의 DACS는 더욱 더 정밀성이 요구되며, 신속한 반응속도에 의한 정밀성의 향상이 요격의 성공에 절대적인 요소이다.

DACS의 개발은 미국의 MD(Missile Defense) 계획의 일환으로 시작되었다. 음속의 20배가 넘는 초고속의 탄도미사일을 요격하기 위해서는 엄청난 크기의 운동에너지가 필요하며, 공기가 거의 없는 높은 고도에서 요격해야 하므로 날개를 이용한 일반적인 공력 조종에 의한 공기 역학적인 힘 대신 실제 전방위 추진력을 이용하는 DACS를 이용하여야만 직격 요격 비행체의 궤도와 자세를 수정하여 탄도미사일을 요격할 수 있다. 이러한 요격 특성에 따라 기존의 미사일과 우주발사체 및 인공위성에 적용되던 측추력 장치와 자세 제어장치에 대한 기술이 집약되어 DACS가 개발된 것이다.

현재의 DACS는 개발 초기 On/Off 형태의 가스 분사방식에서 벗어나 추력 조절이 용이하고, 내부 압력 제어가 가능한 TDACS 개념으로 발전하고 있으며, 최근에는 보다 성능이 향상된 MDACS(Modular DACS)에 대한 연구가 진행 중이다. 이처럼 DACS에 대하여 지속적인 연구개발이 이루어지고 있는 것은 탄도미사일을 '더 빠른 시간에, 더 높은 곳에서, 더 정확하게' 요격하기 위한 것으로 DACS는 직격 요격 비행체의 핵심이며 가장 높은 기술력을 필요로 한다.

그 중에서도 DACS의 핀틀 추력기는 직격 요격 비행체의 실제적인 제어를 담당하는 장치로, 핀틀의 재질, 다수의 핀틀 추력기를 이용한 추력 분배 및 구동방법과 더불어 다양한 변수가 복합적으로 고려되어야만 제 성능을 발휘할 수 있다. 그로 인해 제작 자체가 어려우며, 정밀도 향상에는 더욱 많은 연구가 필요하다.

대기권 안에서는 공기를 이용하여 비행체를 조종한다. 대기권 밖에서는 공기가 없어 날개가 아무런 소용이 없다. 따라서 대기권 밖을 비행하기 위해서는 추력을 만들어 자유자재로 조절할 수 있어야 한다. 탄도미사일의 PBV와 우주발사체 또는 ABM의 DACS는 대표적인 추력 제어장치이다. 소형의 로켓을 이용하여 스스로 추력을 만들어 원하는 방향으로 날아간다.

탄도미사일이 원하는 곳을 정확하게 공격하기 위해서, 또 위성을 정해진 궤도에 정확하게 올려놓기 위해서, 그리고 탄도미사일의 탄두를 요격하기 위해서 외기권 비행 조종장치인 DACS는 임무의 성패를 좌우하는 결정적인 요소이다.

유도장치

미사일은 반드시 무인 유도가 가능해야하며, 일정량의 연료를 기반으로 스스로 추진할 수 있는 능력을 가지고 있어야한다. 유도(誘導, Guidance)란 추진력을 가진 무기를 원하는 곳으로 이끌어 목표물을 명중시키기 위한 기능이다. 미사일은 표적에 따라 다양한 유도장치를 사용한다. 미사일은 대공·대지·대함 표적, 고정 또는 이동 표적 등 다양한 표적 특성에 따라 여러 가지 방법으로 유도된다. 사거리 또한 유도방법을 결정짓는 중요한 요소이다.

미사일의 대표적인 유도·조종방법으로는 지령유도, 항법유도, 호밍유도 등이 있다. 지령유도(CG: Command Guidance)는 발사된 미사일 이외의 센서로부터 표적 정보를 수신하여 유도 신호를 산출하는 방법이다. 표적 추적 장비의 위치와 표적 위치 그리고 미사일 위치의

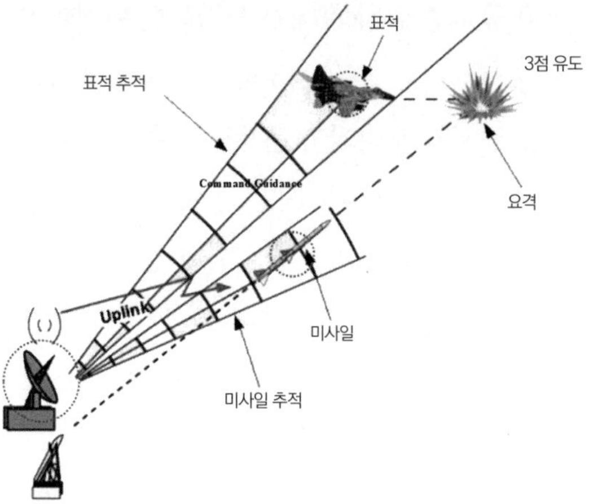

◉ CLOS 유도 방식
www.pgtyman.tistory.com

세 점을 잇는 유도방식으로, 미사일이 추적 장비와 표적을 연결하는 일직선상에 있도록 유도하는 방식이다. 지령유도 방식에는 시선지령(CLOS: Command to Line-Of-Sight) 유도, NLOS 유도, BR 유도, TVM 유도 등이 있다.

CLOS 유도는 미사일을 발사한 이후 표적 추적 장치의 시야 속으로 끌어들여 하나의 표적 추적 장치로 표적과 미사일을 동시에 추적하는 유도방법이다. 표적과 미사일의 상대 위치 오차를 최소화하여 명중률을 높이는 대표적인 지령유도방식이다. CLOS를 위한 표적 정보는 레이더, 적외선 전방 감시장치(FLIR: Forward-Looking Infrared) 등으로 획득하며 지령 신호의 전달은 유선 또는 무선으로 제공한다.

CLOS 유도는 표적과 미사일을 일직선상에 두어 상대 오차의 최소화가 가능하기에 명중률이 대단히 높으며, 비용이 적게 든다는 장점이 있다. 반면 사거리가 길 경우 정확도가 떨어지며, 추적장치의 시야각(LOS)을 벗어나게 되면 발사 자체가 불가능한 단점이 있다.

비시선지령(NLOS: Non Line-Of-Sight) 유도는 표적을 추적하는 센서와 미사일을 유도하는 센서가 분리되어 운용되는 유도방식이다. 미사일이 발사되기 전에 이미 표적에 대한 모든 정보와 환경적인 변수를 계산하여 발사 이후 스스로 표적으로 유도되어 날아가는 유도방식을 의미한다. 초기 형태의 탄도미사일은 후자와 같이 발사 이전에 표적 정보를 포함한 모든 변수를 계산한 뒤 발사되어 스스로 표적으로 유도됐다. 따라서 명중률이 낮았고, 사거리가 멀어질수록 오차도 더욱 증가되었다. NLOS 유도방식은 명중률에 크게 구애받지 않는 탄도미사일에 주로 사용되었으며, 정밀함이 요구되는 순항미사일에는 거의 사용되지 않았다.

최근에는 센서를 여러 개 이용한 NLOS 유도방식이 발전하고 있다. 이지스 함정의 요격미사일인 SM-3는 대표적인 NLOS 유도방식의 미사일이다. 24시간 지구를 감시하는 위성이나 적국 인근에 전진 배치하여 운용하는 AN/TPY-2 레이더[43]가 적국 탄도미사일을 탐지하면, 이 탄도미사일 정보를 이지스 함정에 제공한다.

이지스 함정은 그 정보에 따라 SM-3를 발사하여 유도하고, 종말단계에서 SM-3의 탐색기가 탄도미사일을 추적하여 요격하는 것이다. 이러한 요격 방법을 원격관여(EOR: Engage On Remote)라고 한다. 미국은 2018년까지 EOR 기능을 신형 SM-3 Blk IIA에 적용하여 실전

43 AN/TPY-2 레이더: 고고도 종말단계 탄도미사일 요격체인 THAAD(Terminal High Altitude Area Defence)의 레이더이다. X-Band 주파수를 사용하는 고출력 레이더로 최대 탐지거리는 1천800km이며, 적국에 전진 배치하여 운용하는 FBM(Forward Based Mode)과 THAAD 포대와 함께 운용하는 TBM(THAAD Based Mode)이 있다.

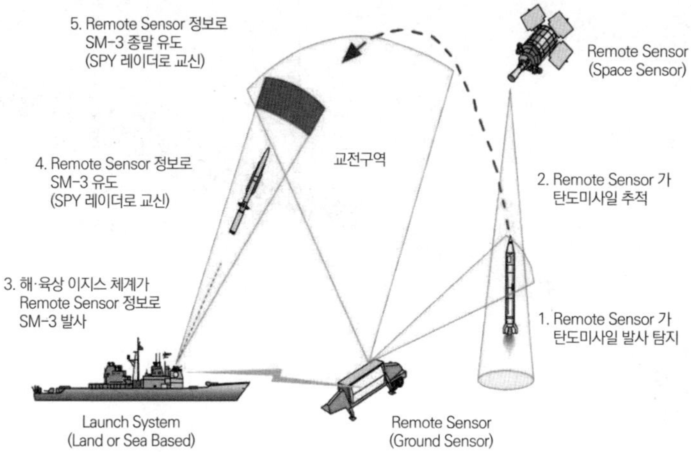
5. Remote Sensor 정보로
SM-3 종말 유도
(SPY 레이더로 교신)
Remote Sensor
(Space Sensor)
4. Remote Sensor 정보로
SM-3 유도
(SPY 레이더로 교신)
교전구역
2. Remote Sensor 가
탄도미사일 추적
3. 해·육상 이지스 체계가
Remote Sensor 정보로
SM-3 발사
1. Remote Sensor 가
탄도미사일 발사 탐지
Launch System
(Land or Sea Based)
Remote Sensor
(Ground Sensor)

◉ 이지스 함정의 NLOS 유도 방식

배치할 계획이다. NLOS는 표적을 추적하는 센서와 미사일을 유도하는 센서가 분리되어 있어 미사일이 표적에서 크게 벗어나도 유도가 가능하며, 미사일에 복잡한 유도장치가 필요치 않은 장점이 있다.

빔편승(BR: Beam Riding) 유도는 CLOS 유도방식과 비슷한 원리의 유도 방식으로, 레이더가 유도 빔을 송출하면 미사일 내부의 빔 수신장치가 빔을 수신하여 표적의 상대 위치를 계산한 후 표적 쪽으로 유도된다. BR 유도는 사거리가 증가되어도 CLOS 유도방식보다 오차가 적어 더욱 정확하다. 그러나 BR 유도는 CLOS 유도방식보다 훨씬 비싸다는 단점이 있다.

경유추적유도(TVM: Track Via Missile Guidance) 방식은 반능동호밍과 지령유도방식이 합쳐진 유도방식이다. 레이더가 표적으로 전파를 송신하면 그 반사파를 미사일이 수신하고, 미사일이 다시 표적 정보를 레이더에 전송하면 레이더가 유도정보를 미사일에 전송하여 유도하는

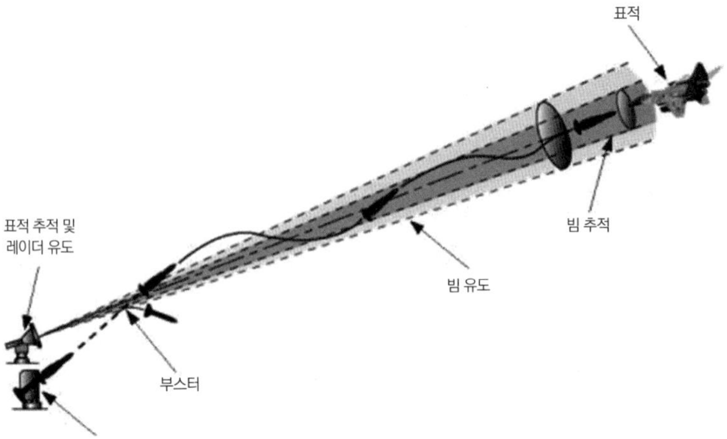

◉ BR 유도 방식
www.pgtyman.tistory.com

방법이다. 구축함정의 SM-2 미사일이 바로 대표적인 TVM 유도방식 미사일이다

미사일의 사거리가 길어지면 길어질수록 지령유도에 제한이 있을 수밖에 없다. 지령유도는 레이더가 표적을 추적해야만 유도가 가능한데, 표적이 원거리에 있을 경우 레이더에 의한 추적 자체가 불가능하기 때문이다. 따라서 레이더로 탐지가 불가능한 먼 거리에 표적이 위치해 있는 경우, 표적의 위치 좌표를 알고 있다면, 지령유도가 아닌 항법유도방식을 사용하여 미사일을 유도한다.

항법유도방식은 미사일을 발사하기 전에 표적의 위치 좌표를 근거로 미사일의 컴퓨터에 비행경로와 자세정보를 저장하고, 미사일이 스스로 측정한 자신의 위치와 계산한 정보를 이용해 표적에 도달하는 유도방식이다.

항법이란 원래 선박이나 항공기가 두 지점 사이를 정확하게 항행하는 기술을 의미한다. 즉 선박이나 항공기가 정해진 목적지에 정확하게 도착하듯이, 미사일도 항법장치를 이용하여 정확히 표적으로 날아가도록 유도하는 것이다. 항법유도방식은 센서에 의한 추적이나 유도 없이 사전에 입력된 프로그램에 따라 스스로 오차를 수정하며 날아가므로 프로그램유도라고도 부른다.

프로그램유도는 미사일의 위치 측정 방법에 따라 관성유도, 천측유도(天測), 지측(地測)유도 등이 대표적이다. 일반적으로 천측유도와 지측유도는 관성유도와 병행해서 사용된다.

관성유도는 관성항법장치(INS: Inertial Navigation System)를 이용하여 외부의 도움 없이 비행체의 위치, 속도, 자세 정보를 측정하여 표적을 명중시키는 유도방식이다. INS는 관성센서인 자이로스코프와 가속도계로 구성되며, 자이로의 강직성을 이용한다. 강직성[44]이란 우주공간에 대하여 일정한 방향을 유지하려는 성질로, 뉴턴의 제1법칙[45]인 관성력을 이용하여 각속도를 측정한다.

이러한 강직성을 이용한 자이로를 자유이동 자이로(Free Mounted Gyro) 또는 3축 자이로라 하며, 항공기의 자세기준·방향기준 설정에 사용된다. 가속도계는 관성력을 이용하여 미사일이 얼마나 속도가 빨라졌는가를 측정하는 센서이다. 센서에 일정 질량을 연결하여 미사일 속력의 가감에 따라 발생하는 관성력을 측정하여 가속도를 구한다.

44 강직성: 우주 공간에 대하여 일정한 방향을 유지하려는 성질. 자체 회전축의 방향을 변화시키려는 외력에 대항하여 자이로의 지지대를 기울여도 자이로의 축을 원위치로 유지하는 성질이다.

45 관성의 법칙: 뉴턴의 운동법칙 중 제1법칙. 외부에서 힘이 가해지지 않는 한 모든 물체는 자기의 상태를 그대로 유지하려고 하는 것. 정지한 물체는 영원히 정지한 채로 있으려고 하며, 운동하던 물체는 등속 직선운동을 계속하려고 하는 것이다.

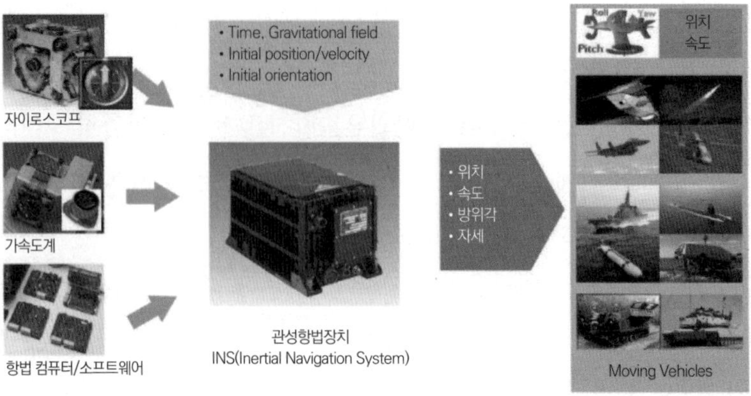

◉ 관성항법장치 작동 원리

관성유도는 INS에 의해 측정된 각속도와 가속도를 이용하여 출발점부터 현재의 위치를 계산한다. 즉 미사일 발사 이전에 자신의 발사 위치와 표적 위치만 입력하게 되면, 지속적으로 자신의 위치를 스스로 보정하여 표적 쪽으로 날아간다. 따라서 미사일이 발사된 이후 다른 유도장치가 필요치 않다. 전파의 송·수신이 없어 전자전과 전파방해에 안전하다.

또한 가격이 저렴하고 제작이 쉬우며, 소형화가 가능해 미사일과 항공기, 선박, 자동차, 잠수함 등 다양한 분야에서 사용된다. 아무리 성능이 우수한 INS여도 오차 발생은 피할 수가 없다. 발사 전에 입력된 위치로만 비행하게 되어 장치의 정밀성과 비행시간·거리에 따라 누적 오차가 발생한다.

천측유도는 천체에 측정 기준을 둔 방식으로, 항성 기준방식과 인공위성 기준방식으로 분류된다. 통상 관성항법장치가 측정한 항법정보의 오차를 보정하기 위한 목적으로 사용된다. 항성 기준방식은 미사일에 탑재된 '항성 추적기(Star-Tracker)'로 특정 항성이나 태양을 관측한 후 미사일의 상대 위치를 산출하며, 그 결과를 발사 전에 입력된 위치와 비교하여 오차를 수정하는 방식이다. 그러나 계절에 따라 항성의 위치가 달라지고, 대기권을 벗어나야만 대기의 영향을 받지 않고 항성을 추적할 수 있어 대륙간탄도미사일 정도에만 겨우 적용할 수 있을 정도로 실효성이 떨어진다.

인공위성 기준(GPS)[46]방식은 GPS 위성을 이용한 위치 측정 방식이다. 원래 GPS 위성은 미국 국방부에서 폭격의 정확성을 높이기 위해 군사용으로 개발하였으며, 군사 목적으로만 사용하도록 암호화되어 있었다. 그러나 냉전[47]이 한창이던 1983년 8월 31일, 우리나라의 KAL 007기가 조종사의 실수로 소련 영공에 들어갔다가 소련 전투기에 격추되어 탑승자 269명 전원이 사망하는 사고가 발생했다. 다시 이러한 참사가 발생하는 것을 막기 위해 미국이 민간용으로 GPS 신호를 공개하게 되었다. 처음에는 적국의 악용을 막기 위해 GPS 정밀도를 제한했다. 즉 선택적 유용성(SA: Selective Availability)을 적용해 수십m 이상의 오차를 발생시켰으나, 2000년 이후 SA를 해제하여 현재 민간용 또한 수m 이내의 정밀도를 갖는다.

46 GPS(Global Position System) 항법: 인공위성에서 송신하는 전파를 GPS 수신기로 수신하여 위치를 확인하는 방법. 총 24개의 인공위성을 고도 2만㎞ 상공, 6개의 궤도에 120도 간격으로 3개(보통 4~5개)씩 배치하여 위치 정보를 송신하게 되며, 미사일에 탑재된 GPS 수신기는 최소한 4개의 인공위성이 보낸 전파를 수신하여 자기의 위치와 속도를 측정함. GPS는 비교적 저렴한 수신기를 사용할 수 있다는 게 강점이나, 미사일의 상세 정보를 얻을 수 없고 전파 방해에 취약하다는 약점이 있다.

47 냉전: 冷戰, Cold War. 제2차 세계대전 이후부터 소련이 붕괴된 1991년까지 미국과 소비에트연방을 비롯한 양측 동맹국 사이에서 갈등, 긴장, 경쟁상태가 이어진 대립 시기를 말한다. 냉전이라는 표현은 1947년 당시 국제 연합원자력위원회 미국대표였던 Bernard M. Baruch(1870~1965)가 처음 사용하였다.

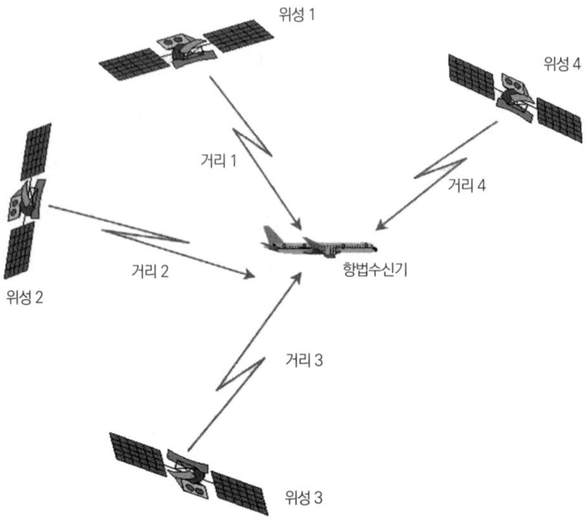

◉ GPS 기준 방식

관성항법장치 VS 위성항법장치

구분	관성항법장치(INS)	위성항법장치(GPS)
항법원리	추측항법(Dead Reckoning)	위치결정(Position Fixing)
정밀도	1초에 1~0.00° (장비성능에 따라 차이)	표준측위 서비스: 20m 이내 정밀측위 서비스: 10m 이내
오차특성	시간경과에 따라 오차 증가	시간에 관계 없이 일정 범위
항법 사용정보	연속적인 항법 가능 (관성센서 측정정보 이용)	재밍에 취약 (위성신호 이용)
계산주기	매우 빠름(약 0.005초)	상대적으로 느림(약 1초)
가격	매우 고가	상대적으로 저가

현재 지구상에는 30개의 GPS 위성이 공전 중이다. 이 중 24개의 위성이 고도 2만km에서 6개의 궤도면에 분포해 세계 어디에서, 언

제든 최소 6개 이상의 GPS 위성신호를 수신할 수 있다. 즉 GPS 기준방식은 GPS 위성에서 송출하는 위치정보를 미사일에 탑재된 GPS 수신기가 수신하여 자신의 위치와 속도를 측정하는 방법으로, 최소한 4개 이상의 인공위성이 보낸 전파를 수신해야만 자신의 위치와 속도를 정확하게 측정할 수 있다.

GPS 기준방식의 장점은 GPS 수신기를 손쉽고 저렴하게 구할 수 있다는 점과, GPS 수신기의 소형화가 쉬워 어느 곳에나 적용할 수 있다는 것이다. 다만 미사일이 GPS 신호를 수신하기만 하고 자신의 상세 정보를 제공하지 않아 미사일의 상태 정보를 얻을 수 없고, GPS 신호 교란이 쉬워 전파 방해에 취약하다는 약점이 있다. 물론 군용 GPS는 민간용보다 훨씬 정밀하며, 전파 방해에 강하지만 미국이 허용해야만 사용할 수 있다.

러시아의 글로나스(GLONASS)[48], 유럽의 갈릴레오(Galileo)[49], 중국의 바이두(Beidu[50] 북두) 등 세계 선진국들은 자국 고유의 위성항법 시스템의 구축을 위해 노력하고 있다. 대다수의 미사일은 관성유도방식과 GPS 기준방식을 함께 사용하며, GPS 수신기를 관성유도방식을 보조하기 위한 수단으로 운용한다. 따라서 GPS 교란 시에도 관성유도

48 GLONASS: Global Navigation Satellite System. 인공위성 네트워크를 이용해 지상에 있는 목표물의 위치를 정확히 추적해 내는 위성항법 시스템으로, 구소련이 미국의 GPS에 맞서 쏘아올린 것이다. 1982년 구소련이 최초의 GLONASS 위성을 발사한 이후 총 24대의 위성을 발사하여 네트워크를 구축하려 하였으나, 경제사정으로 인해 현재 8대의 위성을 운용하고 있다.

49 Galileo: 유럽 우주국이 주도하는 위성항법 시스템. 미국의 GPS와 동일한 개념으로, 고도 약 2만4천km 상공에 30기의 위성을 쏘아 올리는 대규모 위성항법 시스템 구축 계획이다.

50 Beidu: 중국이 2000년 독자 개발한 위성항법 시스템. 현재 아시아태평양 지역 위치 확인 서비스를 제공 중이며, 2020년까지 35개의 위성을 쏘아 올려 세계의 위치 확인이 가능토록 추진 중이다.

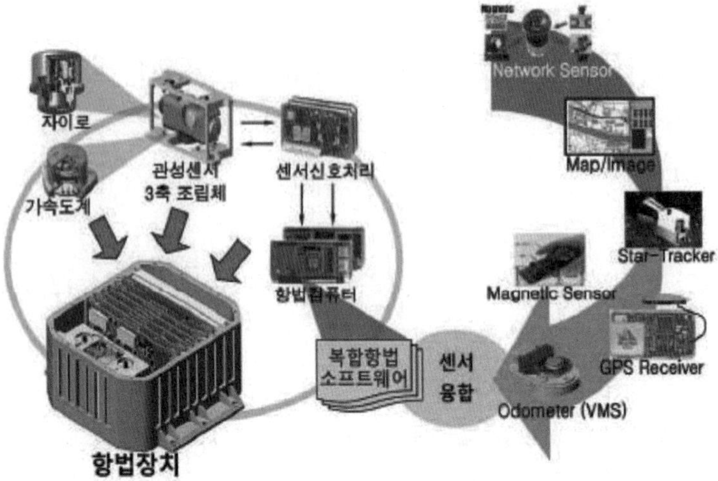

◉ 복합 항법장치 기술

를 통해 표적으로 유도되므로 오차가 크게 발생하지 않는다.

호밍(Homing)유도는 미사일에 장착되어 있는 탐색기(Seeker)를 이용하여 직접 표적을 탐지하는 유도방법이다. 미사일이 표적을 바라보는 조준선(Line of Sight)이 지속적으로 일치되도록 미사일의 경로를 갱신하는 방법으로, 표적 탐지방법에 따라 능동·반능동·수동호밍으로 분류된다. 호밍유도는 사거리에 관계없이 정밀한 유도가 가능하며 다수 표적에 대한 대응능력이 우수하다. 그러나 탐색기 성능에 따라 유도장치 회로가 복잡해 제작이 어려우며 가격이 비싼 게 단점이다. 또한 탐색기의 고유한 특성에 따라 기상에 영향을 받거나, 표적의 레이더 반사면적(RCS) 등에 의해 명중률이 저하된다.

호밍유도는 다양한 탐색기를 사용하여 표적을 탐지한다. 전파를 신호매체로 사용하는 초고주파 탐색기는 호밍유도 방식의 대표적인 탐색기이다. 이외에도 외부 광원의 도움 없이 표적 자체로부터 발생

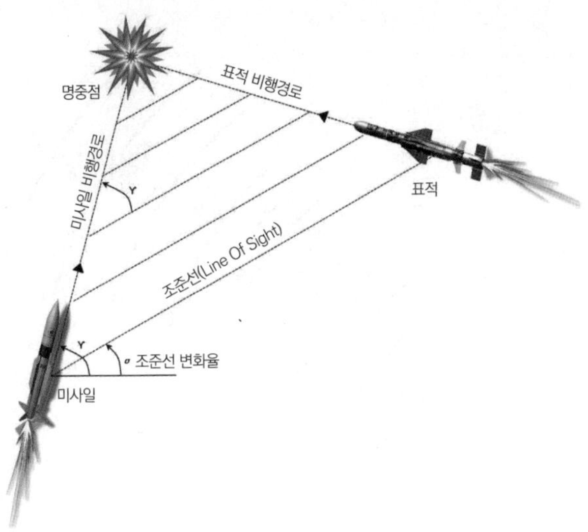

◉ 호밍유도 원리

하는 적외선을 감지해 표적 정보를 얻는 적외선 탐색기, 지상 지형도를 생성하여 표적을 탐지하는 SAR[51] 등 다양한 탐색기를 단독으로 또는 복합적으로 적용하여 명중률을 높이고 있다.

레이더 송·수신기를 탐색기로 사용할 경우 미사일과 표적의 위치와 속도를 알아내기가 용이한 반면, 표적의 이동에 따른 변화각을 얻기가 어렵다. 또 표적과 미사일의 상대 속도를 알아낼 수 없고, 빔 폭이 좁아 표적의 포착이 어렵다. 기상의 영향을 많이 받는 반면, 일단 표적을 포착하게 되면 추적 정확도가 매우 높은 장점이 있다.

51 SAR: Synthetic Aperture Radar, 합성개구 레이더. 지상 및 해양에 대해 공중에서 레이더 전파를 순차적으로 방사한 이후 전파가 굴곡면에 반사되어 돌아오는 미세한 시간차를 선착순으로 합성해 지상 지형도를 만들어내는 레이더 시스템으로 인공위성을 비롯한, 전투기, 대형정찰기, 무인기, 순항미사일 등 다양한 기체에 장착되어 사용된다.

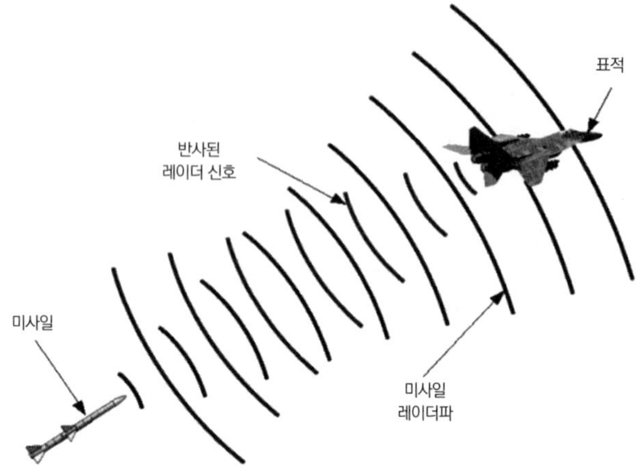

◉ 능동호밍유도

능동호밍유도는 미사일에 레이더 송·수신기 또는 레이저 탐색기를 장착하여 미사일이 표적에 인접하면 직접 전자파나 레이저를 송·수신하여 표적으로 유도된다. 능동호밍은 발사 후 망각(Fire & Forget[52]) 방식으로 표적탐지능력이 매우 높다. 전파방해에 강한 반면 탐색기 제작 기술이 복잡하고, 가격이 비싸고 중량이 크며, 표적 탐지거리가 짧은 단점이 있다.

반능동호밍은 발사 플랫폼에서 전자파를 송신하고 미사일이 반사파를 수신하여 표적으로 유도되는 방식이다. 표적과 미사일의 상대속도를 알아내기가 쉬우며, 표적 추적 정확도가 높고, 표적을 탐지할 수 있는 거리가 길다. 또한 능동형에 비해 탐색기가 단순하고 가벼워

52 Fire & Forget: 미사일이 스스로 표적에 신호를 전송, 반사되어 되돌아오는 신호를 이용하여 유도되는 형태로, 발사 이후 미사일에 대한 어떠한 조치도 없이 자동적으로 유도되기에 발사(Fire) 이후 발사플랫폼에서는 잊어버려도(Forget) 된다는 의미이다.

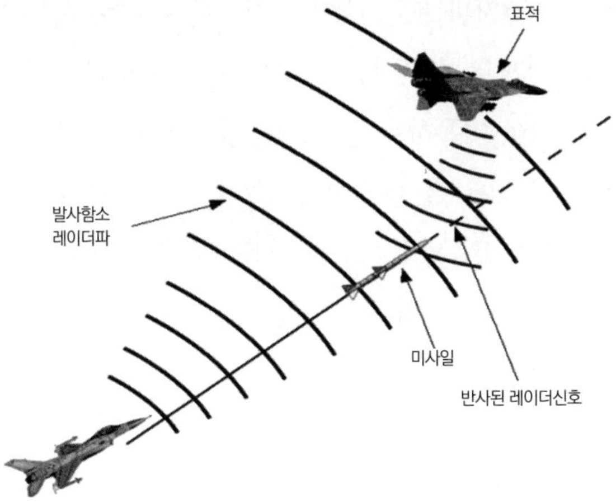

◉ 반능동호밍유도

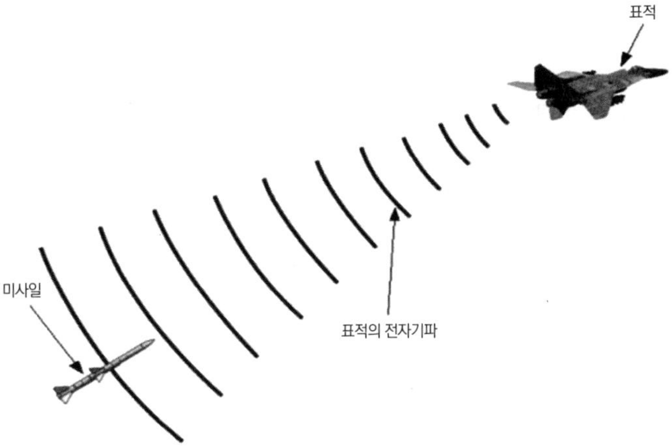

◉ 수동호밍유도

미사일의 기동성이 양호하다. 그러나 반능동호밍은 능동호밍처럼 발사 후 망각(Fire & Forget) 방식이 아니며, 발사 플랫폼에서 표적이나 미사일을 인식하지 못할 경우 미사일이 자폭하는 단점이 있다.

수동호밍은 전자파 또는 레이저 신호를 송·수신하는 것이 아니라 표적이 자체적으로 발산하는 신호를 탐지하여 유도되는 방식이다. 적외선 탐색기를 이용하여 열원을 탐지하거나, TV 카메라를 장착하여 명암 차이로 표적을 탐지한다. 수동호밍은 Fire & Forget 방식으로, 적외선 또는 TV 영상신호를 사용하므로 교란이 어려우며, 탐색기의 가격이 싸고 가벼워 제작이 용이하다. 그러나 전파나 레이저를 송신하지 않아 미사일과 표적 간의 거리를 알 수 없고, 기상에 상당히 민감한 단점이 있다.

핵전자기파(NEMP) 기술

북한의 현재 핵 소형화 수준은 직경 1m², 탑재 중량(payload) 1천kg으로 노동미사일에 탑재가 가능한 수준이다. 북한은 미 본토를 위협하기 위해 장거리 대륙간탄도미사일에 탑재하기 위한 소형화 핵실험을 꾸준히 실시할 것이다. 북한은 핵공격용으로 탄도미사일을 이용할 것이다. 특히 핵전자기 펄스(NEMP: Nuclear Elcetro-Magnetic Pulse) 공격은 인명 피해는 최소화하면서 전자장비를 마비시키며 재산상 막대한 손실을 끼치는 아주 효과적인 공격수단이 될 수 있다.

핵폭발 시 발생하는 감마선은 전체 복사선의 0.1~0.5%를 차지하며, 감마선 광양자가 대기 중으로 확산되면서 콤프턴 효과(Compton Effect[53])가 발생한다. 높은 에너지 상태의 감마선 광자가 낮은 에너지의 원자핵과 충돌하면, 원자핵보다 질량이 작은 전자가 방출된다. 방출된 전자는 감마선 광자로부터 에너지를 받아 강력한 전기장과 자기장을 형성하여 핵폭발 이전 단계의 지구 자기장을 강력하게 변동시키는 역할을 하게 된다.

이런 과정을 통하여 방출된 전자가 물결 형태의 진동운동을 통해 전자기 펄스, 즉 EMP가 발생되는 것이다. EMP는 EMP를 생성하는 매개체에 따라 핵폭발에 의해 발생하는 NEMP(Nuclear EMP)와 핵폭탄을 사용하지 않는 NNEMP(Non-Nuclear EMP)로 구분할 수 있다. NEMP는 전자파 다중 펄스로, 국제전기표준위원회(IEC, International Electro-technical Commission)에서 정의한 바와 같이 항상 E1, E2, E3 등 3개의 펄스로 구성된다.

E1 펄스는 NEMP의 효과 중에서 가장 빠른 속력의 펄스로, 전선이나 케이블을 따라 흐르는 매우 높은 고전압을 발생시키는 펄스이다. E1 펄스는 컴퓨터와 통신장치를 파괴하며, 보통 낙뢰보다 빠른 속력을 가지고 있다. 따라서 아무리 기민한 동작 특성을 가진 차폐회로를 가졌다할지라도 E1 펄스의 속력을 이길 수 없어 손상을 피하기 어렵다. E1 펄스는 대기권 상층에서 원자가 이온화(원자로부터 전자 이탈)되어 핵폭발로부터 감마선이 방출될 때 생성되며, 이를 콤프턴 효과라 한다. 방출된 전자는 빛의 속력의 90%에 육박하는 속력으로 아래쪽으로 흘러가며, 전류의 확산으로 방사되는 펄스는 폭발 지역으로부터 바깥쪽으로 흘러간다.

E2 펄스는 중성자에 의해 생성된 감마선이 산개되면서 생성되는

53 Compton Effect: 1923년 A. H. Compton이 발견한 이론. X-선이나 γ-선이 전자에 의해서 산란되고, 에너지의 일부를 잃는 현상으로, 물질에 전자파가 입사할 때 물질 속의 전자에 충돌해서 에너지를 주고, 자신은 보다 낮은 에너지의 전자파로 산란하는 현상이다. X-선이나 γ-선이 물질 속을 투과할 때 에너지를 잃고 소멸하는 원인이 된다.

펄스로, 핵폭발 중간단계인 폭발 후 1㎲~1sec 사이에 발생한다. E2 펄스는 번개에 의해 발생하는 전기 펄스와 동일한 주기와 세기를 가진 펄스이다. 그러나 번개에 의해 발생되는 E2 펄스가 핵에 의해 생성되는 E2보다 더 크고 강하다. 따라서 E2 펄스는 번개를 막아내는 기술을 사용해 방호가 가능하므로 NEMP 펄스 중에서 대응하기가 가장 쉬운 펄스이다.

E3 펄스는 E1·E2 펄스와 전혀 다른 성질의 펄스이다. 펄스라고 부를 수 없을 만큼 느린 것이 특징이고, 핵폭발 시 지구 자기장의 일시적인 균열을 발생시킨다. E3 펄스는 전력 변환기와 같은 장치에 손상을 유발하며, 전기적인 도선에 광범위한 영향을 미친다. E3 펄스는 태양의 표면 폭발에 의해 발생하는 자기폭풍[54]과 유사하기 때문에 Solar EMP로도 불린다. 지구 자기장을 벗어나 핵 폭발력을 위로 들어 올리는 역할을 한다.

고고도에서 핵폭탄이 폭발하면 다량의 감마선이 방출되는데, 방출된 감마선이 대기를 이온화함으로써 강한 전자기 펄스를 발생시킨다. 전자기 펄스는 앞서 설명한 것과 같이 짧은 전자기 펄스를 방출하는 E1, E2 성분과 수십에서 수백 초 동안 지속되는 E3 성분으로 분류된다. E1, E2 펄스는 수백ns 정도의 매우 짧은 시간만 방사되지만, 순간적인 출력은 5만V에 달할 만큼 강력한 힘을 가지고 있어 전자 장비를 무력화하기에 충분하다.

감마선은 우주 공간에서 상당히 원거리까지 이동한다. 이 고(高)에너지의 감마선이 대기권의 상층부에 도달해 충돌이 발생하면 다량의

54 자기폭풍(磁氣暴風): 지구상의 자기장(磁氣場)이 지구 전체에 걸쳐 거의 같은 시간에 크게 변동하는 현상. 태양의 흑점이나 오로라의 출현 등에 의해 발생한다.

전자를 방출하게 되고, 방출된 전자는 원래의 속력과 충돌에 의한 가속도의 상대 속력으로 지상으로 흘러간다. 핵폭발에 의한 감마선의 확산 범위는 고도에 따라 상이하다. 폭발 고도가 높아질수록 대기권 상층부에 광범위하게 수직으로 전기적인 영향을 미친다.

감마선은 지구 자기장과 상호작용하여 자기장 주변으로 소용돌이치며 상승하는 상대적인 전자를 발생시키고, 수km에서 수천km에 이르기까지 광범위하게 강한 전자파 펄스를 생성한다.

프린스턴(Princeton)대학[55]의 사무엘 글라스톤(Samuel Glasstone) 교수에 의하면 1MT 위력 이상의 High-yield에서는 0.1%, 1MT 미만의 Low-yield 위력에서는 0.5%의 감마선이 방출되는 것으로 밝혀졌다. 감마선의 양이 클수록 높은 고도에서 NEMP 효과가 좋다. 북한의 핵탄두 위력은 5~20kton으로 알려져 있다. 따라서 0.5%의 감마선이 방출된다고 가정했을 때 북한은 중국, 일본 등 주변국을 자극하지 않는 높은 고도에서 핵을 기폭시킬 확률이 높다.

1962년, 미국의 Starfish Prime test는 핵탄두의 위력과 기폭 고도가 어떤 상관관계를 가지고 있고, 감마선으로 인한 전계의 세기가 특정 고도에서 최대가 됨을 예측할 수 있는 결정적인 계기가 되었다. EMP 효과의 성능과 지속성도 동시에 확인할 수 있었다.

구소련 역시 NEMP 무기의 개발에 발 빠르게 뛰어들었다. 1962년 10월 22일 새벽 3시 41분, 구소련은 군사시설에 대한 EMP 공격의 효과를 검증하기 위해 Kapustin Yar 시험장에서 그들의 IRBM인 R-12를 발사하였다. 'Test 184'라는 실험명으로 진행된 고고도 핵폭

55 미국 New Jersey주 소재의 대학. 1746년 창립된 Ivy League 대학의 하나.

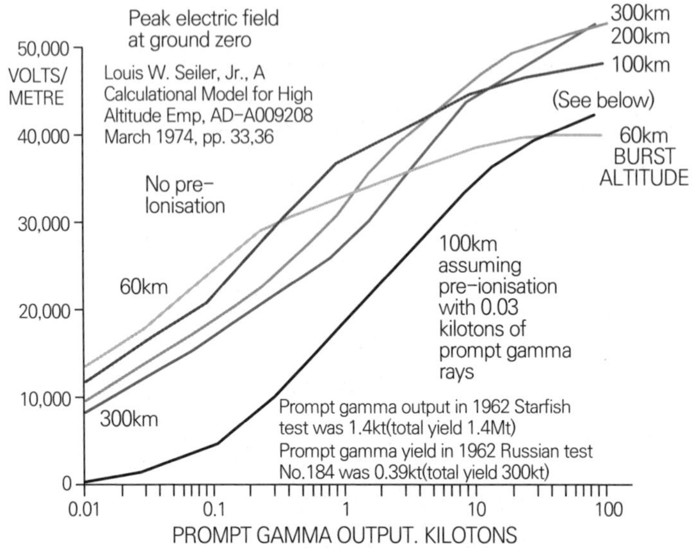

◉ 감마선 방출량에 따라 NEMP 효과를 극대화하기 위한 최적 기폭 고도

발 실험에서 구소련은 카자흐스탄으로부터 30마일 떨어진 구소련의 국경 인근, 고도 290km 상공에서 300KT 위력의 열핵폭탄을 폭발시켰다.

위의 그림은 감마선 방출량에 따라 NEMP 효과를 극대화하기 위한 최적 기폭 고도를 나타낸다. 북한의 핵 탄도미사일의 감마량을 0.5%로 가정했을 때 NEMP 효과가 가장 큰 기폭고도는 100km이다.

오른쪽 그림에서도 알 수 있듯이 핵탄두의 위력에 따라 감마선의 방출량이 달라진다. 핵폭발의 규모를 100KT으로 가정했을 때, 기폭고도 100~150km 사이에서 전계의 세기가 60KV/m 이상으로 가장 높은 세기를 보였다. 이는 초소형 반도체 소자를 사용하는 노트북 컴퓨터를 물리적으로 파괴할 수 있는 위력의 강도이며, 거의 대부분 전

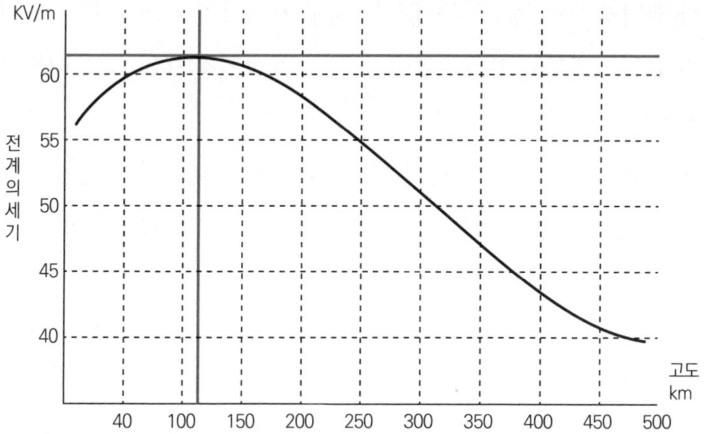

◉ 핵폭탄 기폭 고도 vs 전계의 세기

구분	PDA	노트북	휴대폰	라디오	마이크로프로세서
Hard Kill	-	55kV/m	82kV/m	80kV/m	82kV/m
Soft Kill	5.4kV/m	6kV/m	35kV/m	35kV/m	50kV/m

국방과학연구소, "EMP와 표적의 결합기구 해석 공동시험(1)", 2002

자장치의 기능을 파괴할 수 있는 위력이다.

감마선 방출에 의한 영향력은 지구 자기장에 따라 다르게 형성된다. 핵무기에 의해 발생하는 전형적인 감마선은 약 2MeV(Mega-electron Volts)에 도달한다. 감마선은 방출된 자유전자를 통해 절반 정도의 에너지인 약 1MeV를 전송하며, 진공이나 지구 자기장이 거의 없는 구간에서 자유전자는 1m^2당 10A의 밀도로 흘러간다.

이는 높은 고도에서 지구 자기장의 기울기가 아래쪽으로 형성되기 때문이다. 자기장이 강하게 발생하는 구역은 핵폭발이 발생한 지점의 위도 중심에서 U-자 형태로 넓게 분포된다. 마찬가지로 자기장이 약하게 발생하는 적도부근에서는 지구 자기장이 거의 수평으로 형성되기에, E1 필드는 U-자 형태가 아닌 폭발지점에서 좌우 대칭으로 생성된다.

아래 그림에서 보는 것과 같이, 미 대륙의 중부지역 상공에서 핵폭발이 발생하면, 감마선의 영향권은 폭발지점인 'Sky Zero'의 남쪽 방향으로 U-자 형태를 띠며 광범위하게 형성된다. 폭발 원점에서는 약 5KV/m 정도로 낮은 전계의 세기를 띠다가 서서히 범위가 넓어질수록 전계의 세기가 강해진다. 특히 지구 자기장과의 충돌로 인해 U-자 형태로 37.5KV/m 이상의 강한 전계가 광범위하게 형성되어 피해를 발생시킨다. 인류에 치명적인 위협인 NEMP 효과의 이미지를 'Smile Diagram'이라 부른다. 아래 그림처럼 U-자 형태의 위성 이미지가 마치 사람이 웃는 모습처럼 보인다고 해서 이름 붙였다니, 참으로 아이러니한 일이 아닐 수 없다.

전자의 나선형 운동으로 인한 지구 자기장의 충돌은 매우 빠른 속도로 에너지를 충전하게 된다. 대략 5ns 정도면 최대 에너지를 얻으며, 200ns에 이르면 최대 에너지의 절반 정도로 에너지가 급격하게 감쇠되고, 1㎲가 지나면 소멸된다. 지상에 도달하기 전에 2차 충돌이

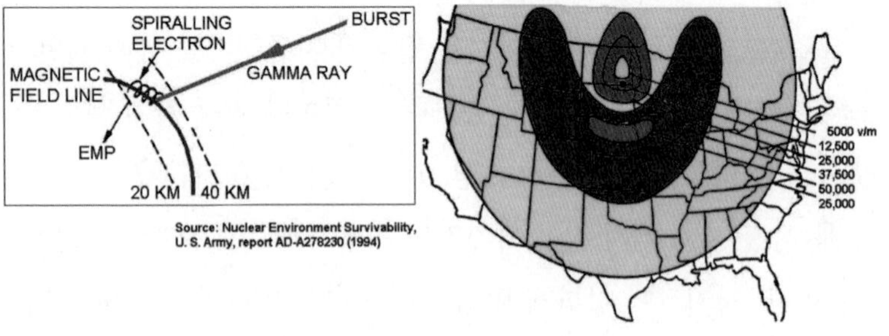

◉ 미 본토에 대한 고고도 NEMP 시뮬레이션

발생하며, 2차 충돌로 인해 에너지를 잃은 전자가 생성된다. 생성된 전자는 E1 펄스의 에너지를 감소시킨다.

E1 펄스의 세기는 기폭 고도와 감마선의 속도·밀도에 따라 달라진다. 2MeV 감마선은 성층권 중앙 정도의 특정 고도에서 50KV/m의 전계 세기를 가진 E1 펄스를 생성하며, 이는 약 6.6MW/m^2의 최대 출력을 갖는다. 핵폭발에 의해 전계의 세기가 50KV/m를 상회하는 핵무기를 'super-EMP'로 분류한다. 1960년대에 개발된 2세대 핵무기에 의해 생성되는 super-EMP는 보다 높은 감마선을 순식간에 방출한다.

가장 현실적이고 손쉽게 EMP를 무기화하기 위한 방법은 바로 핵을 이용하는 것이다. 핵탄두는 폭발만으로 다량의 감마선을 방출하기에 EMP로 공격효과를 얻기가 용이하다. 대다수의 핵무기 보유국들이 핵 개발 이후 EMP 노하우를 얻는 것 또한 그 때문이다. 그러나 핵탄두의 폭발력을 줄이고, EMP의 효과를 극대화하기 위해선 고도의 기술을 필요로 한다.

EMP는 80km 이상의 고도에서 기폭 시 폭발력에 의한 폭풍이나 방사능, 낙진 등의 물리적인 영향력이 지상에 거의 발생하지 않기에 민간인 살상에 대한 국제적인 비난을 면할 수 있다.

북한의 NEMP 기술에 관해서는 폴란드로부터 기술력을 도입했을 것이라는 의혹이 제기된 바 있다. 핵기술과 EMP 기술은 많은 연관성을 가지고 있다. 그동안의 세계 핵무기 개발사에서도 알 수 있듯이 핵폭탄을 먼저 개발한 뒤 NEMP 무기의 개발을 성공한 사례에 비추어 볼 때, 북한이 구소련 붕괴 후 이주한 핵 기술자의 도움으로 NEMP 개발에 성공했을 것이라는 추정은 타당해 보인다.

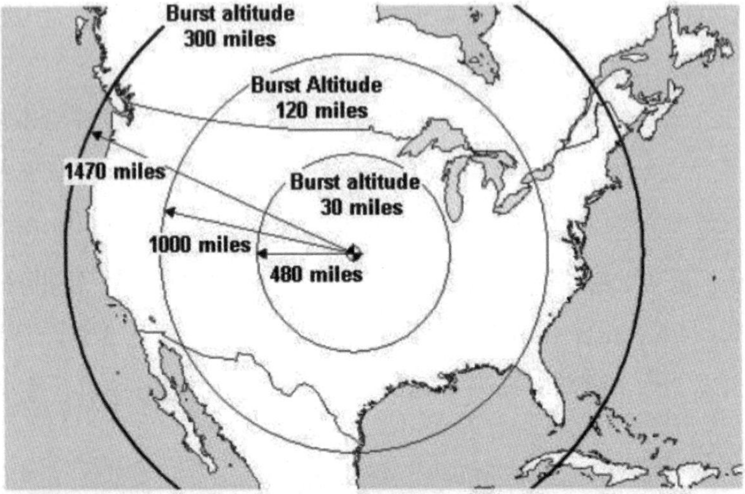

EMP AREA BY BURSTS AT 30, 120 and 300 MILES

Gary Smith, "Electromagnetic Pulse Threats", testimony to House National Security Committee on July 16, 1997

◉ 기폭 고도에 따른 피해 범위

2006년 7월 5일, 북한이 최대사거리 6천km인 대포동 2호의 발사에 성공했다. 같은 해 10월 9일에 풍계리 핵 실험장에서 1차 핵실험에 성공하자 미국은 시뮬레이션을 통해 북한의 위협에 대하여 다각도로 분석하기 시작했다. 특히 시뮬레이션을 통해 북한 NEMP 위협에 대한 미 본토의 피해 규모를 계산했다.[56]

시뮬레이션에서 북한의 NEMP 공격 대상 지역은 미 동부의 워싱턴 D.C와 메릴랜드 주의 볼티모어, 버지니아 주의 리치몬드 등 세

56 2007년, 미국의 'The Sage Policy Group'은 'Initial Economic Assessment of EMP Impact upon the Baltimore-Washington D.C.-Richmond Region'이라는 제목으로 북한의 Low-yield급 핵탄두의 고고도 NEMP 공격에 대한 시뮬레이션을 실시했다.

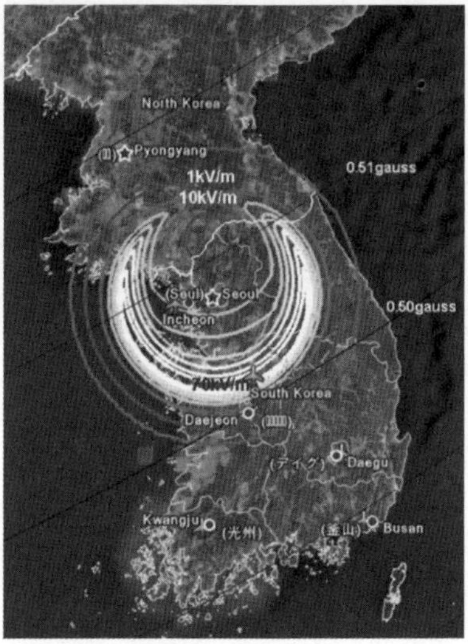

◉ 한반도의 NEMP 피해 범위

곳을 선정했다. 시뮬레이션 결과 고고도 NEMP 공격에 따른 피해 규모는 경제적 피해액이 미국 GDP의 약 7%인 860여 조 원에 이르렀다. 또한 전력의 70% 이상이 차단되며, 지휘통제 체계와 통신 체계의 50% 이상이 기능을 상실하는 것으로 나타났다. 그러나 무엇보다도 돌이키기 어려운 재앙은 피해 복구에 소요되는 기간이었다. 원상복구에 소요되는 기간이 전력 시스템 66개월, 통신체계 54개월, 지휘통제 시스템의 복구에 20개월이 소요되는 것으로 나타났다.

위 그림은 10KT 위력의 북한 핵탄두가 38선 상공 100km에서 폭발하였을 때 발생하는 NEMP의 이미지를 시뮬레이션한 것이다. 핵탄두는 38선 상공, 북한의 영공에서 폭발했고 자기장 세기가 남쪽으로 갈수록 약해져 감마선이 서울을 포함하여 대전까지 넓게 분포되어 있다. 특히 대전 지역은 전계의 세기가 70KV/m에 이르러 모든 전기·전자시스템을 Soft Kill 할 수 있을 만큼 강력한 감마선이 형성되어 있다. 그럼에도 38선 이북에는 1~10KV/m 정도로 감마선이 약하게 분포되어 전자파 펄스에 의한 피해가 거의 없는 것으로 나타났다.

부록

부록 1. 순항미사일 보유 현황

Nation	Designation	Class	Payload(kg)	Range(km)	Status
Algeria	3M54E Klub	Supersonic	Single(500)	200~660	운용 중
	YJ-22	Subsonic	Single(165)	500	운용 중
	Kh-35(Switchblade)	Subsonic	Single(145)	130	운용 중
	RBS-15	Subsonic	Single(200)	250	운용 중
	P-6 Shaddock	Transonic	Single(1,000)	450/750	운용 중
	P-15 Styx	Subsonic	Single(454)	45~100	운용 중
Angola	P-15 Styx	Subsonic	Single(454)	45~100	운용 중
Argentina	Exocet(Flying Fish)	Subsonic	Single(165)	70~180	운용 중
Armenia	P-6 Shaddock	Transonic	Single(1,000)	450/750	운용 중
Australia	AGM-158A/ -B JASSM/-ER	Subsonic	Single(450)	360/900	운용 중
	AGM-84 Harpoon	Subsonic	Single(221)	124	운용 중
	AGM-88 HARM	Transonic	Single(68)	130	운용 중
Azerbaijan	P-6 Shaddock	Transonic	Single(1,000)	450/750	운용 중
	P-15 Styx	Subsonic	Single(454)	45~100	운용 중
	Kh-35(Switchblade)	Subsonic	Single(145)	130	운용 중
Bangladesh	YJ-22	Subsonic	Single(165)	500	운용 중
	P-15 Styx	Subsonic	Single(454)	45~100	운용 중
	HY-1 Safflower(Silkworm)	Subsonic	Single(513)	85	운용 중
	Otomat	Subsonic	Single(210)	180	운용 중
Belgium	AGM-84 Harpoon	Subsonic	Single(221)	124	운용 중
Brazil	AV-TM 300	Subsonic	Single(200)	300	개발 중

Nation	Designation	Class	Payload(kg)	Range(km)	Status
Brazil	Mansup(AV-RE40)	Subsonic	-	180	개발 중
	Exocet(Flying Fish)	Subsonic	Single(165)	70~180	운용 중
	AGM-84 Harpoon	Subsonic	Single(221)	124	운용 중
Brunei	Exocet(Flying Fish)	Subsonic	Single(165)	70~180	운용 중
Bulgaria	Exocet(Flying Fish)	Subsonic	Single(165)	70~180	운용 중
	P-6 Shaddock	Transonic	Single(1,000)	450/750	운용 중
	P-15 Styx	Subsonic	Single(454)	45~100	운용 중
Cameroon	Exocet(Flying Fish)	Subsonic	Single(165)	70~180	운용 중
Canada	AGM-84 Harpoon	Subsonic	Single(221)	124	운용 중
Chile	Exocet(Flying Fish)	Subsonic	Single(165)	70~180	운용 중
	Sea eagle	Supersonic	Single(230)	110	운용 중
	AGM-84 Harpoon	Subsonic	Single(221)	124	운용 중
Colombia	Exocet(Flying Fish)	Subsonic	Single(165)	70~180	운용 중
Croatia	RBS-15	Subsonic	Single(200)	250	운용 중
Cuba	P-15 Styx	Subsonic	Single(454)	45~100	운용 중
	HY-1 Safflower(Silkworm)	Subsonic	Single(513)	85	운용 중
	Samlet(SSC-2)	Subsonic	Single(600)	90	운용 중
Cyprus	Exocet(Flying Fish)	Subsonic	Single(165)	70~180	운용 중
Denmark	AGM-84 Harpoon	Subsonic	Single(221)	124	운용 중
Ecuador	Exocet(Flying Fish)	Subsonic	Single(165)	70~180	운용 중
Egypt	Exocet(Flying Fish)	Subsonic	Single(165)	70~180	운용 중
	SCALP EG/Storm Shadow	Subsonic	Single(400)	250~400	배치예정
	AGM-88 HARM	Transonic	Single(68)	130	운용 중

Nation	Designation	Class	Payload(kg)	Range(km)	Status
Egypt	AGM-84 Harpoon	Subsonic	Single(221)	124	운용 중
	P-15 Styx	Subsonic	Single(454)	45~100	운용 중
	P-270 Moskit(Sunburn)	Supersonic	Single(320)	160	운용 중
	HY-1 Safflower(Silkworm)	Subsonic	Single(513)	85	운용 중
	Samlet(SSC-2)	Subsonic	Single(600)	90	운용 중
	Otomat	Subsonic	Single(210)	180	운용 중
Finland	AGM-158A/ -B JASSM/-ER	Subsonic	Single(450)	360/900	운용 중
	RBS-15	Subsonic	Single(200)	250	운용 중
	P-15 Styx	Subsonic	Single(454)	45~100	운용 중
France	APACHE AP	Subsonic	Single(560)	140	운용 중
	ASMP/-A	Supersonic	Single(200)	300	운용 중
	SCALP EG/Storm Shadow	Subsonic	Single(400)	250~400	운용 중
	SCALP Naval/MdCN	Transonic	Single(300)	1,000/1,400	개발 중
	Exocet(Flying Fish)	Transonic	Single(165)	70~180	운용 중
	Preseus(CVS 401)	Supersonic	Single(200)	300	개발 중
	Meteor	Supersonic	-	100~300	개발 중
Georgia	P-6 Shaddock	Transonic	Single(1,000)	450/750	운용 중
Germany	Taurus KFPD 350	Subsonic	Single(450)	500	운용 중
	V-1 Flying Bomb	Subsonic	Single(900)	285	폐기
	Exocet(Flying Fish)	Subsonic	Single(165)	70~180	운용 중
	RBS-15	Subsonic	Single(200)	250	운용 중
	AGM-84 Harpoon	Subsonic	Single(221)	124	운용 중

Nation	Designation	Class	Payload(kg)	Range(km)	Status
Germany	P-15 Styx	Subsonic	Single(454)	45~100	운용 중
	AGM-88 HARM	Transonic	Single(68)	130	운용 중
Greece	SCALP EG/Storm Shadow	Subsonic	Single(400)	250~400	운용 중
	Exocet(Flying Fish)	Subsonic	Single(165)	70~180	운용 중
	HSC-1 Makedon	Subsonic	-	500	운용 중
	AGM-84 Harpoon	Subsonic	Single(221)	124	운용 중
	AGM-88 HARM	Transonic	Single(68)	130	운용 중
Indonesia	Exocet(Flying Fish)	Subsonic	Single(165)	70~180	운용 중
	YJ-22	Subsonic	Single(165)	500	운용 중
	P-6 Shaddock	Transonic	Single(1,000)	450/750	운용 중
	P-15 Styx	Subsonic	Single(454)	45~100	운용 중
	P-800 Oniks(Yakhont)	Supersonic	Single(250)	600	운용 중
	Samlet(SSC-2)	Subsonic	Single(600)	90	운용 중
Iran	Meshkat	-	-	2,000	개발 중
	YJ-22	Subsonic	Single(165)	500	운용 중
	Ra'ad	Subsonic	-	150	운용 중
	3M54E Klub	Supersonic	Single(500)	200~660	운용 중
	Exocet(Flying Fish)	Subsonic	Single(165)	70~180	운용 중
	Noor	Subsonic	-	30~170	운용 중
	AGM-84 Harpoon	Subsonic	Single(221)	124	운용 중
	P-6 Shaddock	Transonic	Single(1,000)	450/750	운용 중
	P-15 Styx	Subsonic	Single(454)	45~100	운용 중
	Kh-35(Switchblade)	Subsonic	Single(145)	130	운용 중

Nation	Designation	Class	Payload(kg)	Range(km)	Status
Iran	P-270 Moskit(Sunburn)	Supersonic	Single(320)	160	운용 중
	HY-1 Safflower(Silkworm)	Subsonic	Single(513)	85	운용 중
Iraq	Ababil	Subsonic	-	500	폐기
	HY-1 Safflower(Silkworm)	Subsonic	Single(513)	85	운용 중
	Otomat	Subsonic	Single(210)	180	운용 중
Israel	Delilah	Subsonic	Single(30)	250~400	운용 중
	AGM-84 Harpoon	Subsonic	Single(221)	124	운용 중
	AGM-88 HARM	Transonic	Single(68)	130	운용 중
Italy	SCALP EG/Storm Shadow	Subsonic	Single(400)	170	운용 중
	AGM-88 HARM	Transonic	Single(68)	130	운용 중
	Otomat	Subsonic	Single(210)	180	운용 중
Japan	ASM-1/-1C/-2	Subsonic	Single(150)	250~400	운용 중
	AGM-84 Harpoon	Subsonic	Single(221)	124	운용 중
Kenya	Otomat	Subsonic	Single(210)	180	운용 중
Kuwait	Exocet(Flying Fish)	Subsonic	Single(165)	70~180	운용 중
	AGM-88 HARM	Transonic	Single(68)	130	운용 중
India	BrahMos-I	Supersonic	SSM300/ ASM200	SSM300/ ASM500	운용 중
	BrahMos-II	Hypersonic	-	-	개발 중
	Shaurya	Hypersonic	Single(1000)	700	운용 중
	Nirbhay	Subsonic	Single(450)	800~1,000	개발 중
	Ya-Ali	Subsonic	-	700	운용 중
	Exocet(Flying Fish)	Subsonic	Single(165)	70~180	운용 중

Nation	Designation	Class	Payload(kg)	Range(km)	Status
India	3M54E Klub	Supersonic	Single(500)	200~660	운용 중
	Kh-35(Switchblade)	Subsonic	Single(145)	130	운용 중
	Sea eagle	Supersonic	Single(230)	110	운용 중
	AGM-84 Harpoon	Subsonic	Single(221)	124	운용 중
	P-70 Ametist(Starbright)	Subsonic	Single(530)	65	운용 중
	P-6 Shaddock	Transonic	Single(1,000)	450/750	운용 중
	P-15 Styx	Subsonic	Single(454)	45~100	운용 중
	P-270 Moskit(Sunburn)	Supersonic	Single(320)	160	운용 중
libya	Exocet(Flying Fish)	Subsonic	Single(165)	70~180	운용 중
	P-15 Styx	Subsonic	Single(454)	45~100	운용 중
	Otomat	Subsonic	Single(210)	180	운용 중
Malaysia	Naval Strike Missile	Transonic	Single(125)	185~290	운용 중
	Exocet(Flying Fish)	Subsonic	Single(165)	70~180	운용 중
	AGM-84 Harpoon	Subsonic	Single(221)	124	운용 중
	Otomat	Subsonic	Single(210)	180	운용 중
Mexico	AGM-84 Harpoon	Subsonic	Single(221)	124	운용 중
Morocco	Exocet(Flying Fish)	Subsonic	Single(165)	70~180	운용 중
	AGM-88 HARM	Transonic	Single(68)	130	운용 중
Myanmar	YJ-22	Subsonic	Single(165)	500	운용 중
	Kh-35(Switchblade)	Subsonic	Single(145)	130	운용 중
	P-6 Shaddock	Transonic	Single(1,000)	450/750	운용 중
	HY-1 Safflower(Silkworm)	Subsonic	Single(513)	85	운용 중
Netherlands	AGM-84 Harpoon	Subsonic	Single(221)	124	운용 중

Nation	Designation	Class	Payload(kg)	Range(km)	Status
Nigeria	Otomat	Subsonic	Single(210)	180	운용 중
North Korea	YJ-22(C-802)	Subsonic	Single(165)	500	운용 중
	KN-01	Subsonic	Single(500)	160	운용 중
	KN-09(Kh-35)	Subsonic	Single(145)	130	운용 중
	P-120 Malakhit(Siren)	Subsonic	Single(840)	70~150	운용 중
	P-70 Ametist(Starbright)	Subsonic	Single(530)	65	운용 중
	P-6 Shaddock	Transonic	Single(1,000)	450/750	운용 중
	P-15 Styx	Subsonic	Single(454)	45~100	운용 중
	Samlet(SSC-2)	Subsonic	Single(600)	90	운용 중
	HY-1 Safflower(Silkworm)	Subsonic	Single(513)	85	운용 중
	HY-2 Seesucker	Subsonic	Single(513)	200	운용 중
	P-270 Moskit(Sunburn)	Supersonic	Single(320)	160	미식별
Norway	Naval Strike Missile	Transonic	Single(125)	185~290	운용 중
Oman	Exocet(Flying Fish)	Subsonic	Single(165)	70~180	운용 중
Pakistan	Haft 7 Babur	Subsonic	10kt/35kt	750	운용 중
	Haft 8 Ra'ad	Subsonic	10kt/35kt	350	운용 중
	YJ-22	Subsonic	Single(165)	500	운용 중
	Exocet(Flying Fish)	Subsonic	Single(165)	70~180	운용 중
	AGM-84 Harpoon	Subsonic	Single(221)	124	운용 중
	HY-1 Safflower(Silkworm)	Subsonic	Single(513)	85	운용 중
	AGM-88 HARM	Transonic	Single(68)	130	운용 중
	Zarb	Transonic	Single(480)	300	개발 중
Peru	Exocet(Flying Fish)	Subsonic	Single(165)	70~180	운용 중

Nation	Designation	Class	Payload(kg)	Range(km)	Status
Peru	Otomat	Subsonic	Single(210)	180	운용 중
People's Republic of China	HN-1/-2/-3/-2000	Subsonic	Nuclear	600~3,000	운용 중
	Republic	Subsonic	Single(513)	150	운용 중
	of China	Subsonic	Single(365)	130	운용 중
	HY-1 Safflower(Silkworm)	Subsonic	Single(513)	85	운용 중
	HY-2 Seesucker	Subsonic	Single(513)	200	운용 중
	HY-3 Sawhouse	Supersonic	Single(500)	180	운용 중
	HY-4 Sadsack	Subsonic	-	300~500	운용 중
	YJ-12	Supersonic	Single(500)	250~400	운용 중
	YJ-18	Supersonic	Single(140)	540	운용 중
	YJ-22(C-802)	Subsonic	Single(165)	500	운용 중
	YJ-62	Subsonic	Single(210)	280 이상	운용 중
	YJ-63	Subsonic	Single(500)	200	운용 중
	YJ-83	Subsonic	Single(190)	180	운용 중
	YJ-91	Supersonic	Single(165)	-	운용 중
	Changfeng 1/2	Subsonic	10kt	400/800	운용 중
	CJ-10(Kh-55)	Subsonic	Nuclear	2,500	운용 중
	P-6 Shaddock	Transonic	Single(1,000)	450/750	운용 중
	P-15 Styx	Subsonic	Single(454)	45~100	운용 중
	P-270 Moskit(Sunburn)	Supersonic	Single(320)	160	운용 중
Philippine	P-15 Styx	Subsonic	Single(454)	45~100	운용 중
Poland	Naval Strike Missile	Transonic	Single(125)	185~290	운용 중
	RBS-15	Subsonic	Single(200)	250	운용 중

Nation	Designation	Class	Payload(kg)	Range(km)	Status
Poland	AGM-84 Harpoon	Subsonic	Single(221)	124	운용 중
	P-6 Shaddock	Transonic	Single(1,000)	450/750	운용 중
	P-15 Styx	Subsonic	Single(454)	45~100	운용 중
	AGM-158A/ -B JASSM/-ER	Subsonic	Single(450)	360/900	운용 중
Portugal	AGM-84 Harpoon	Subsonic	Single(221)	124	운용 중
Qatar	SCALP EG/Storm Shadow	Subsonic	Single(400)	250~400	배치예정
Romania	P-6 Shaddock	Transonic	Single(1,000)	450/750	운용 중
	P-15 Styx	Subsonic	Single(454)	45~100	운용 중
Russia	3M-14AE	Subsonic	-	10,000	개발 중
	3M51 Alfa	-	Single(300)	8,000	미식별
	3M54E Klub	Supersonic	Single(500)	200~660	운용 중
	BrahMos	Supersonic	SSM (300) ASM (200)	SSM 300 ASM 500	운용 중
	Kh-101/-102	Subsonic	Single(400)	2,000~3,000	개발 중
	Kh-55/-55SM /-555/-65SE	Subsonic	Single(410)	2,500	운용 중
	Kh-35(Switchblade)	Subsonic	Single(145)	130	운용 중
	KH-90(AS-X-19)	Supersonic	Single(450)	3,000	취소
	Meteorit	-	-	5,000	취소
	RK-55(SS-N-21)	Subsonic	Single	Submarine 2,400 Ground 3,000	운용 중

Nation	Designation	Class	Payload(kg)	Range(km)	Status
Russia	P-120 Malakhit(Siren)	Subsonic	Single(840)	70~150	운용 중
	P-70 Ametist(Starbright)	Subsonic	Single(530)	65	운용 중
	P-35 Progress(Sepal)	Transonic	Single(0)	750	운용 중
	P-6 Shaddock	Transonic	Single(1,000)	450	운용 중
	P-15 Styx	Subsonic	Single(454)	45~100	운용 중
	P-800 Oniks(Yakhont)	Supersonic	Single(250)	600	운용 중
	P-270 Moskit(Sunburn)	Supersonic	Single(320)	160	운용 중
	P-700 Granit(Shipwreck)	Supersonic	500kt(750)	625	운용 중
	P-500 Bazalt(Sandbox)	Supersonic	350kt(1,000)	550	운용 중
Saudi Arabia	SCALP EG/Storm Shadow	Subsonic	Single(400)	250~400	배치예정
	AGM-88 HARM	Transonic	Single(68)	130	운용 중
	Sea eagle	Supersonic	Single(230)	110	운용 중
	AGM-84 Harpoon	Subsonic	Single(221)	124	운용 중
	Otomat	Subsonic	Single(210)	180	운용 중
Singapore	AGM-84 Harpoon	Subsonic	Single(221)	124	운용 중
Somalia	P-15 Styx	Subsonic	Single(454)	45~100	운용 중
South Africa	MUPSOW/Torgos	Subsonic	Single(500)	300	미식별
	Exocet(Flying Fish)	Subsonic	Single(165)	70~180	운용 중
South KOREA	Hyon-mu 3	Subsonic	Single(450)	500~1,500	운용 중
	Taurus KFPD 350	Subsonic	Single(450)	500	운용 중
	Hae-sung	Subsonic	-	150	운용 중
	Exocet(Flying Fish)	Subsonic	Single(165)	70~180	운용 중
	AGM-84 Harpoon	Subsonic	Single(221)	124	운용 중

Nation	Designation	Class	Payload(kg)	Range(km)	Status
Sri lanka	P-15 Styx	Subsonic	Single(454)	45~100	운용 중
Spain	Taurus KFPD 350	Subsonic	Single(450)	500	운용 중
	AGM-84 Harpoon	Subsonic	Single(221)	124	운용 중
	AGM-88 HARM	Transonic	Single(68)	130	운용 중
Sudan	HY-1 Safflower(Silkworm)	Subsonic	Single(513)	85	운용 중
Sweden	RBS-15	Subsonic	Single(200)	250	운용 중
Syria	YJ-22	Subsonic	Single(165)	500	운용 중
	Noor	Subsonic	-	30~170	운용 중
	P-6 Shaddock	Transonic	Single(1,000)	450/750	운용 중
	P-15 Styx	Subsonic	Single(454)	45~100	운용 중
	P-800 Oniks(Yakhont)	Supersonic	Single(250)	600	운용 중
Thailand	Exocet(Flying Fish)	Subsonic	Single(165)	70~180	운용 중
	YJ-22	Subsonic	Single(165)	500	운용 중
	RBS-15	Subsonic	Single(200)	250	운용 중
	AGM-84 Harpoon	Subsonic	Single(221)	124	운용 중
Taiwan	Hsiung Feng 1/2/3	Subsonic	Single(150)	40~200	폐기
	Hsiung Feng IIE	Subsonic	Single(200)	600~1,000	미식별
	Wan Chien	Subsonic	Single(350)	240	개발 중
	Yunfeng	Supersonic	-	15,000	개발 중
	AGM-84 Harpoon	Subsonic	Single(221)	124	운용 중
	AGM-88 HARM	Transonic	Single(68)	130	운용 중
Tunisia	Exocet(Flying Fish)	Subsonic	Single(165)	70~180	운용 중
Turkey	Exocet(Flying Fish)	Subsonic	Single(165)	70~180	운용 중

Nation	Designation	Class	Payload(kg)	Range(km)	Status
Turkey	SOM	Subsonic	Single(230)	250	운용 중
	AGM-84 Harpoon	Subsonic	Single(221)	124	운용 중
	AGM-88 HARM	Transonic	Single(68)	130	운용 중
Ukraine	P-6 Shaddock	Transonic	Single(1,000)	450/750	운용 중
United Arab Emirates	SCALP EG/Storm Shadow	Subsonic	Single(400)	250~400	운용 중
	AGM-88 HARM	Transonic	Single(68)	130	운용 중
	Exocet(Flying Fish)	Subsonic	Single(165)	70~180	운용 중
	AGM-84 Harpoon	Subsonic	Single(221)	124	운용 중
	HY-1 Safflower(Silkworm)	Subsonic	Single(513)	85	운용 중
United Kingdom	JSSCM/SHOC	Supersonic	Single(140)	540~720	미식별
	Sea eagle	Supersonic	Single(230)	110	운용 중
	SCALP EG/Storm Shadow	Subsonic	Single(400)	250~400	운용 중
	Tomahawk Variants	Subsonic	Single(450)	1,600	운용 중
	Preseus(CVS 401)	Supersonic	Single(200)	300	개발 중
	Meteor	Supersonic	-	100~300	개발 중
	AGM-84 Harpoon	Subsonic	Single(221)	124	운용 중
United States	AGM-129 ACM	Subsonic	W80	3,400	운용 중
	AGM-158A/ -B JASSM/-ER	Subsonic	Single(450)	360/900	운용 중
	AGM-84 Harpoon	Subsonic	Single(221)	124	운용 중
	AGM-86 ALCM	Subsonic	W80	2,500/1,200	운용 중
	AGM-88 HARM	Transonic	Single(68)	130	운용 중
	BGM-109G Gryphon	Subsonic	Nuclear	2,500	폐기

Nation	Designation	Class	Payload(kg)	Range(km)	Status
United States	HyFly	-	Single(120)	1,100~1,500	폐기
	JSSCM/SHOC	Supersonic	Single(140)	540~720	미식별
	LCMCM	-	-	1,600	미식별
United States	Matador/Mace	Subsonic	Single(1,360)	1,000/2,000	폐기
	RATTLRS	Supersonic	-	250~1,000	미식별
	SM-62A Snark	Subsonic	-	8,800	폐기
	SMACM	-	-	370~460	미식별
	SSM-N-8/-9 Regulus	Subsonic	Single(1,200)	740	폐기
	Tomahawk Variants	Subsonic	Single(450)	1,600	운용 중
Uruguay	Exocet(Flying Fish)	Subsonic	Single(165)	70~180	운용 중
Venezuela	Otomat	Subsonic	Single(210)	180	운용 중
Vietnam	Exocet(Flying Fish)	Subsonic	Single(165)	70~180	운용 중
	3M54E Klub	Supersonic	Single(500)	200~660	운용 중
	Kh-35(Switchblade)	Subsonic	Single(145)	130	운용 중
	P-6 Shaddock	Transonic	Single(1,000)	450/750	운용 중
	P-15 Styx	Subsonic	Single(454)	45~100	운용 중
	P-800 Oniks(Yakhont)	Supersonic	Single(250)	600	운용 중
	P-270 Moskit(Sunburn)	Supersonic	Single(320)	160	운용 중
Yemen	P-15 Styx	Subsonic	Single(454)	45~100	운용 중

세계 순항미사일 보유현황

Arms Control Association(MDA) 2014

부록 2. 탄도미사일 보유현황

Nation	Designation	Class	Payload(kg)	Range(km)	Status
Afghanistan	R-11/17(SS-1 Scud)	SRBM	Single(600)	190	운용 중
	R-65 (Frog-7)	SRBM	Single(200~457)	68	운용 중
Algeria	R-65 (Frog-7)	SRBM	Single	68	운용 중
Angola	R-65 (Frog-7)	SRBM	Single	68	운용 중
Argentina	Alacran	MRBM	Single(400)	150	도태
	Condor 2	IRBM	Single(450)	1,000 추정	미식별
Armenia	OTR-21A/B(SS-21)	SRBM	Single(482)	70	운용 중
	R-11/17(SS-1 Scud)	SRBM	Single(600)	190	운용 중
Azerbaijan	R-11/17(SS-1 Scud)	SRBM	Single(600)	190	폐기
Bahrain	MGM-140(164/168) ATACMS	SRBM	Single(560)	165	운용 중
Belarus	OTR-21A/B(SS-21)	SRBM	Single(482)	70	운용 중
Brazil	MB/EE	MRBM	Single(500)	150~1,000	폐기
	SS-300(600/1000)	MRBM ASBM	Single(600)	300~1,000	폐기
Cuba	R-65 (Frog-7)	IRBM	Single(200~457)	68	운용 중
Egypt	Condor 2	IRBM	Single(450)	1,000 추정	미식별
	Vector	ICBM	Single(1,000)	800~1,200	폐기
	R-65 (Frog-7)	IRBM	Single(200~457)	68	운용 중
	R-11/17(SS-1 Scud)	ICBM	Single(600)	190	운용 중
	Scud B-100	ICBM	Single	450	운용 중
France	Hades	SRBM	Single	480	폐기

Nation	Designation	Class	Payload(kg)	Range(km)	Status
France	Pluton	SRBM	Single	120	도태
	S-3	SLBM	Single(1,000)	3,500	도태
	M-20	SLBM	Single 2.5Mt	-	도태
	M-4	SRBM	6MIRV 150Kt	4,000~5,000	도태
	M-45	SRBM	6MIRV 100Kt	6,000	운용 중
	M-51(51.1)	SRBM	100Kt 6~10MIRV	8,000~10,000	운용 중
	M-51.2	SLBM	10MIRV 100Kt	8,000 이상	개발 중
Germany	V-2	SRBM	Single(1,000)	350	폐기
Georgia	Scud B	SRBM	Single	300	운용 중
Greece	MGM-140(164/168) ATACMS	SRBM	Single(560)	165	운용 중
India	Agni-1	SRBM	Single(2,000)	700~1,200	운용 중
	Agni-2	IRBM	Single(1,000)	2,000~3,500	운용 중
	Agni-3	IRBM	Single(2,000)	3,500~5,000	개발 중
	Agni-4	IRBM	Single(800)	3,500	개발 중
	Agni-5	ICBM	-	5,000 ~8,000이상	개발 중
	Agni-6	ICBM	10MIRV	10,000 ~12,000	개발 중
	Dhanush	SRBM	Single(1,000)	250~350	운용 중
	Prahaar	SRBM	Single(200)	150	개발 중
	Prithvi-3	SRBM	Single(1,000)	300~350	개발 중

Nation	Designation	Class	Payload(kg)	Range(km)	Status
India	Prithvi SS-150	SRBM	Single(1,000)	150	운용 중
	Sagarika (K-15)	SLBM	Single(800)	700	개발 중
	Shaurya	SRBM	Single(800)	700	개발 중
	Surya-1(-2)	ICBM	-	8,000~12,000	미식별
Iran	Mushak-120	SRBM	Single	130	운용 중
	Mushak-160	SRBM	Single	160	운용 중
	Qiam-1	SRBM	Single	500~1,000	개발 중
	Fatch-110	SRBM	Single	200	운용 중
	Khalij Fars(Persian Gulf)	SRBM	Single	300	운용 중
	Tondar-69(CSS-8)	SRBM	Single	150	운용 중
	Shahab-1(Scud-B)	SRBM	Single	300	운용 중
	Shahab-2(Scud-C)	SRBM	Single	550	운용 중
	Shahab-3(Zelzal-3)	SRBM	Single	800~1,000	운용 중
	Ghadr-1	MRBM	Single	1,000~2,000	운용 중
	Ashura(Sejjil)	IRBM	Single	2,000~2,500	운용 중
	BM-25 Musudan	IRBM	Single	2,500 이상	운용 중
Iraq	Ababil-100	SRBM	Single(300)	150 이상	폐기
	Al Aabed	IRBM	Single(750)	2,000	폐기
	Al Abbas	MRBM	Single(225)	900	폐기
	Al Hussein	MRBM	Single(280)	630	폐기
	Al Samoud	SRBM	Single(300)	150	폐기
	Badr 2000	SRBM	Single(450)	900	폐기
	Condor 2	MRBM	Single(450)	1,000 추정	미식별

Nation	Designation	Class	Payload(kg)	Range(km)	Status
Iraq	R-65 (Frog-7)	BSRBM	Single(200~457)	68	운용 중
Israel	Jericho 1	SRBM	Single(650)/20Kt	500	도태
	Jericho 2	MRBM	Single 1Mt	1,500	운용 중
	Jericho 3	IRBM	2~3MIRV	4,800~6,500	운용 중
	LORA	SRBM	Single(600)	190	운용 중
Kazakhstan	OTR-21A/B(SS-21)	SRBM	Single(482)	70	운용 중
	R-11/17(SS-1 Scud)	SRBM	Single(600)	190	운용 중
Libya	R-11/17(SS-1 Scud)	SRBM	Single(600)	190	운용 중
	R-65 (Frog-7)	BSRBM	Single(200~457)	68	운용 중
	Scud-B(Hwasung-5)	SRBM	Single	300	운용 중
	Scud-C(Hwasung-6)	SRBM	Single(700)	500	운용 중
North Korea	KN-02	SRBM	Single(485)	160	운용 중
	KN-07(Musudan)	IRBM	Single(1,200)	2,500~4,000	운용 중
	KN-05(Nodong-1)	MRBM	Single(1,200)	1,300	운용 중
	KN-05(Nodong-2)	MRBM	Single(700)	1,500	운용 중
	R-11/17(SS-1 Scud)	SRBM	Single(600)	190	운용 중
	R-65 (Frog-7)	BSRBM	Single(200~457)	68	운용 중
	KN-10(Fatch-110)	SRBM	Single	200	운용 중
	Khalij Fars(Persian Gulf)	SRBM	Single	300	운용 중
	KN-03(Hwasung-5)	SRBM	Single(800)	300	운용 중
	KN-04(Hwasung-6)	SRBM	Single(700)	500	운용 중
	Taepodong-1	IRBM	-	2,000	운용 중
	KN-08(Taepodong-2)	ICBM	Single(1,500)	4,000~12,000	개발 중
North Korea	KN-14(Taepodong-3)	LRICBM	-	5,500 이상	미식별

Nation	Designation	Class	Payload(kg)	Range(km)	Status
Pakistan	Haft 1	SRBM	Single(500)	100	운용 중
	Haft 2	SRBM	Single(450)	180~200	운용 중
	Haft 3	SRBM	Single(700)	290~320	운용 중
	Haft 4	SRBM	Single(700)	750	운용 중
	Haft 5	MRBM	Single(500)	1,300	운용 중
	Haft 6	IRBM	Single(700)	2,500	운용 중
	Haft 9	SRBM	-	-	개발 중
People's Republic of China	B-611(CSS-11)	SRBM	Single(480)	150	운용 중
	Republic of	SRBM	Single(800)	280~350	운용 중
	China	SRBM	Single(750)	600	운용 중
	DF-16	SRBM	-	800~1,000	개발 중
	DF-2(2A)	MRBM	Single 20Kt	1,050	폐기
	DF-21(A/B/C/D)/CSS-5 DF-21D	MRBM ASBM	Single 500Kt	2,150	운용 중
	DF-25	IRBM	Single(1,200)	4,000	미식별
	DF-3(3A)	IRBM	Single 1~3Mt	2,650	폐기
	DF-31/31A(CSS-9)	ICBM	Single 1Mt / 150Kt 3~4MIRV	11,000 ~12,000	운용 중
	DF-4(CSS-4)	IRBM	Single 1~3Mt	4,750	운용 중
	DF-41(CSS-X-10)	ICBM	Single 1Mt / 150Kt 10MIRV	12,000 ~15,000	개발 중
	DF-5/5A(CSS-4)	ICBM	Single 4~5MT/ 350Kt 3~8MIRV	12,000 ~15,000	운용 중
	Guided Wei-Shi	SRBM	Single(200)	200	운용 중
	Guided WM-80	SRBM	Single(150)	280	미식별

Nation	Designation	Class	Payload(kg)	Range(km)	Status
People's Republic of China	JL-1/1A(CSS-N-3)	SLBM	Single 500Kt	2,150	운용 중
	JL-2(CSS-NX-5)	SLBM	Single 1Mt/ 150Kt 3~8MIRV	7,200	개발 중
	M-7(CSS-8)	SRBM	Single(190)	150	폐기
	P-12(BP-12)	SRBM	Single(450)	150	운용 중
	SY-400	SRBM	Single(200)	200	개발 중
Romania	Scud B-100	SRBM	Single	450	운용 중
Russia	Bulava(RSM-56)	SLBM	150Kt 1~6MIRV	10,000	운용 중
	Iskander(SS-26)	SRBM	Single(700)	400	운용 중
	OTR-21A/B(SS-21)	SRBM	Single(482)	70	운용 중
	OTR-22(SS-12)	SRBM	Single(1,250)	900	도태
	OTR-23(SS-23)	SRBM	Single(782)	500	도태
	R-1(SS-1A)	SRBM	Single(1,076)	270	도태
	R-11/17(SS-1 Scud)	SRBM	Single(600)	190	운용 중
	R-12(SS-4)	IRBM	Single(1,630)	2,000	도태
	R-13(SS-N-4)	SLBM	Single(1,598)	560	도태
	R-14(SS-5)	IRBM	Single(2,155)	4,500	도태
	R-16(SS-7)	ICBM	Single 3~6Mt	11,000	도태
	R-2(SS-2)	SRBM	Single(1,500)	600	도태
	R-21(SS-N-5)	SLBM	Single 1Mt	1,420	도태
	R-27(SS-N-6)	SLBM	Single 1Mt	2,500	도태
	R-29(SS-N-8)	SLBM	Single 800Kt	9,100	도태

Nation	Designation	Class	Payload(kg)	Range(km)	Status
Russia	R-29R/Mod1~3	SLBM	200Kt 3MIRV	6,500	운용 중
	R-29RM(SS-N-23)	SLBM	100Kt 4MIRV	8,300	운용 중
	R-29RMU2 Layner	SLBM	100Kt 12MIRV	8,300 ~12,000	운용 중
	R-31(SS-N-17)	SLBM	Single 500Kt	3,900	도태
	R-39(SS-N-20)	SLBM	200Kt 10MIRV	8,300	폐기
	R-39M(SS-NX-28)	SLBM	MIRV	-	폐기
	R-5(SS-3)	IRBM	Single 300Kt	1,200	도태
	R-65 (Frog-7)	BSRBM	Single (200~457)	68	운용 중
	R-7(SS-6)	ICBM	Single 5Mt	8,000	도태
	R-9(SS-8)	ICBM	Single 3~5Mt	16,000	도태
	RS-10(SS-11)	ICBM	Single 1.3Mt	12,000	도태
	RS-12M(SS-25)	ICBM	Single 550Kt	10,500	운용 중
	RS-12M1(SS-27)	ICBM	Single 500Kt	10,500	운용 중
	RS-14(SS-16)	ICBM	Single 1Mt	9,000	도태
	G/R-1/UR-200	ICBM	Single	8,000	도태
	RS-16A/B(SS-17)	ICBM	750Kt 4MIRV	10,200	도태
	RS-18(SS-19)	ICBM	500Kt 6MIRV	9,000	운용 중
	RS-20A/B(SS-18)	ICBM	1Mt 4MIRV/ 400Kt 10MIRV	10,500	폐기
	RS-22(SS-24)	ICBM	400Kt 10MIRV	10,000	도태

Nation	Designation	Class	Payload(kg)	Range(km)	Status
Russia	RS-24	ICBM	200Kt 3MIRV	10,500	운용 중
	RSD-10(SS-20)	IRBM	150Kt 3MIRV	4,700	폐기
	RT-1(SS-X-14)	IRBM	Single 750Kt	2,500	도태
	RT-20(SS-X-15)	ICBM	Single 1.5Mt	6,000	도태
Saudi Arabia	DF-3(CSS-2)	IRBM	Single	2,600	운용 중
	DF-21(CSS-5)	IRBM	Single	2,100 이상	운용 중
Slovakia	SS-21	SRBM	Single	120	운용 중
Serbia	Krajina	SRBM	-	150	폐기
	R-65 (Frog-7)	BSRBM	Single(200~457)	68	운용 중
South KOREA	KSR Series	SRBM	Single(290)	200~800	미식별
	MGM-140(164/168) ATACMS	SRBM	Single(560)	165	운용 중
	Hyun-mu 1/2	SRBM	Single(490)	180~250	운용 중
Syria	M-600	SRBM	Single(500)	210	운용 중
	OTR-21A/B(SS-21)	SRBM	Single(482)	70	운용 중
	R-11/17(SS-1 Scud)	SRBM	Single(600)	190	운용 중
	R-65 (Frog-7)	BSRBM	Single(200~457)	68	운용 중
	Fatch-110	SRBM	Single	200	운용 중
Syria	Scud-B(Hwasung-5)	SRBM	Single	300	운용 중
	Scud-C(Hwasung-6)	SRBM	Single(700)	500	운용 중
	Scud-D(Hwasung-7)	SRBM	Single(500)	700~800	운용 중
Taiwan	Ching Feng	SRBM	Single(270)	130	미식별
	Ti Ching	MRBM	-	1,000~1,500	개발 중

Nation	Designation	Class	Payload(kg)	Range(km)	Status
Taiwan	Tien Chi	SRBM	Single(200)	120	미식별
	Tien Ma 1	SRBM	Single(350)	950	폐기
Turkey	MGM-140(164/168) ATACMS	SRBM	Single(560)	165	운용 중
	Project J	SRBM	-	150	개발 중
Turkmenistan	R-11/17(SS-1 Scud)	SRBM	Single(600)	190	운용 중
United Arab Emirates	MGM-140(164/168) ATACMS	SRBM	Single(560)	165	운용 중
	R-11/17(SS-1 Scud)	SRBM	Single(600)	190	운용 중
	Scud-B(Hwasung-5)	SRBM	Single	300	운용 중
United Kingdom	SM-75 Thor	IRBM	Single 1.5Mt	2,700	도태
	UGM-133 Trident D-5	SLBM	475Kt 8MIRV	12,000	운용 중
	UMG-27 Polaris	SLBM	Single 600Kt	2,200	도태
United States	Guided MLRS	BSRBM	Single(90)	70	운용 중
	LGM-118 Peacekeeper	ICBM	475Kt 10MIRV	9,600	폐기
	LGM-25C Titan1	ICBM	Single 3.75Mt	10,000	도태
	LGM-25C Titan2	ICBM	Single 9Mt	15,000	도태
	LGM-30 MM1	ICBM	Single 1Mt	10,000	도태
	LGM-30 MM2	ICBM	Single 1.2Mt	12,500	도태
	LGM-30 MM3	ICBM	500Kt 3MIRV	13,000	운용 중
	MGM-140(164/168) ATACMS	SRBM	Single(560)	165	운용 중

Nation	Designation	Class	Payload(kg)	Range(km)	Status
United States	MGM-16 Atlas	ICBM	Single 1.5Mt	14,000	도태
	MGM-29 Sergeant	SRBM	Single(500)	135	도태
	MGM-31A Pershing1	SRBM	Single	740	도태
	MGM-31B Pershing2	IRBM	Single	1,600	도태
	MGM-52 Lance	SRBM	Single	130	도태
	SM-75 Thor	IRBM	Single	2,700	도태
	SM-78 Jupiter	MRBM	Single	2,400	도태
	SSM-A-14 Redstone	SRBM	Single(3,580)	400	도태
	UGM-133 Trident D-5	SLBM	475Kt 8MIRV	12,000	운용 중
	UGM-73 Poseidon	SLBM	100Kt 14MIRV	4,630	도태
	UMG-27 Polaris	SLBM	Single 600Kt	2,200	도태
	UMG-96 Trident C-4	SLBM	100Kt 8MIRV	7,400	도태
Vietnam	R-11/17(SS-1 Scud)	SRBM	Single(600)	190	운용 중
Yemen	OTR-21A/B(SS-21)	SRBM	Single(482)	70	운용 중
	R-11/17(SS-1 Scud)	SRBM	Single(600)	190	운용 중
	R-65 (Frog-7)	BSRBM	Single(200~457)	68	운용 중
	Scud-B(Hwasung-5)	SRBM	Single	300	운용 중
	Scud-C(Hwasung-6)	SRBM	Single(700)	500	운용 중

세계 탄도미사일 보유현황

Arms Control Association(MDA) 2014

부록 3. 북한의 탄도미사일 · 장거리 로켓 발사현황

발사일자	종류	사거리(km)	비고
1993. 5.29	노동 1호	1,300	최초 IRBM 발사
1998. 8.31	대포동 1호	1,620	발사 실패
2004. 4.	KN-02(1기)	100~120	KN-02 최초 발사(실패)
2005. 5. 1	KN-02(5기)	100~120	KN-02 최초 발사 성공
2006. 3.	KN-02	100~120	2기 발사
2006. 7. 5	대포동-2/노동-1/Scud-B/C	-	다양한 사거리, 동시 발사(7기)
2007. 6.27	KN-02	100	3기 발사
2009. 4. 5	은하 2호(대포동 2호)	3,800	위성 궤도진입 실패
2009. 7. 4	노동 1호, Scud-C	400~500	사거리 조정 발사(총 7기)
2009.10.12	KN-02	100	5기 발사
2011.12.19	KN-02	120	3기 발사
2012. 4.13	은하 3호(대포동 2호 개량)	460	1단 분리 실패로 공중 폭발
2012.12.12	은하 3호	8,000 이상	광명성 3호 정상궤도 진입
2013. 2.10	KN 계열 미사일(추정)	-	-
2013. 3.15	KN 계열 미사일(추정)	-	2기 발사
2013. 5.20	KN 계열 미사일(추정)	-	2기 발사
2014. 2.27	KN-02 또는 Scud-C	200	4기 발사
2014. 3. 3	Scud-C	500	2기 발사
2014. 3.26	노동 1호	1,200	2기 발사
2014. 6.29	Scud-C	500	2기 발사
2014. 7. 9	Scud-C	500	2기 발사
2014. 7.13	Scud-C	500	2기 발사
2014. 7.26	Scud-C	500	1기 발사

발사일자	종류	사거리(km)	비고
2014. 8.14	KN-10(추정)	220	5기 발사
2014. 9. 1	KN-10(추정)	220	1기 발사
2014. 9. 6	KN-10(추정)	210	3기 발사
2015. 2. 8	KN-10(추정)	200	1기 발사
2015. 3. 2	Scud-C	500	2기 발사
2015. 3.10	Scud-C(추정)	500	2기 발사
2015. 3.10	Scud-C(추정)	500	2기 발사
2015. 3.18	Scud-C(추정)	800	2기 발사
2015. 4. 2	KN-10(추정)	200	1기 발사
2015. 4. 3	KN-10(추정)	200	4기 발사
2015. 4. 9	KN-10(추정)	200	1기 발사
2015. 5. 9	KN-10(추정)	200	1기 발사
2015. 6.14	KN-10(추정)	200	3기 발사
2016. 2. 7	은하 4호	10,000 이상	광명성 4호 정상궤도 진입
2016. 3.10	Scud-C(추정)	500	2기 발사
2016. 3.18	노동 1호(추정)	1,000	2기 발사, 1기 공중 폭발
2016. 4.15	무수단 1기	4,000	발사 후 수초 만에 공중 폭발
2016. 4.23	북극성 1호(SLBM)	2,000 이상	약 30초 비행 후 공중폭발
2016. 4.28	무수단 2기	4,000	발사 후 수초 만에 폭발/추락
2016. 6.22	무수단(화성-10호) 2기	4,000	1기 발사 후 수초 만에 폭발/ 고고도 자세각으로 발사, 최소 사거리 발사 성공 추정
2016. 7. 9	북극성 1호(SLBM)	2,000 이상	발사 후 약 1분 뒤 공중폭발

북한의 탄도미사일/장거리 로켓 발사 현황

부록 4. GBI 발사시험

시험명	시험일자	결과	내용
IFT-3	1999.10. 2	성공	- 신형 추진체를 사용한 최초의 EKV 성능시험 - IMU 고장으로 대체 탐지모드 이용, 요격성공 ※ IMU: Inertial Measurement Unit
IFT-4	2000. 1.18	실패	- 최초의 End-to-end 시험으로 모의탄두 사용 - GPS로 위치신호 수신, 1개의 기만기(풍선) 사용 - EKV의 냉각계통 고장으로 적외선 탐색기가 표적을 탐지하지 못해 요격실패
IFT-5	2000. 7. 8	실패	- 2차 End-to-end 시험으로 모의탄두 사용 - C-Band 위치신호 수신, 1개의 기만기 사용 - 추진체 내부 1553 데이터버스의 고장으로 추진체로부터 EKV가 분리되지 않아 요격실패
IFT-6	2001. 7.14	성공	- IFT-5 재시험 - Prototype X-Band 레이더로 표적 추적: 실패 - 위성 및 육상조기경보레이더로 표적 추적 및 요격성공
IFT-7	2001.12. 3	성공	- IFT-6 재시험 - 처음으로 Orbital社의 추진체 사용
IFT-8	2002. 3.15	성공	- 대형 기만기 2개와 소형 기만기 2개 사용(풍선)
IFT-9	2002.10.14	성공	- 이지스함 SPY-1 레이더를 이용한 최초의 시험
IFT-10	2002.12.11	실패	- 고정핀 파손으로 추진체의 잠금장치가 풀리지 않아 추진체로부터 EKV가 분리되지 않음, 요격실패
IFT-13C	2004.12.15	실패	- 추진체의 1553 데이터버스 통신을 위한 소프트웨어 문제로 요격실패
IFT-14	2005. 2.13	실패	- IFT-13C 재시험 - Silo에서 GBI가 발사되지 않아 시험 실패
FTG-02	2006. 9. 1	성공	- Vandenberg 공군기지에서 실시한 최초의 GBI 발사시험 - 자체 레이더를 이용한 최초의 시험으로, 요격 목적이 아닌 레이더 성능확인을 위해 시험 실시 - 기만기를 사용하지 않음
FTG-03	2007. 5.25	실패	- FTG-02와 동일한 조건으로 시험 실시 - 표적이 비행궤도를 이탈하여 요격실패

시험명	시험일자	결과	내용
FTG-03A	2007. 9.28	성공	- FTG-03의 실패에 따라 재계획
FTG-05	2008.12. 5	성공	- Vandenberg 공군기지에서 GBI 발사, 요격성공
FTG-06	2010. 1.31	실패	- 신형 CE-II EKV를 장착한 최초의 발사시험 - SBX 레이더의 성능 문제로 요격실패
FTG-06a	2010.12.15	실패	- SBX와 AN/TPY-2(FBM), UEWR 등 가용한 모든 탄도미사일 탐지 센서 운용 - 요격실패, 원인미상
FTG-07	2013. 7. 5	실패	- 개선된 CE-I EKV를 사용한 발사시험 - 요격실패, 원인미상
FTG-06b	2014. 6.22	성공	- FTG-06a 재시험

GBI 발사 테스트 현황

※ FTG: Flight Test Ground-based interceptor
IFT: Integrated Flight Test

부록 5. SM-3 발사시험

시험명	시험일자	결과	내용
FM-2	2002. 1.25	성공	- 코드명: Stellar Eagle - 최초의 발사 시험 - 발사 플랫폼: USS Lake Erie
FM-3	2002. 6.13	성공	- 코드명: Stellar Impact - 발사 플랫폼: USS Lake Erie
FM-4	2002.11.21	성공	- 코드명: Stellar Viper - 상승단계에서 요격 성공 - 발사 플랫폼: USS Lake Erie
FM-5	2003. 6.18	실패	- 코드명: Stellar Hammer - SDACS 점화 후 추진체계 오작동으로 실패 - 발사 플랫폼: USS Lake Erie
FM-6	2003.12.11	성공	- 코드명: Stellar Defender - SDACS의 성능 개량 후 시험 - 발사 플랫폼: USS Lake Erie
FTM 04-1	2005. 2.24	성공	- 코드명: Stellar Dragon - MDA에서 시험명칭 변경 - 사전 통보 없이 발사 - 발사 플랫폼: USS Lake Erie
FTM 04-2	2005.11.17	성공	- 코드명: Stellar Valkyrie - 탄두 분리를 모사한 표적을 이용한 최초 발사시험 - 발사 플랫폼: USS Lake Erie
FTM-10	2006.6.22	성공	- 코드명: Stellar Predator - 최초의 연합 발사 시험(일본의 Kirishima 참가) - BMD 3.6 버전의 최초 발사 시험 - 발사 플랫폼: USS Shiloh
FTM-11	2006.12. 7	실패	- 코드명: Stellar Hunters - 이지스 전투체계 오류로 교전불가, SM-3 발사되지 않음. - 발사 플랫폼: USS Lake Erie
FTM-11E4	2007. 4.26	성공	- 코드명: Stellar Raven - BMD와 AAW 동시교전 성공 - 발사 플랫폼: USS Lake Erie

※ FM: Flight Mission FTM: Flight Test standard Missile

시험명	시험일자	결과	내용
FTM-12	2007. 6.22	성공	- 코드명: Stellar Athena - 미 이지스 구축함의 최초 발사시험 - 스페인 호위함(MENDEZ NUNEZ, F-104), USS Port Royal, THAAD 참가 - 발사 플랫폼: USS Decatur
FTM-11a	2007. 8.31	성공	- Classified Flight Test
FTM-13	2007.11. 6	성공	- 코드명: Stellar Gryphon - SRBM 2기 동시교전 - 발사 플랫폼: USS Lake Erie
FTM-13		성공	
PACBLITZ	2008.11. 1	실패	- 처음으로 2척의 함정이 2기의 탄도미사일에 SM-3 동시 교전 - Hopper함 요격 성공 - Paul Hamilton함 적외선 탐색기 고장으로 요격 실패 - 발사 플랫폼: USS Hopper, Paul Hamilton
PACBLITZ		성공	
FTM-17	2009. 7.30	성공	- 코드명: Stellar Avenger - Sub-scale SRBM 요격성공 - 발사 플랫폼: USS Hopper
FTM-15	2011. 4.15	성공	- 코드명: Stellar Charon - 최초의 IRBM 요격 - 데이터링크를 이용한 Launch On Remote 성공 - 발사 플랫폼: USS O'Kane
FTM-16E2	2011. 9. 1	실패	- 코드명: Stellar Vengeance - BMD 4.0 및 SM-3 Blk IB 최초 요격 시험 - 3단 추진로켓 오작동으로 실패 - 발사 플랫폼: USS Lake Erie
FTM-16E2a	2012. 5. 9	성공	- 코드명: Stellar Vengeance - BMD 4.0 및 SM-3 Blk IB 최초 요격 성공 - 발사 플랫폼: USS Lake Erie
FTM-18	2012. 6.26	성공	- 코드명: Stellar Minotaur - BMD 4.0 및 SM-3 Blk IB 이용, 분리 표적 최초 요격 성공 - 발사 플랫폼: USS Lake Erie

※ PACBLITZ: Pacific Blitz

시험명	시험일자	결과	내용
FTI-01	2012.10.25	실패	- BMD와 AAW 동시 교전 - 이지스 BMD, THAAD, PAC-3 동시 대응 - 관성항법장치 고장으로 요격 실패 - 발사 플랫폼: USS Fitzgerald
FTM-20	2013. 2.12	성공	- 코드명: Stellar Eyes - BMD 4.0 및 SM-3 Blk IA 최초 요격 성공 - STSS 이용, Launch On Remote 성공 - 발사 플랫폼: USS Lake Erie
FTM-19	2013. 5.15	성공	- 코드명: Stellar Hecate - 최초의 다탄두 분리 표적 요격 성공 - 발사 플랫폼: USS Lake Erie
FTO-01	2013. 9.10	성공	- MRBM 표적 대응 - THAAD 우선 대응으로 SM-3 교전 미실시 - 이지스 BMD와 THAAD 간 다층방어 시험
FTM-21	2013. 9.18	성공	- 코드명: Stellar Ninja - 정점고도에서 SM-3 요격 - 다수 분리체를 구현하여 교전 수행 - 발사 플랫폼: USS Lake Erie
FTM-22	2013.10. 3	성공	- 코드명: Stellar Raven - BMD 4.0 및 SM-3 Blk IB 최초의 MRBM 대응 - 발사 플랫폼: USS Lake Erie
FTM-25	2014.11. 6	성공	- 코드명: Stellar Wyvern - Baseline 9.C1(BMD 5.CU) 최초 성능 시험 - IAMD Priority 모드 운용 - BMD와 AAW 동시 교전 성공 - SM-3 Blk IB와 SM-2 동시 교전 - 발사 플랫폼: USS John Paul Jones
JFTM-1	2007.12.17	성공	- 코드명: Stellar Kiji - 일본 이지스함의 최초 요격 시험 - 발사 플랫폼: JS Kongo(DDG-173)

시험명	시험일자	결과	내용
JFTM-2	2008.11.19	실패	- 코드명: Stellar Hayabusa - 사전 통보 없이 발사 - 분리 표적 대응 - SM-3 Blk IA DACS 오작동으로 요격 실패 - 발사 플랫폼: JS Chokai (DDG-176)
JFTM-3	2009.10.27	성공	- 코드명: Stellar Raicho - SM-3 Blk IA를 이용한 분리표적 교전 - 일본 이지스 최초의 MRBM 요격 성공 - 발사 플랫폼: JS Myoko (DDG-175)
JFTM-4	2010.10.28	성공	- 코드명: Stellar Taka - 1,000km급 SRBM 요격 - 발사 플랫폼: JS Krishima

부록 6. THAAD 발사시험

시험명	시험일자	결과	내용
DEM-VAL[1]	1995. 4.21	성공	- 추진체계 점검을 위한 최초 비행시험 - 표적 없음.
	1995. 7.31	중단	- Kill Vehicle 제어 시험 - 시험비행 취소, 표적 없음.
	1995.10.13	성공	- 유도 · 조종장치 시험 - 표적 없음.
	1995.12.13	실패	- 미사일 연료장치 내부 소프트웨어의 고장으로 요격실패
	1996. 3.22	실패	- Kill Vehicle과 추진체계 분리장치의 기계적 결함으로 요격실패
	1996. 7.15	실패	- 탐색기의 오작동으로 요격실패
	1997. 3. 6	실패	- 전자장비의 오작동으로 인한 요격실패
	1998. 5.12	실패	- 추진체계 전자회로의 합선으로 인한 요격실패
	1999. 3.29	실패	- 유도 · 조종장치 오작동으로 인한 요격실패
	1999. 6.10	성공	- 요격성공
	1999. 8. 2	성공	- 대기권 밖에서의 최초 요격성공
FLT-01	2005.11.22	성공	- 양산단계에서의 최초 비행시험
FLT-02	2006. 5.11	성공	- AN/TPY-2 레이더, 사격통제 · 통신센터 등 THAAD 전 시스템을 사용한 최초의 시험
FLT-03	2006. 7.12	성공	- 실제 탄도미사일 요격성공
FLT-04	2006. 9.13	중단	- 시험용 미사일(Hera)은 발사되었으나, THAAD 미사일은 발사되지 않음.
FLT-06	2007. 1.27	성공	- TEL에서 Scud 모사 표적 발사 및 요격성공 (대기권 내에서 단 미 분리표적 요격)

1 DEM-VAL : Demonstration and Validation, 기술실증검사

시험명	시험일자	결과	내용
FLT-07	2007. 4. 6	성공	- 중고도(Mid Endo-atmospheric)에서 요격성공 - THAAD와 다른 MD 체계와의 상호운용성 검사
-	2007.10.27	성공	- 대기권 재돌입 표적에 대한 최초의 탐지 · 추적 · 요격 시험, 외기권에서 요격성공
-	2008. 6.27	성공	- C-17 Globemaster-III에서 발사된 미사일 요격성공
-	2008. 9.17	중단	- 표적 미사일 고장으로 시험 중단
-	2009. 3.17	성공	- 2008년 9월 중단된 시험 재실행, 요격성공
FTT-11	2009.12.11	중단	- 표적(Hera) 발사 후 엔진 점화 실패, 시험 중단
FTT-14	2010. 6.29	성공	- 저고도에서 요격성공 - SOLD(Simulation-Over-Live-Driver) 시스템을 이용한 THAAD 레이더 다중표적 교전수행 시험
FTT-12	2011.10. 5	성공	- 2개의 표적을 2개의 미사일로 요격성공
FTI-01	2012.10.24	성공	- 서로 다른 타입의 5개 탄도미사일에 대한 통합시험 - SM-3, PAC-3, THAAD 교전 - THAAD의 최초 MRBM 요격성공 - AN/TPY-2 FBM을 이용한 조기경보 수행
FTO-01	2013. 9.10	성공	- THAAD와 이지스 BMD를 이용한 MRBM 요격 시험 - SM-3의 요격성공으로 THAAD 성능검사만 수행
FTO-02	2015.11. 2	성공	- THAAD와 이지스 BMD, C2BMC를 이용한 다중표적 통합 성능 시험 - THAAD 미사일 2기 이용, MRBM · SRBM 동시 교전 수행, 요격성공

THAAD 발사 테스트 현황

※ FLT: Flight Test

FTT: Flight Test THAAD FTI : Flight Test Integrated

FTO: Flight Test Operational

찾아보기

저자 프로필

최현수

연세대학교 정치외교학과를 졸업하고 미국 시카고대학교에서 석사학위를 받았으며, 국방대학교 안보과정을 수료했다. 1988년 국민일보에 입사했으며, 국제부·사회부· 정치부 기자를 거친 뒤 2002년 국방부 출입 첫 여기자로 국방사안을 다루기 시작했다.

2009년 첫 여성 군사전문기자로 다양한 국방사안에 대한 균형 있고 깊이 있는 기사를 써왔다. 여기자들이 도전하기 힘들었던 국방 분야에서의 활동과 천안함 폭침사건에서 다양한 단독·특종 기사로 '올해의 여기자상'과 '제28회 최은희 여기자상'를 수상했다.

국군방송 〈최현수의 출발 새아침〉과 〈일요일에 만난 사람〉에 이어, 현재 국방TV의 시사토론 프로그램인 〈국방포커스〉를 진행하고 있다.

최진환

서울디지털대학교를 졸업하고 경남대학교 경영대학원에서 경영학 석사 학위를 받았다. 2006년~2007년 미국 버지니아에 있는 이지스함 제조사 록히드마틴에서 이지스 무기체계 연수를 받은 뒤, 우리나라 최초의 이지스함인 '세종대왕함' 인수팀의 일원으로 탄도미사일 방어작전에 대한 교리와 교육훈련 시스템을 개발했다.

해군 교육사령부 전투체계학교 이지스 전투체계 교육관(2012~2015년)과 해군 작전사령부 이지스 탄도미사일방어(BMD) 교관(2015~2016년)을 거쳐 해군 작전사 율곡이이함 사격통제관으로 근무하고 있다.
이후 북한의 장거리 미사일 은하 3호, 광명성 4호와 잠수함 발사 탄도미사일(SLBM)인 북극성의 발사와 궤적을 현장에서 포착하고 추적했다.
북한이 발사한 대부분의 탄도미사일을 현장에서 추적해온 전문가로, 북한 미사일의 비행궤적과 기술패턴 등을 분석해 국방부와 합동참모본부 등에 제공했다.
해군 최초로 탄도미사일방어(BMD) 교관으로 임명돼 육군 유도탄사령부를 포함한 탄도미사일방어와 관련된 부대에서 교관으로 활동하기도 했다.

이경행

서울대학교를 졸업하고 국방대학교에서 무기체계 석사와 박사학위를 받았다.
미 조지메이슨대학교 C4I 센터에서 박사 연수과정을 수료했다.
핵·탄도미사일 전문가로 해군본부 북핵·미사일 테스크포스팀(TF) 수상무기 분석담당관(2012~2013년)을 역임했으며, 해군 2함대사령부 유도탄고속함(지덕칠함) 함장(2014년)으로 근무했다. 해군사관학교 무기체계공학과 교수(2015~2017년)로 후학을 가르치면서 이지스함 탄도미사일방어(BMD) 교관으로 일했다.
2014년 다국적 탄도미사일 훈련인 '님블 타이탄(Nimble Titan)'에 한국대표로 참가해 북한 탄도미사일에 관련 시뮬레이션 결과를 발표하는 등 국내외에서 다양한 활동을 해왔다.
「북한 잠수함 발사 탄도미사일(SLBM)의 실증적 위협과 한국안보에의 함의」 등 수십 편의 논문을 발표했으며, SLBM 비행특성 시뮬레이션에 대한 특허를 갖고 있기도 하다.

A Study on World's Missiles
한반도에 사드THADD를 끌어들인 북한 미사일

초판 1쇄 펴낸날 2017. 7. 15.
초판 2쇄 펴낸날 2017. 8. 20.

지은이 최현수 · 최진환 · 이경행
책임 편집 조양욱 | 디자인 황은경
관리 김세정

발행인 박세경
발행처 도서출판 경당

출판 등록 1995년 3월 22일 (등록번호1-1862호)
주소 04002 서울 마포구 월드컵북로5나길 18 대우미래사랑 209호
전화 02)3142-4414 | 팩스 02)3142-4405
이메일 kdpub@naver.com

ISBN 978-89-86377-53-8 93550
값 24,000원

잘못 만들어진 책은 바꾸어드립니다.